1+X 职业技能等级证书（机器视觉系统应用）配套教材

机器视觉系统应用（中级）

主　编　马晓明　卢　鑫　程文锋
副主编　刘培超　岳　鹍　申小中
参　编　尚　勇　栾晓娜　李庆华　陈　建　薛　白
　　　　石进水　别红玲　徐　御　张　涛　余红娟
　　　　谢婷婷　李　浩　唐海峰　曾　琴　陈泓良
　　　　陈　丽　刘　艳　林钰旋

机械工业出版社

本书以机器视觉系统应用实训平台（中级）为载体，包括了 PLC、机器人、机器视觉和智能传感等方面的理论知识和技能实操，涵盖机器视觉系统硬件选型、认识机器视觉工作过程、食品包装盒识别系统应用、机械工件尺寸测量系统应用、书签缺陷检测系统应用和手机定位引导装配系统应用 6 个项目。

本书可作为高等职业教育机电一体化技术、电气自动化技术、计算机应用技术、智能控制技术、工业机器人技术、电子信息工程技术、应用电子技术等专业相关课程的教材，也可作为应用型本科、职教本科相关课程的教材及工程技术人员的参考书。

为方便教学，本书植入二维码视频，配有电子课件、引导问题答案、模拟试卷及答案等，凡选用本书作为授课教材的教师可登录机械工业出版社教育服务网（www.cmpedu.com）注册后下载配套资源。本书咨询电话：010-88379564。

图书在版编目（CIP）数据

机器视觉系统应用：中级 / 马晓明，卢鑫，程文锋主编 .—北京：机械工业出版社，2023.3（2025.1 重印）

1+X 职业技能等级证书（机器视觉系统应用）配套教材

ISBN 978-7-111-72393-6

Ⅰ . ①机… Ⅱ . ①马… ②卢… ③程… Ⅲ . ①计算机视觉 – 职业技能 – 鉴定 – 教材 Ⅳ . ① TP302.7

中国国家版本馆 CIP 数据核字（2023）第 028475 号

机械工业出版社（北京市百万庄大街 22 号　邮政编码 100037）

策划编辑：冯睿娟　　　　　责任编辑：冯睿娟　王　荣

责任校对：肖　琳　周伟伟　责任印制：单爱军

北京虎彩文化传播有限公司印刷

2025 年 1 月第 1 版第 3 次印刷

210mm×285mm · 17.25 印张 · 528 千字

标准书号：ISBN 978-7-111-72393-6

定价：49.80 元

电话服务　　　　　　　　　网络服务

客服电话：010-88361066　机　工　官　网：www.cmpbook.com

　　　　　010-88379833　机　工　官　博：weibo.com/cmp1952

　　　　　010-68326294　金　书　网：www.golden-book.com

封底无防伪标均为盗版　机工教育服务网：www.cmpedu.com

前 言

机器视觉是人工智能正在快速发展的一个分支。根据国际自动成像协会（AIA）的定义，机器视觉涵盖所有工业和非工业应用，其中硬件与软件的组合为设备执行基于图像捕获和处理的功能提供操作指导。机器视觉在工业应用中分为引导、识别、测量和检验四大类典型应用，随着机器视觉技术的快速发展，它赋予了智能制造“智慧之眼”的能力。

本书依据机器视觉系统应用职业技能等级标准（中级）要求进行编写，满足机器视觉行业、装备制造业、3C 电子制造业、平板显示制造业、汽车制造业、包装业、食品饮料制造业、医药制造业、印刷业和电池制造业等相关企事业单位的机器视觉系统装调、视觉应用编程、视觉方案设计、视觉系统集成、智能生产线联调和技术培训等岗位需求。本书编写团队结合自身多年的机器视觉系统应用和教学经验，以及对机器视觉系统应用的深度了解，在细致分析机器视觉系统应用企业的岗位群和岗位能力的基础上，编写了本书。

本书践行社会主义核心价值观，以党的二十大精神为指引，落实立德树人根本任务，将道德养成教育与机器视觉技术融合在一起，在提升专业技能的同时，加强理想信念教育，引导学生形成正确的世界观、人生观、价值观，树立实学兴业、科技报国的理想，从而培养造就德才兼备的高素质人才。

本书为项目化教材，采用了活页式体例结构，主要包括项目引入、知识图谱、学习情境、学习目标、工作任务、工作实施、评价反馈、相关知识、项目总结及拓展阅读等模块。主要目标是培养读者的职业能力和职业特质，将职业教育理论知识和技术方法相结合。本书遵循“项目导向、任务驱动”的原则，以机器视觉系统应用的流程为主线，由浅入深，由易到难，设置了一系列工作任务，嵌入食品包装盒识别、机械工件尺寸测量、书签缺陷检测和手机定位引导装配等教学案例；采用项目化教学法引导读者学习，使读者在完成工作任务的过程中学习相关知识，达到事半功倍的效果。本书配套丰富的数字化教学资源，包括微课、课件和工程案例等。

本书由深圳市越疆科技股份有限公司组编，马晓明、卢鑫和程文锋担任主编，刘培超、岳鹍和申小中担任副主编，参与编写的有尚勇、栾晓娜、李庆华、陈建、薛白、石进水、别红玲、徐御、张涛、余红娟、谢婷婷、李浩、唐海峰、曾琴、陈泓良、陈丽、刘艳和林钰旋。在编写本书的过程中，杭州海康机器人技术有限公司、浙江大华技术股份有限公司、深圳信息职业技术学院和广东科学技术职业学院等企业和院校提出了许多宝贵的建议和意见，在此一并表示感谢。

由于编者水平有限，书中难免存在不足之处，恳请广大读者提出宝贵意见和建议。

编 者

二维码清单

名称	二维码	页码	名称	二维码	页码
相机选型		4	图像相关知识		33
相机基础知识		5	颜色转换		39
镜头选型		10	二值化处理		42
镜头知识（上）		12	图像变换		43
镜头知识（下）		12	图像滤波		47
光源选型		19	图像处理		49
光源基础知识		20	筛选豆子		53
DobotVisionStudio 介绍		28	图像分析		58
图像采集		29	筛选积木		61

（续）

（续）

目　录

项目 1 机器视觉系统硬件选型

01

项目引入

机器视觉是与工业应用结合紧密的人工智能技术，被称为智能制造的“智慧之眼”，为智能制造打开了新的“视”界，是实现工业自动化和智能化的必要手段。机器视觉具有识别、测量、定位和检测四大类功能，识别是指对目标的外形、颜色、字符和条形码等特征进行甄别；测量是指对目标的几何尺寸进行测量；定位是对目标的二维或三维位置信息进行获取；检测是对目标的外观进行监测。

机器视觉系统由硬件和软件两部分组成。硬件部分主要由相机、镜头和光源等组成，软件部分主要是指视觉软件。相机是机器视觉系统的关键组件，其功能是将所采集的光信号转变为有序的电信号。镜头的主要作用是将目标成像在图像传感器的光敏面上。光源是影响图像成像质量好坏的关键因素。合理地选择相机、镜头和光源是机器视觉系统设计的重要环节。

本项目就以机器视觉系统应用实训平台（中级）为例，来讲解机器视觉系统的硬件选型。

知识图谱

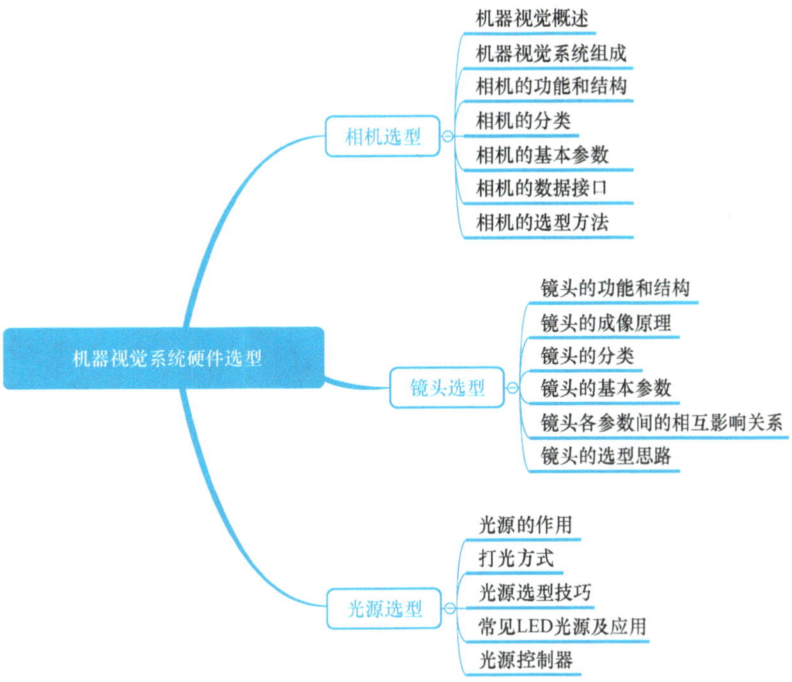

任务 1.1　相机选型

学习情境

相机有面阵相机和线阵相机之分，也有彩色相机和黑白相机之分，有不同的分辨率、曝光方式和数据接口，在实际应用中该如何选择呢？

学习目标

知识目标

1）了解机器视觉的系统组成。
2）了解相机的类型。
3）了解相机的基本参数和通信接口类型。

能力目标

1）能够根据检测对象的特征，确定相机的类型。
2）能够根据检测精度要求，计算图像传感器所需要的像素。
3）能够根据系统特征，选择合适的通信接口。

素养目标

1）根据工作岗位职责，完成小组成员的合理分工。
2）团队合作中，各成员学会表达自己的观点。
3）养成安全规范操作的行为习惯。

工作任务

机器视觉系统应用实训平台（中级）如图 1-1 所示，机器视觉单元的设计要求如下：传送带的宽度为 100mm，相机的长边与传送带垂直，短边与传送带平行，相机安装位置正下方 80mm 范围内都可对物体进行检测；检测对象到达检测区域之后，传送带停止；传送带的宽度为 100mm；重复定位精度小于 0.1mm。根据要求选择合适的相机。

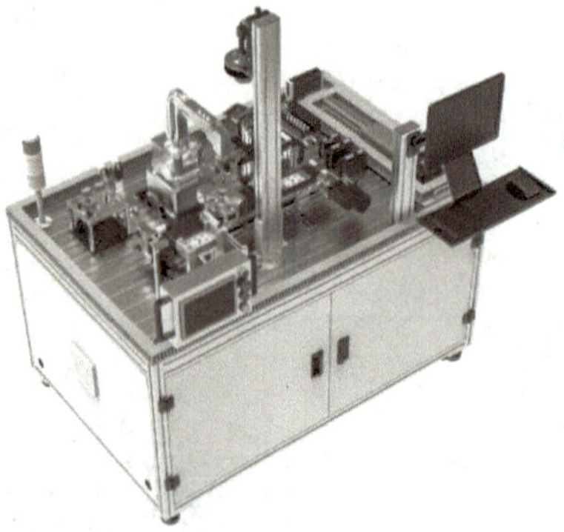

图 1-1　机器视觉系统应用实训平台（中级）

任务分工

根据任务要求，对小组成员进行合理分工，并填写表 1-1。

表 1-1　任务分工表

班级		组号		指导老师	
组长		学号			
组员与分工	姓名	学号	任务内容		

获取信息

引导问题 1：什么是机器视觉?

____

____

引导问题 2：完成表 1-2 内容。

表 1-2　相机的分类

分类方式	内容
芯片技术	
输出图像信号格式	
传感器架构	
成像色彩	

引导问题 3：相机的基本参数包括________、________、________、像素和像元、视场和精度、曝光时间和曝光方式等。

引导问题 4：相机常见的数据接口有哪些?

____

工作计划

1）制定工作方案，见表 1-3。

表 1-3　工作方案

步骤	工作内容	负责人
1		
2		

2）列出工具、耗材和器件清单，见表 1-4。

表 1-4　工具、耗材和器件清单

序号	名称	型号 / 规格	单位	数量

工作实施

相机选型

1. 确定相机的参数

步骤 1：确定相机的类型。

1）确定选择面阵相机还是线阵相机。由于线阵相机常应用于一维动态目标的测量，而机器视觉系统应用实训平台（中级）需要获取完整的目标图像，因此选择面阵相机。

2）确定选择黑白相机还是彩色相机。机器视觉系统应用实训平台（中级）需要对多种检测对象进行检测，需要对颜色进行区分，因此选择彩色相机。

步骤 2：确定视场。

视场大小估算为：110mm × 90mm。

备注：相机的安装方式是相机的长边与传送带垂直，短边与传送带平行，因此，传送带的宽度应该作为视场的长边；传送带的宽度是 100mm，因此视场长边估算为 110mm，视场短边估算为 90mm。

步骤 3：确定相机分辨率。

根据算法精度（最少 2 个像素）和重复定位精度（小于 0.1mm），长边分辨率至少为

$$\text{长边分辨率} = \frac{\text{视场（长边）}}{\text{精度}} \times 2 = \frac{110\text{mm}}{0.1\text{mm}} \times 2 = 2200\text{像素}$$

短边分辨率至少为

$$\text{短边分辨率} = \frac{\text{视场（短边）}}{\text{精度}} \times 2 = \frac{90\text{mm}}{0.1\text{mm}} \times 2 = 1800\text{像素}$$

故相机长边的分辨率应该大于或等于 2200 像素，短边分辨率应该大于或等于 1800 像素。

备注：在计算分辨率时，一般都需要根据不同算法的精度乘以一定的系数，最少是 2 个像素。

步骤 4：确定相机快门类型。

拍照方式是静止拍照，故选用 Rolling（卷帘）类型的相机。

步骤 5：确定相机接口类型。

机器视觉系统应用实训平台（中级）不需要与其他设备进行通信，只是内部视觉单元与机器人单元的通信，通信距离较短，对传输速率要求不高，因此选择 USB（通用串行总线）接口的相机。

2. 确定相机型号

步骤 1：确定相机品牌。

海康是国内工业相机的龙头企业，因此选择海康品牌。

步骤 2：根据海康选型手册，进行参数匹配，确定相机型号 MV-CE060-30UC。

相机技术参数见表 1-5。

表 1-5 相机技术参数

产品型号	传感器型号	传感器类型	靶面尺寸 /in	像元尺寸 /μm	快门类型	分辨率	最大帧率	接口	黑白	彩色
MV-CE060-30UC	AR0521	CMOS（互补金属氧化物半导体）	$\frac{1}{2.5}$	2.2	Rolling	2592 × 1944	44.7fps	USB3.0		√

备注：

① 靶面尺寸是计算出的分辨率跟选型手册里的分辨率进行匹配之后来确定的。1in=0.0254m。
② 运动物体帧率越高越好，对于静止拍照，帧率不作为选型需要考虑的主要因素。
③ 如果有几款相机都适合，就需要从性价比方面来选择。

评价反馈

各组代表介绍任务实施过程，并完成评价表（见表 1-6）。

表 1-6 评价表

类别	考核内容	分值	评价分数		
			自评	互评	教师
理论	了解机器视觉系统组成	5			
	了解相机的类型	10			
	了解相机的基本参数和通信接口类型	15			
技能	能够根据检测对象的特征，确定相机的类型	20			
	能够根据检测精度、视场要求，确定相机分辨率	20			
	能够根据选型手册，确定相机的型号	20			
素养	遵守操作规程，养成严谨科学的工作态度	2			
	根据工作岗位职责，完成小组成员的合理分工	2			
	团队合作中，各成员学会准确表达自己的观点	2			
	严格执行 6S 现场管理	2			
	养成总结训练过程和结果的习惯，为下次训练积累经验	2			
总分		100			

相关知识

相机基础知识

1. 机器视觉概述

机器视觉可简单理解为让机器拥有视觉，可以具有像人眼一样进行判断、识别和测量等的功能。机器视觉技术具有非接触性、安全可靠、检测精度高和可在恶劣环境下长时间工作等优点，可以提高生产的效率和自动化程度，具有识别、测量、定位和检测四大功能。识别是指对字符、条形码等进行识别；测量是指对目标进行尺寸测量，精确计算出目标的几何尺寸；定位是获取目标的位置信息；检测是对目标的外观进行监测，包括外观缺陷检测、产品完整检测等。

2. 机器视觉系统组成

机器视觉系统由硬件和软件两部分组成。硬件部分主要由相机、镜头和光源等组成，软件部分主要是指视觉软件。

相机将光学图像转化为模拟 / 数字图像，再将相应的信号传输给图像处理系统。工业相机与民用相机相比，具有输出图像质量高、抗干扰能力强和可长时间工作等优点，其核心部件是用以接收光线的 CCD 或者 CMOS 芯片。

镜头用于聚集光线使目标能够在相机 CCD 或者 COMS 芯片上呈现出清晰的图像。镜头作为成像器件，通常要与相机、光源配合使用。

光源是影响机器视觉系统输入的重要因素，它直接影响输入数据的质量和应用效果。光源的主要作用是使图像中需要被观察的重要特征和非必要特征产生最大的对比度，即将目标的重要特征显现出来，同时将不需要的特征抑制掉，形成最佳的图像效果。

机器视觉软件是工业机器视觉的灵魂，本质是基于图像分析的计算机视觉技术，需要对获取图像进行分析，为进一步决策提供所需信息。

3. 相机的功能和结构

工业相机是工业视觉系统的核心零部件，其功能是通过 CCD 或 CMOS 成像传感器将镜头接收到的光学信号转换为对应的模拟信号或数字信号，并将这些信号由相机与计算机的接口传送到计算机主机。

相机主要是由传感器芯片、防尘片 / 滤光片、控制与信号转换电路板、光学接口、数据接口以及外壳构成，相机结构如图 1-2 所示。

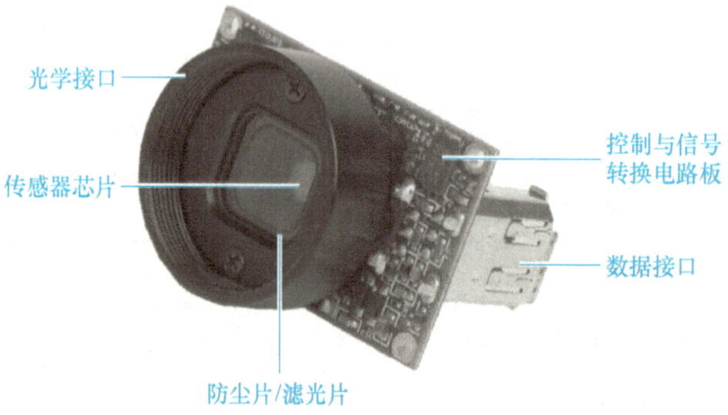

图 1-2　相机结构

4. 相机的分类

（1）按照芯片技术分类　感光芯片集成了图像传感器，是相机的核心部件，目前图像传感器芯片有 CCD 芯片和 CMOS 芯片两种。因此工业相机按照芯片技术可分为 CCD 相机和 CMOS 相机。CCD 相机采用的是 CCD 芯片，CCD 芯片是电荷耦合器件光电传感器，为中高端芯片，感光性和色彩还原性较好，灵敏度高。CMOS 相机采用的是 CMOS 芯片，CMOS 芯片是互补金属氧化物半导体，为中低端芯片或超高端芯片，功耗低，成本低，集成度高。

（2）按照输出图像信号格式分类　工业相机按照输出图像信号格式可分为模拟相机和数字相机两类。模拟相机所输出的信号形式为标准的模拟量信号，需要配专用的图像采集卡将模拟信号转化为计算机可以处理的数字信号，以便后期计算机对视频信号进行处理与应用。数字相机内部集成了 A/D

（模 / 数）转换电路，直接将模拟量的图像信号转化为数字信号。

（3）按照传感器架构分类　相机的传感器架构可分为线扫描和面扫描。因此根据传感器架构，工业相机可以分为线阵相机和面阵相机两类。线阵相机是采用线阵图像传感器的相机，其像元是一维线状排列的，即只有一行像元，每次只能采集一行的图形数据，只有当相机与被摄物体在纵向相向运动时才能得到二维图形。线阵相机幅面宽，像元尺寸较灵活，行频高，常应用于一维动态目标的测量，如需要极大的视场或极高的精度或被测视场为细长的带状，也多用于曲面检测的问题。面阵相机是采用面阵图像传感器的相机，其像元是按行列整齐排列的，每个像元对应图像上的一个像素点，通常像素点就是指像元的个数。面阵相机可以短时间内曝光、一次性获取完整的目标图像，常应用于测量目标物体的形状、尺寸与温度等信息。

（4）按照成像色彩分类　根据成像色彩可将相机分为黑白相机和彩色相机两类。黑白相机是最常用的线阵相机，每个像素点对应一个像元，采集到的是灰度图像。彩色相机能获得检测目标红、绿、蓝三个分量的光信号，输出彩色图像。彩色相机能够提供比黑白相机更多的图形信息。

5. 相机的基本参数

（1）图像传感器尺寸（靶面尺寸）　图像传感器是相机的核心。图像传感器尺寸（靶面尺寸）是指图像传感器感光部分的大小，一般用英寸（in）来表示，通常这个数据指的是这个图像传感器的对角线长度。目前，常见的面阵相机 CCD 图像传感器尺寸有 1in、(2/3)in、(1/2)in、(1/3)in 和（1/4）in 等，如图 1-3 所示。

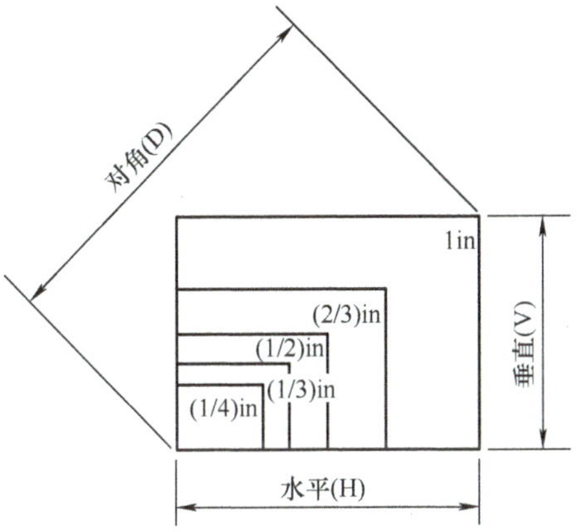

CCD尺寸/in	图像尺寸/mm		
	水平(H)	垂直(V)	对角(D)
1	12.8	9.6	16.0
2/3	8.8	6.6	11.0
1/2	6.4	4.8	8.0
1/3	4.8	3.6	6.0
1/4	3.6	2.7	4.5

图 1-3　常见的面阵相机 CCD 图像传感器尺寸

（2）分辨率　相机分辨率是指相机芯片像元的个数。面阵相机分辨率以像素总数或者横向分辨率乘以纵向分辨率表示。

30 万像素：640 × 480 像素　　130 万像素：1280 × 1024 像素

200 万像素：1600 × 1200 像素　　500 万像素：2592 × 1944 像素

600 万像素：3072 × 2048 像素　　1000 万像素：3840 × 2748 像素

2000 万像素：5496 × 3672 像素　　2900 万像素：6576 × 4384 像素

线阵相机分辨率特指图像行的数目，常见的有 1024 行、2048 行、4096 行和 8000 行。

（3）像素和像元　像素是图片的基本组成单位，是芯片相对应像元产生的图片灰度信息。像元是芯片的基本组成单位，是实现光电信号转换的基本单元。像元尺寸也叫像素尺寸，是指每个像素的实际大小。像元为正方形，单位为 μm，像元大小和像元数（分辨率）共同决定了相机靶面的大小，相机像元尺寸一般为 1.4 ～ 14μm。像元尺寸从某种程度上反映了芯片对光的响应能力，像元尺寸越大，能接收到的光子能量越多，在同样的光照条件和曝光时间内产生的电荷数量越多。

像元尺寸与分辨率、芯片尺寸的关系如下：

$$芯片尺寸=分辨率\times像元尺寸$$

（4）视场和精度　视场是指相机拍摄到的幅面的实际大小。精度是指相机拍摄图像上一个像素代表的实际尺寸大小。

视场、精度与分辨率的关系如下：

$$精度=\frac{视场（对应边）}{分辨率（对应边）}(\mathrm{mm/pixel})$$

例：用500万像素相机（分辨率为2592×1944像素）拍摄80mm的视场，则精度=80/2592（mm/pixel）=0.031（mm/pixel）。

（5）帧率　帧率是用于测量显示帧数的量度。测量单位为每秒显示帧数，简称fps或Hz。每秒的帧数或者说帧率表示图像处理器处理图像时每秒能够更新的次数。高的帧率可以得到更流畅、更逼真的动画。

最大帧率（Frame Rate）/行频（Line Rate）即相机采集传输图像的速率，对于面阵相机一般为每秒采集的帧数（fps），对于线阵相机为每秒采集的行数（单位为Hz）。

涉及物体运动轨迹的情况下，需要选取尽可能高的帧率才能保证运动轨迹点的密度。对于一般的应用，只需要能够抓拍到被测物体即可。

（6）曝光时间和曝光方式　传感器将光信号转换为电信号形成一帧图像，每个像元接收光信号的过程称为曝光，所花费的时间称为曝光时间，也称为快门速度。

面阵相机的曝光方式分为卷帘曝光和全局曝光两种类型。卷帘曝光是指相机芯片逐行陆续曝光。全局曝光是指相机芯片全部像元同时曝光。线阵相机常见的曝光方式有从左向右、从右向左和从左右向中间等曝光。

6. 相机的数据接口

数据接口如图1-4所示，用于图像数据传输和相机参数控制。不同的接口协议在数据传输层各有优劣。常见的数据接口有：USB、IEEE 1394、GigE、Camera Link和Camera Link HS等。光学接口有C、CS和F等。

a) USB　b) IEEE 1394

c) GigE(千兆网)　d) Camera Link

图1-4　相机的数据接口

7. 相机的选型方法

1）确定相机的类型。

2）估算视场大小，视场大小应该比检测对象略大一些。
3）根据检测精度和算法精度要求确定对应的像素分辨率。
4）确定相机曝光方式（快门类型）。
5）根据检测速度确定帧率。
6）根据通信距离等确定相机的接口。
7）根据选型手册，确定相机型号。

任务 1.2　镜头选型

学习情境

镜头有很多类型，比如定焦镜头、远心镜头，同类型的镜头又有不同的参数，在镜头选型时，该如何进行选择呢？

学习目标

知识目标

1）了解镜头的功能、结构以及成像原理。
2）了解镜头的类型。
3）了解镜头的基本参数以及各参数的相互影响关系。

能力目标

1）能够根据检测对象的特征，确定镜头的类型。
2）能够根据工作距离和相机分辨率，计算镜头的焦距。

素养目标

1）根据工作岗位职责，完成小组成员的合理分工。
2）团队合作中，各成员学会表达自己的观点。
3）养成安全规范操作的行为习惯。

工作任务

机器视觉系统应用实训平台（中级）的工作距离范围为 400 ～ 600mm，根据要求选择合适的镜头。

任务分工

根据任务要求，对小组成员进行合理分工，并填写表 1-7。

表 1-7　任务分工表

<table>
<tr><td>班级</td><td></td><td>组号</td><td></td><td>指导老师</td><td></td></tr>
<tr><td>组长</td><td></td><td>学号</td><td colspan="3"></td></tr>
<tr><td rowspan="5">组员与分工</td><td>姓名</td><td>学号</td><td colspan="3">任务内容</td></tr>
<tr><td></td><td></td><td colspan="3"></td></tr>
<tr><td></td><td></td><td colspan="3"></td></tr>
<tr><td></td><td></td><td colspan="3"></td></tr>
<tr><td></td><td></td><td colspan="3"></td></tr>
</table>

获取信息

引导问题 1：根据焦距是否可调节，镜头可以分为________和________。

引导问题 2：镜头的基本参数包括工作距离、最大兼容 CCD 尺寸、________、________、________、景深、放大倍数 β 和失真等。

引导问题 3：________决定着拍摄的工作距离、成像大小、视场角大小及景深大小。

A. 光圈　　B. 焦距　　C. 视场　　D. 畸变

引导问题 4：焦距越小，景深越________，畸变越________；焦距越________，渐晕现象越严重，使像差边缘的照度降低。

工作计划

1）制定工作方案，见表 1-8。

表 1-8　工作方案

步骤	工作内容	负责人
1		
2		

2）列出工具、耗材和器件清单，见表 1-9。

表 1-9　工具、耗材和器件清单

序号	名称	型号 / 规格	单位	数量

工作实施

镜头选型

1. 确定镜头的参数

步骤 1：选择镜头类型。

无特殊需求，同一工作距离下可能需要改变放大倍率，故选择定焦镜头。

步骤 2：计算焦距。

按长边计算：

$$\text{靶面尺寸（长边）}=\text{像元尺寸}\times\text{分辨率（长边）}$$

$$\text{焦距}(f)=\frac{\text{靶面尺寸（长边）}\times\text{工作距离}}{\text{视场（长边）}}=\frac{2.2\mu m\times 2592\times 400mm}{110mm}=20.7mm$$

按短边计算：

$$\text{焦距}(f)=\frac{\text{靶面尺寸（短边）}\times\text{工作距离}}{\text{视场（短边）}}=\frac{2.2\mu m\times 1944\times 400mm}{90mm}=19mm$$

根据计算，理论上镜头的焦距应该选择 16mm。

备注：

① 2.2μm 为所选相机的像元尺寸，400mm 为最小的工作距离。

② 当长边、短边计算出焦距不一样时，选较小的，然后去匹配与之接近的焦距值的镜头。

③ 镜头常见的焦距有 8mm、12mm、16mm、25mm、35mm 和 50mm。

考虑到机器视觉系统应用实训平台（中级）是教学设备，要有比较强的拓展性、检测对象多样性，教师或学生可能会使用到更大尺寸（超出目前设计的视场范围）的检测对象，根据相同的工作距离下，焦距越短，视场越大的原理，选择焦距为 12mm 的镜头。

步骤 3：确定靶面尺寸。

相机的靶面尺寸为（1/2.5）in，镜头的靶面尺寸需要大于相机的靶面尺寸。常见的镜头靶面尺寸有（1/1.8）in、（2/3）in、1.1in 和大靶面的镜头。因此，镜头的靶面尺寸选择（1/1.8）in。

2. 确定镜头的型号

步骤 1：确定镜头品牌。

因相机选择的是海康的相机，因此镜头也选择海康的。

步骤 2：根据海康选型手册，进行参数匹配，确定镜头型号为 MVL-HF1228M-6MPE。

镜头的技术参数见表 1-10。

表 1-10　镜头的技术参数

型号	靶面尺寸 /in	焦距 /mm	畸变（%）	视场角 / (°)			最近摄距 /m	滤镜螺纹
				D	H	V		
MVL-HF1228M-6MPE	1/1.8	12	-0.01	40.6	34.2	23.2	0.1	M37.5 × 0.5

评价反馈

各组代表介绍任务实施过程，并完成评价表（见表 1-11）。

表 1-11　评价表

类别	考核内容	分值	评价分数		
			自评	互评	教师
理论	了解镜头的功能、结构以及成像原理	5			
	了解镜头的类型	5			
	了解镜头的基本参数以及各参数的相互影响关系	20			
技能	会根据系统要求，确定镜头的类型	10			
	会根据相机分辨率和视场的大小，计算焦距	20			
	会根据相机靶面尺寸的大小，确定镜头的靶面尺寸	20			
	会根据选型手册，确定镜头的型号	10			
素养	遵守操作规程，养成严谨科学的工作态度	2			
	根据工作岗位职责，完成小组成员的合理分工	2			
	团队合作中，各成员学会准确表达自己的观点	2			
	严格执行 6S 现场管理	2			
	养成总结训练过程和结果的习惯，为下次训练积累经验	2			
总分		100			

相关知识

镜头知识（上）

镜头知识（下）

1. 镜头的功能和结构

镜头是机器视觉系统中必不可少的部件，直接影响成像质量的优劣，影响算法的实现和效果。在机器视觉系统中，镜头用于图像采集，将目标成像在图像传感器的光敏面上。镜头是由一些光学零件按照一定的方式组合而成的，常见的光学零件有透镜、反射镜和棱镜等。

机器视觉常用的定焦镜头的结构如图 1-5 所示，镜头上有对焦环和可变光圈两个环，为了防止误碰，工业镜头的两个环都有锁定螺钉。

2. 镜头的成像原理

镜头的成像以凸透镜成像原理为基础，通过透镜的组合，把物体发出或者反射的光线成像在像平面上（与芯片面重合），如图 1-6 所示。运用凹凸透镜组合能有效地平衡球差、轴外像差和色差等各种像差，提高成像质量。

图 1-5　定焦镜头

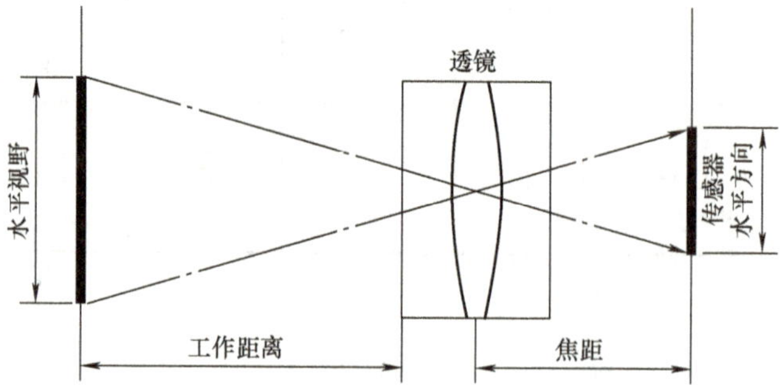

图 1-6　成像原理

3. 镜头的分类

（1）根据焦距分类　根据焦距是否可调节，可以分为定焦镜头和变焦镜头。定焦镜头的焦距是固定的，可以通过调整对焦环使不同工作距离的物体清晰成像，通过光圈调节来控制进光量。定焦镜头的有效工作距离范围大，视场较大，是目前机器视觉行业应用较广泛的镜头。变焦镜头的焦距有一定的变化范围，通过镜头焦距的变化来改变图像大小与视场大小。

（2）根据放大倍数分类　根据放大倍数是否可调，可以分为定倍镜头和变倍镜头。定倍镜头的放大倍率和工作距离是固定的，其特点是无光圈、无调焦、低变形率。变倍镜头在不改变工作距离的情况下，可无级调节放大倍率，在改变放大倍率时，仍然呈现出卓越的图像质量，其特点是高对比度、高分辨率及结构复杂。

（3）特殊用途的镜头

1）显微镜头。一般用于成像比例大于 10:1 的拍摄系统，用于观察范围较小的物体。

2）微距镜头。一般是指成像比例为 2:1 ～ 1:4 特殊设计的镜头。

3）远心镜头。远心镜头主要是为纠正传统的视差而特殊设计的镜头，可以在一定的范围内，使得到的图像放大倍率不会随物距的变化而变化，这对被测物不在同一物面上的情况是非常有用的。

远心镜头有物方远心镜头、像方远心镜头和双侧远心镜头三种类型。物方远心镜头入瞳位于无穷远处，可消除透视误差。像方远心镜头出瞳位于无穷远处，可获得更好的像面照度均匀性。双侧远心镜头兼有上面两种远心镜头的优点。

4. 镜头的基本参数

（1）工作距离　工作距离是指镜头前部到受检验物体的距离。实际使用时要注意，一个镜头不能对任意物距下的目标都清晰成像，小于最小工作距离时系统一般不能清晰成像。

（2）最大兼容 CCD 尺寸　所有镜头都只能在一定的范围内清晰成像，最大兼容 CCD 尺寸指镜头能支持的最大清晰成像的范围。在实际选择相机和镜头时，要注意所选择镜头的最大兼容 CCD 尺寸要大于或等于所选择的相机芯片的尺寸，如图 1-7 所示。

（3）焦距（f）　镜头焦距是指镜头光学后主点到焦点的距离，是镜头的重要性能指标，物距与像距如图 1-8 所示。镜头焦距的长短决定着拍摄的工作距离、成像大小、视场角大小及景深大小。

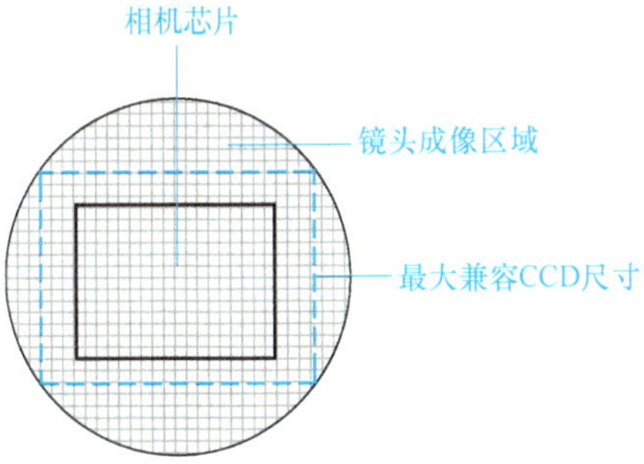

图 1-7　最大兼容 CCD 尺寸

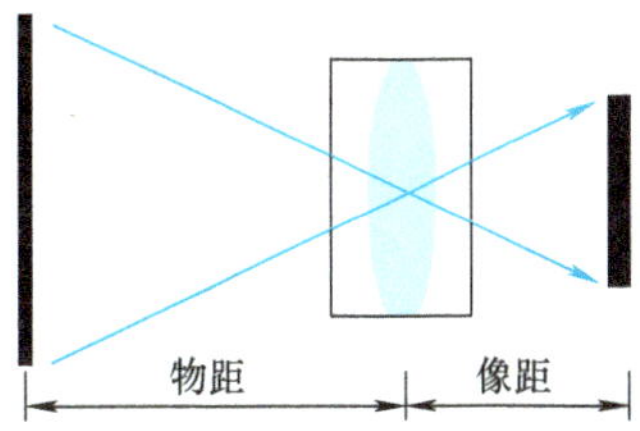

图 1-8　物距与像距

根据三角相似关系：

$$\frac{\text{焦距}}{\text{工作距离}} \approx \frac{\text{芯片尺寸（对应边）}}{\text{视场（对应边）}}$$

故

$$f = \frac{\text{工作距离}}{\text{视场范围长边（或短边）}} \times \text{CCD长边（或短边）}$$

（4）视场与视场角　视场与视场角都是用来衡量镜头成像范围的。视场是指图像采集设备所能够覆盖的范围，即和靶面上的图像所对应的物平面的尺寸。镜头的视场大小和相机的分辨率共同决定视觉系统所能达到的检测精度。视场角是指镜头对图像传感器的张角，是以镜头为顶点，与被测物体可通过镜头的最大成像范围的两条边缘所构成的夹角，如图 1-9 所示。

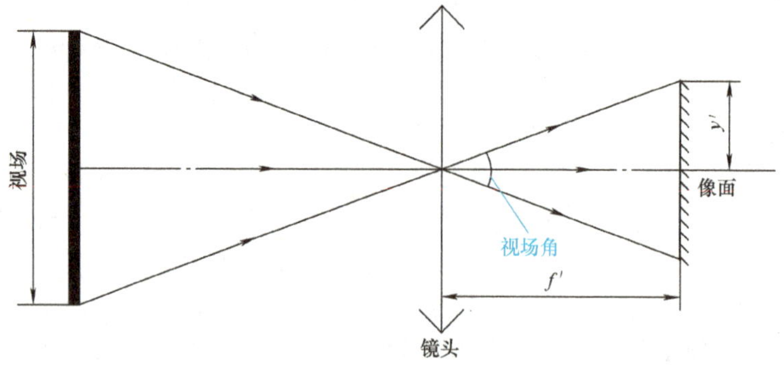

图 1-9　视场与视场角

视场角与焦距的关系如图 1-10 所示，相同的工作距离下，焦距越短，视场角越大，视场也就越大；相同的焦距下，视场角一定，工作距离越远，视场越大。

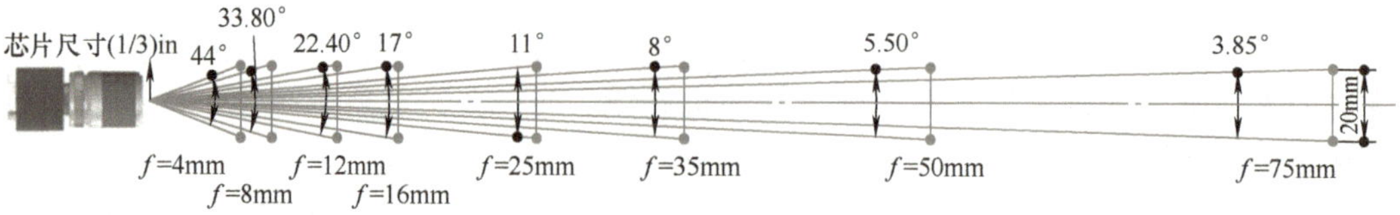

图 1-10　视场角与焦距的关系

（5）光圈 / 相对孔径　光圈和相对孔径是两个相关概念。光圈用 F 表示，以镜头焦距 f' 与入瞳直径 D 的比值来衡量。F 值越大，光圈越小；F 值越小，光圈越大。相对孔径是镜头入瞳直径与焦距的比值（通常用 D/f' 表示），而光圈是相对孔径的倒数。

光圈大小对图像的影响如图 1-11 所示，通过调节镜头的光圈大小，可以控制镜头的入光量，图像的亮度也随之而变化。光圈在较小的情况下，图片亮度相对较暗，工件和背景的对比度相对较低。光圈在居中的情况下，图片亮度相对一般，工件和背景的对比度一般。光圈在较大的情况下，图片亮度相对较亮，工件和背景的对比度相对较高。

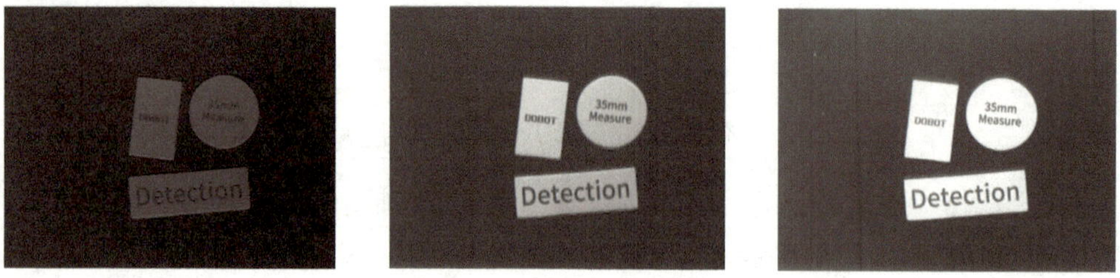

a) 光圈较小　　b) 光圈居中　　c) 光圈较大

图 1-11　光圈大小对图像的影响

（6）景深　聚焦完成后，在焦点前后的范围内都能形成清晰的像，这一前一后的距离范围，称为景深，如图 1-12 所示。

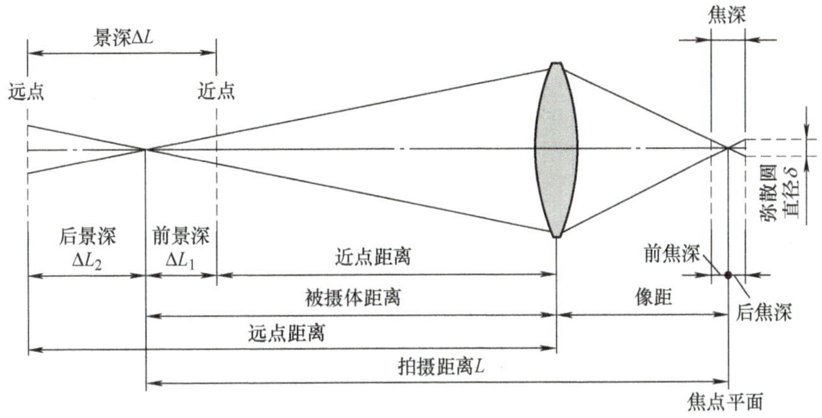

图 1-12　景深

图 1-13 显示了对于同一物体，不同成像系统的景深大小不同，从左向右景深依次增加。

图 1-13　不同成像系统的景深

影响景深的因素：①光圈越小，景深越大；②焦距越小，景深越大；③工作距离越远，景深越大。

（7）放大倍数 β　芯片尺寸除以视场范围就是放大倍数。透镜的物方主点到物平面的距离，称为物距。透镜的像方主点到像平面的距离，称为像距。放大倍数与像距和物距的关系如下：

$$\text{放大倍数}\beta = \frac{\text{像距}}{\text{物距}} = \frac{\text{芯片尺寸}}{\text{视场}}$$

（8）失真　失真又称畸变，是指被摄物平面内的主轴外直线，经光学系统成像后变为曲线，因此光学系统的成像误差称为畸变。畸变像差只影响影像的几何形状，而不影响清晰度。

常见的畸变形式分为桶形畸变和枕形畸变两种，如图 1-14 所示。桶形畸变又称桶形失真，是指镜头引起的成像画面呈桶形膨胀的失真现象，桶形畸变在工业镜头成像尤其是广角镜头成像时较为常见。枕形畸变又称枕形失真，是指镜头引起的成像画面向中间“收缩”的现象，枕形畸变在长焦镜头成像时较为常见。

（9）接口　镜头需要与相机进行配合才能使用，它们两者之间的连接方式通常称为接口。为提高各生产厂家镜头之间的通用性和规范性，业内形成了数种常用的固定接口，例如 C 接口、CS 接口、F 接口、V 接口、T2 接口、徕卡接口、M42 接口和 M50 接口等。

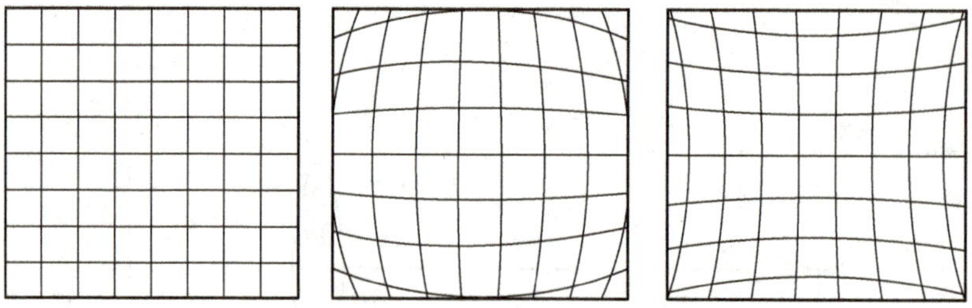

图 1-14　畸变

5. 镜头各参数间的相互影响关系

镜头与各参数之间的关系如图 1-15 所示。

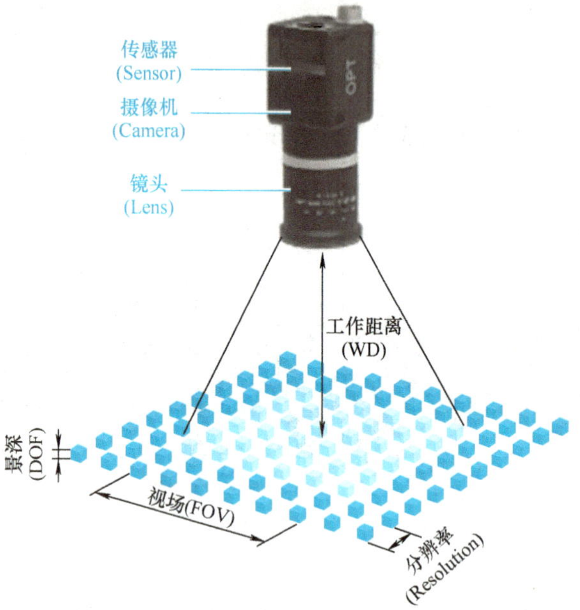

图 1-15　镜头与各参数之间的关系

（1）焦距大小的影响　焦距越小，景深越大、畸变越大、渐晕现象越严重、像差边缘的照度越低。

（2）光圈大小的影响　光圈越大，图像亮度越高、景深越小、分辨率越高。

（3）像场中心与边缘　一般情况下图像中心比边缘成像质量好，图像中心比边缘光场照度高。

（4）光波长度的影响　在相同的相机及镜头参数条件下，照明光源的光波波长越短，得到的图像的分辨率越高。所以在需要精密尺寸及位置测量的视觉系统中，尽量采用短波长的单色光作为照明光源，对提高系统精度有很大的作用。

6. 镜头的选型思路

镜头选型思路如图 1-16 所示。

1）明确是否是精密测量，精密测量需要选用远心镜头，可根据相机芯片大小及分辨率、视场大小来确定镜头的放大倍率，再确定镜头的分辨率，结合工作距离、选型手册等确定远心镜头型号。

2）若非精密检测，则需明确同一工作距离下是否需要改变放大倍率，需要就选择变倍镜头，可根据相机芯片大小及分辨率、视场大小来确定镜头的放大倍率，从而确定变倍镜头型号。

3）若同一工作距离下不需要放大倍率就选择定焦镜头，定焦镜头选型方法如下：①根据检测物品尺寸、工作距离，计算焦距；②根据相机的靶面尺寸，确定镜头的靶面尺寸；③考虑镜头畸变、景深和接口等其他要求；④根据选型手册确定镜头型号。

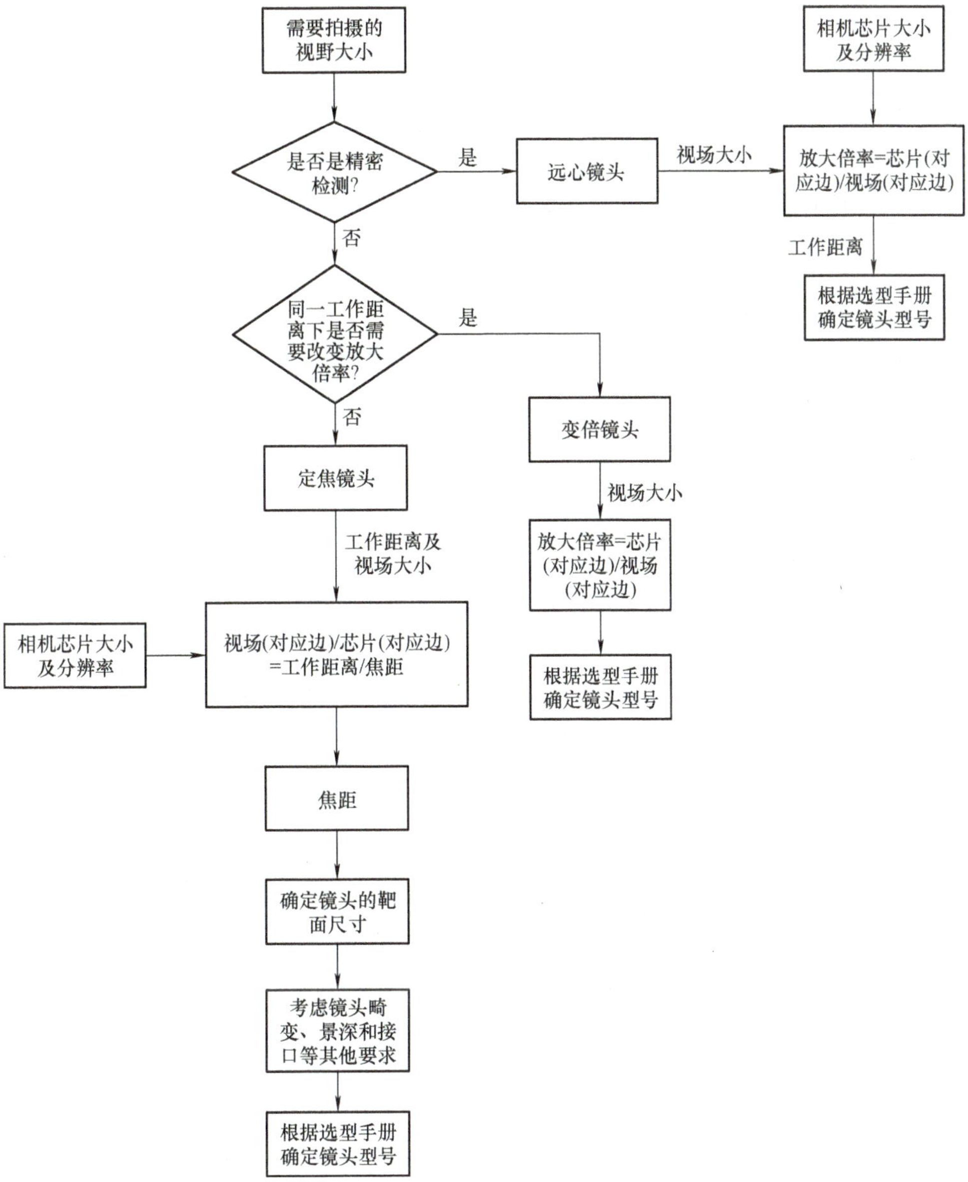

图 1-16　镜头选型思路

任务 1.3　光源选型

学习情境

光源有很多类型，比如条形光源、环形光源，同类型的光源又有不同的颜色，光源选型的时候，该如何进行选择呢？

学习目标

知识目标

1）了解光源的作用。
2）了解打光方式。
3）了解常见 LED（发光二极管）光源及其应用。

能力目标

1）根据检测对象的特征选择不同的光源颜色。
2）能够根据待检测对象和检测区域大小，确定光源的尺寸、角度和功率。

素养目标

1）根据工作岗位职责，完成小组成员的合理分工。
2）团队合作中，各成员学会表达自己的观点。
3）养成安全规范操作的行为习惯。

工作任务

机器视觉系统应用实训平台（中级）要求能够对多种对象进行检测，根据要求选择合适的光源。

任务分工

根据任务要求，对小组成员进行合理分工，并填写表 1-12。

表 1-12　任务分工表

班级		组号		指导老师	
组长		学号			
组员与分工	姓名	学号	任务内容		

获取信息

引导问题 1：简述光源的作用。

____

____

引导问题 2：常见的 LED 光源有哪些？

引导问题 3：检测瓶盖时，如果选用黑白相机，瓶盖的整体颜色为蓝色，现要检测瓶盖上面的字符，应该选择（　　）颜色的光源过滤背景最好。

A. 红色　　B. 绿色　　C. 白色　　D. 蓝色

引导问题 4：（　　）是一种从侧面打光的照明光源，常用的角度是 45°，也有更小的角度。

A. 条形光源　　B. 环形光源　　C. 同轴光源　　D. 背光源

工作计划

1）制定工作方案，见表 1-13。

表 1-13　工作方案

步骤	工作内容	负责人
1		
2		

2）列出工具、耗材和器件清单，见表 1-14。

表 1-14　工具、耗材和器件清单

序号	名称	型号	单位	数量
1				

工作实施

光源选型

1. 确定光源的参数

步骤 1：确定光源颜色。

考虑到兼容性，因白色光源对红色、绿色和蓝色三种照射对象的反射光亮度相同，故选用白色光源。

步骤 2：确定打光方式和光源形状。

实训台配备的检测对象都是对目标的上表面进行检测，故需要采用明视场照明方案，选用高角度打光的方式，光源形状选择环形。

步骤 3：确定光源尺寸。

传送带的宽度为 100mm，光源需要覆盖住整个检测区域，故光源的外直径应该大于 100mm。

步骤 4：确定光源功率。

因检测对象类型较多，光源的功率需要可调，故选择功率较大的光源，并配合光源控制器使用。

2. 确定光源型号

步骤 1：确定光源品牌。

选择富士智能科技。

步骤 2：根据产品手册和实际测量，确定光源型号。

根据富士智能科技产品手册和样品测试情况，确定光源的产品型号为 FJI-RL120-A00-W，技术参数见表 1-15，尺寸如图 1-17 所示。

表 1-15　光源技术参数

型号	颜色	功率	电压
FJI-RL120-A00-W	白色	9.2W	DC 24V

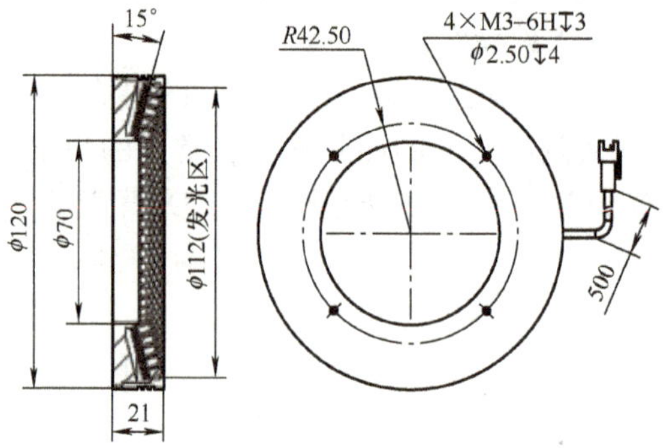

图 1-17　光源尺寸

评价反馈

各组代表介绍任务实施过程，并完成评价表（见表 1-16）。

表 1-16　评价表

类别	考核内容	分值	评价分数		
			自评	互评	教师
理论	了解光源的作用	5			
	了解光源的选型技巧与打光方式	10			
	了解常见的 LED 光源及应用	15			
技能	能够根据项目需求，确定光源颜色	15			
	能够根据项目需求，确定光源的打光方式与光源形状	15			
	能够根据项目需求，确定光源尺寸、功率	20			
	根据选型手册，匹配光源型号	10			
素养	遵守操作规程，养成严谨科学的工作态度	2			
	根据工作岗位职责，完成小组成员的合理分工	2			
	团队合作中，各成员学会准确表达自己的观点	2			
	严格执行 6S 现场管理	2			
	养成总结训练过程和结果的习惯，为下次训练积累经验	2			
总分		100			

相关知识

光源基础知识

1. 光源的作用

机器视觉系统的核心部分是图像采集和图像处理，即如何得到一幅好的图片和找到最有效率、最准确的算法。所有的信息均来源于图像之中，图像质量对整个系统极为关键。通过适当的光源照明设计，能够克服环境光干扰，使被测物体的目标信息与背景信息得到最佳区分，获得高品质、高对比度的图像，从而可以降低图像处理的难度，提高系统的精度和可靠性。

2. 打光方式

（1）高角度打光　如图 1-18 所示，光线方向与检测面的夹角相对较大（大于 45°），表面平整部位的反光相对容易进入镜头之中，在画面中显示偏亮。不平整部位，如凹坑、划伤等表面结构较为复杂，反光较为杂乱，只有较少部分光线可以反射到镜头当中，在画面中表现较暗。

（2）低角度打光　如图 1-19 所示，光线方向与检测面夹角相对较小（小于 45°），表面平整部位相对无反射光线进入镜头之中，在画面中显示偏暗。不平整部位，如凹坑、划伤等表面结构较为复杂，反光较为杂乱，部分光线可以反射到镜头当中，在画面中表现较亮。

（3）背部打光　如图 1-20 所示，背光源放置在产品下方，该种方法一般用于产品尺寸检测、液体内部杂质检测等。

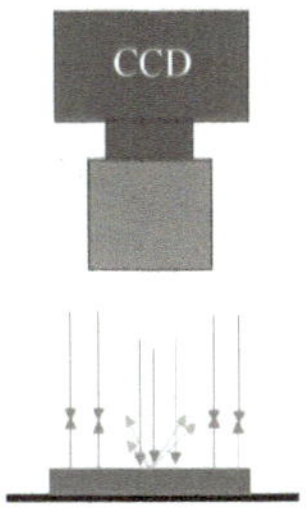

图 1-18　高角度打光

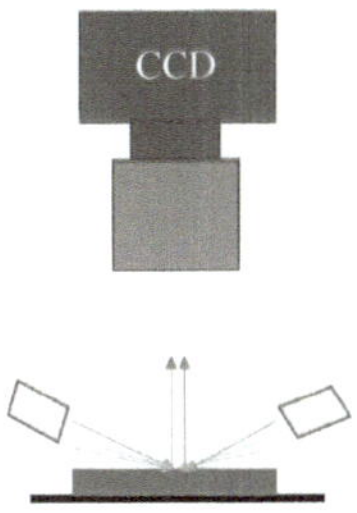

图 1-19　低角度打光

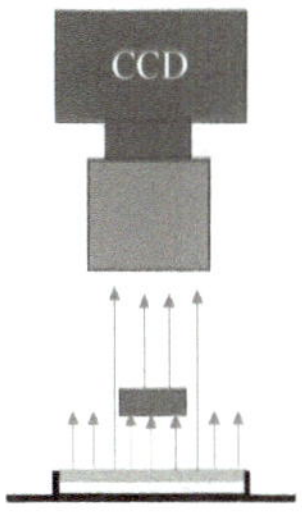

图 1-20　背部打光

3. 光源选型技巧

（1）颜色的叠加（互补色、相邻色）　色环如图 1-21 所示，色环中对称颜色（互补色）叠加在黑白相机下呈现深色，如图 1-22 所示。

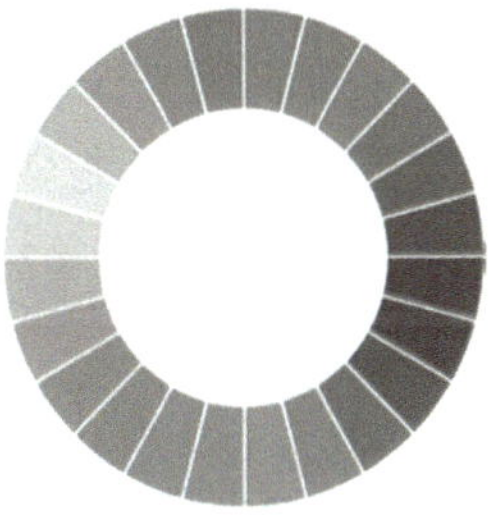

图 1-21　色环

图 1-22　互补色叠加

色环中相邻（相邻色）或同种颜色叠加在黑白相机下呈现浅色，如图 1-23 所示。

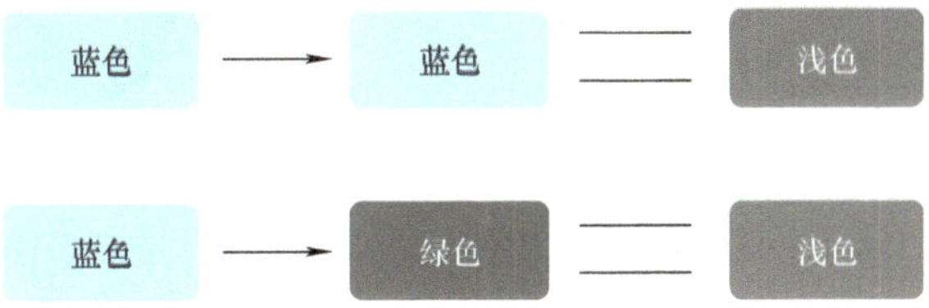

图 1-23　相邻色或同色叠加

（2）使用波长的特性　红外光具有波长长、穿透性强的特性；紫外光具有波长短、扩散率高以及可激发荧光的特性。

（3）不同材质金属对不同波段的光源反射率不同　铜和金对于波长短的光源，反光较弱。蓝色光源能够更好地打出铜、金和铝之间的差异。

4. 常见 LED 光源及应用

（1）条形光源　条形光源也叫条形灯，如图 1-24 所示，其为一种从侧面打光的照明光源，是较大方形结构被测物的首选光源，颜色可根据需求搭配。条形光源常用的打光角度是 45°，也有更小的角度。

条形光源的典型应用：①包装文字检测；②包装膜破损检测；③制造物裂纹检测；④电子部件的形状识别和大小检测。

（2）环形光源　环形光源如图 1-25 所示，适合不反光物体的检测，主要用于扩散表面的照明。

图 1-24　条形光源

图 1-25　环形光源

环形光源的典型应用：①检测 BGA（球阵列封装）、QFP（四面扁平封装）位置；②检测集成电路；③检测集成电路的引脚字符；④检测金属表面划伤。

（3）同轴光源　同轴光源如图 1-26 所示，为平板镜面表面提供漫射均匀照明，利用同轴光源方法，垂直于照相机的镜面表面变得光亮，而标记或雕刻的区域因吸收光线而变暗，可以消除物体表面不平整引起的阴影，从而减少干扰。

同轴光源的典型应用：① PCB（印制电路板）焊点、符号等的检测；②金属、玻璃等具有光泽的物体表面的缺陷检测；③集成电路引脚字符的检测；④芯片和硅晶片的破损检测。

（4）穹顶光源　穹顶光源如图 1-27 所示，是一款用于扩散、均匀照明的光源，光源的大张角可以帮助弯曲、光亮和不平表面成像。穹顶光源通过半球形的内壁多次反射，可以完全消除阴影。

图 1-26　同轴光源

图 1-27　穹顶光源

穹顶光源的典型应用：①曲面形状的缺陷检测；②不平坦的光滑表面字符的检测；③金属或镜面的表面检测。

（5）背光源　背光源如图 1-28 所示，本身均匀性高，同时厚度比较薄，适用于安装紧凑的位置，可以完美呈现被检测对象的轮廓缺陷等。

背光源的典型应用：①定位或测量外形尺寸；②观察开口（如钻孔）；③测量材料厚度。

（6）线型光源　线型光源如图 1-29 所示，主要应用于亮度较高的线阵项目，配套线阵相机应用。

图 1-28 背光源

图 1-29 线型光源

线型光源的典型应用：①检测印刷品、纺织品及要求比较高的大型工件；②用于需要长、窄的现场和物体表面反射不强的情况。

（7）点光源 LED 点光源是指以 LED 作为发光体的点光源。点光源适用于安装控件较小的视觉系统，配合显微镜使用。

点光源的典型应用：①高反光表面的划伤检测；②芯片和硅晶片的破损检测；③条形码识别；④激光打标字符识别。

（8）红外光源 红外光可过滤产品表面有机涂料干扰，检测表面划痕；红外光可穿透深色口服液检测内部杂质。

红外光源的典型应用：①医学（血管网识别、眼球定位）；②液体内部异物检测；③可透视塑料包装内容物检测；④消除表面图案的外观检测。

（9）紫外光源 紫外光源适用于特定的类似于防伪码检测等配套应用。

紫外光源的典型应用：①隐形码检测；②荧光字符检测；③透明膜表面瑕疵特征检测。

5. 光源控制器

光源控制器的主要作用是给光源供电，控制光源的亮度并控制光源照明状态（亮 / 灭），还可以通过为控制器提供触发信号来实现光源的频闪，进而大大延长光源的寿命。光源控制器如图 1-30 所示，分为模拟控制器和数字控制器，模拟控制器通过手动调节，数字控制器可以通过电脑或其他设备远程控制。

图 1-30 光源控制器

项目总结

本项目讲解了机器视觉系统硬件选型的相关知识，包括相机的类型、基本参数和选型方法；镜头的类型、基本参数和选型方法；光源的打光方式和选型技巧，常见 LED 光源及其应用。通过对本项目的学习，可以初步掌握机器视觉系统硬件选型的方法。

拓展阅读

工业机器视觉产业链介绍

由于机器视觉自身的优点，使得其在精度、速度和质量等方面比人工更具有优势，在平均成本上也有所降低，机器视觉系统得到广泛应用。

工业机器视觉产业链包括上游零部件、中游装备和下游应用，如图 1-31 所示。

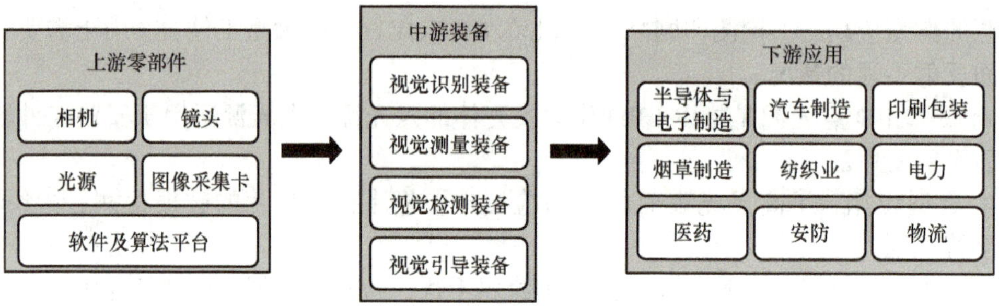

图 1-31　工业机器视觉产业链

1. 工业机器视觉产业链上游

工业机器视觉产业链上游为工业相机、工业镜头和光源等核心硬件及图像处理。杭州海康机器人、浙江华睿科技、深圳市东正光学和广东奥普特等公司经过多年的研发和实践积累，在一些关键技术上取得突破，不断推出相机、镜头和光源全系列的产品。

2. 工业机器视觉产业链中游

工业机器视觉产业链中游包括系统集成商和整机装备市场。行业主要参与者为系统集成商、整机装备制造商、海外机器视觉品牌代理商和海外机器视觉品牌商等，主要面向下游用户，提供硬件集成、软件复位等解决方案和系统集成服务。典型的企业有凌云光、北京嘉恒中自图像和深圳市阳光视觉等。

3. 工业机器视觉产业链下游

工业机器视觉产业链下游主要是相关应用。机器视觉已经广泛应用于电子及半导体、汽车制造、食品包装和制药等领域，其中消费电子、汽车和半导体是当前机器视觉最主要的应用领域。典型的企业有富士康、比亚迪和华为等。

项目 2 认识机器视觉工作过程

02

项目引入

机器视觉系统通过相机获取物体的图像，并将其传输给视觉软件，经过视觉软件的各种运算，抽取出物体的特征，从而得到物体的尺寸、形状、位置和颜色等信息，最后根据结果信息来控制其他设备动作。机器视觉系统的工作过程可以归纳为图像采集、图像处理、图像分析和结果输出四个过程。

知识图谱

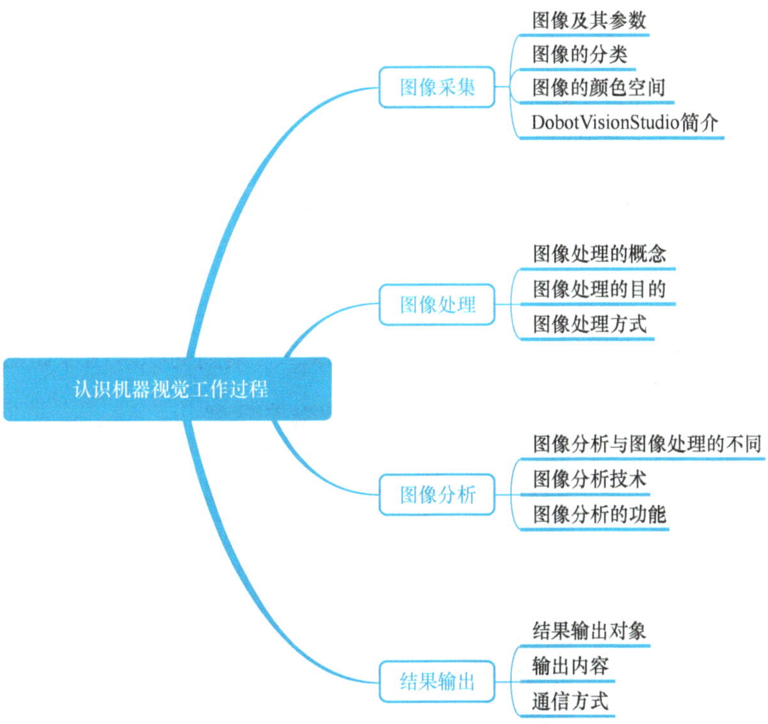

任务 2.1 图像采集

学习情境

机器视觉的工作内容包括图像采集、图像处理、图像分析和结果输出四个环节。图像采集是机器视觉系统的基础，直接影响着整个机器视觉系统的性能，如何采集到清晰的图像，并输出保存到本地呢？

学习目标

知识目标

1）了解图像及其参数和分类的相关知识。
2）了解不同颜色空间的定义及原理。
3）掌握 DobotVisionStudio 的界面组成。

能力目标

1）能够正确启动并打开软件。
2）能够采集到清晰的图像。
3）能够输出并保存图像。

素养目标

1）根据工作岗位职责，完成小组成员的合理分工。
2）团队合作中，各成员学会表达自己的观点。
3）养成安全规范操作的行为习惯。

工作任务

启动软件，采集到清晰的积木图像，保存并输出图像，采集到的积木图像如图 2-1 所示。

图 2-1 采集到的积木图像

任务分工

根据任务要求，对小组成员进行合理分工，并填写表 2-1。

表 2-1　任务分工表

班级		组号		指导老师	
组长		学号			
组员与分工	姓名	学号	任务内容		

获取信息

引导问题 1：数字图像有哪几个基本的参数？

引导问题 2：按照图像颜色和灰度的多少，图像分为哪几类？

引导问题 3：简要描述 RGB 颜色空间。

引导问题 4：DobotVisionStudio 主界面由哪些区域组成？

工作计划

1）制定工作方案，见表 2-2。

表 2-2　工作方案

步骤	工作内容	负责人
1		
2		
3		

2）列出核心物料清单，见表 2-3。

表 2-3　核心物料清单

序号	名称	型号 / 规格	单位	数量
1			套	1
2			套	1

工作实施

DobotVision-Studio 介绍

1. 软件启动

步骤 1：将红、绿、蓝共 3 个积木放置在检测区域。

步骤 2：进入软件界面。双击 DobotVisionStudio 软件图标，弹出 DobotVisionStudio 客户端，启动引导界面如图 2-2 所示。

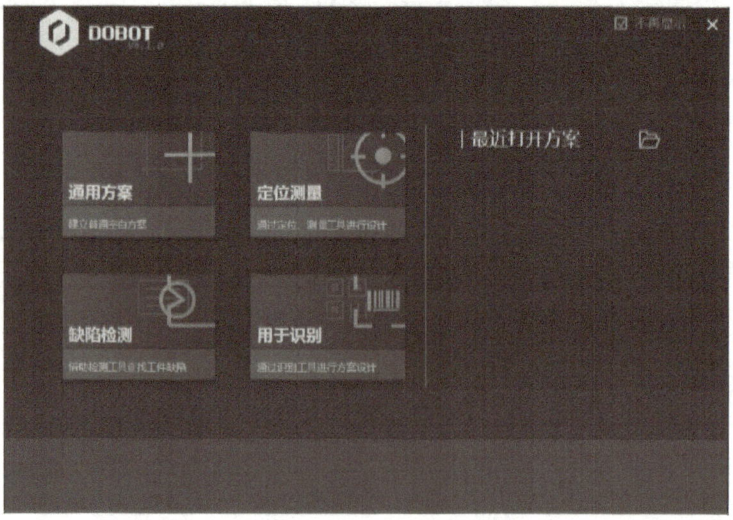

图 2-2　DobotVisionStudio 软件启动引导界面

步骤 3：选择任一模块，进入 DobotVisionStudio 主界面，如图 2-3 所示。

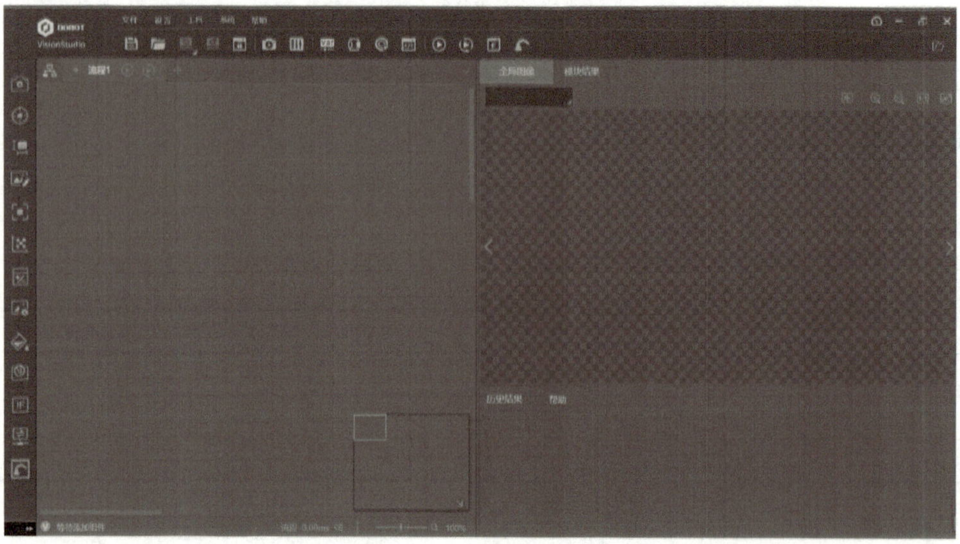

图 2-3　DobotVisionStudio 软件主界面

2. 图像采集

图像采集

步骤 1：方案流程中增加“图像源”工具。在工具箱区域，将“采集”子工具箱中的“图像源”工具拖拽到流程编辑区域，建立方案流程，如图 2-4 所示。

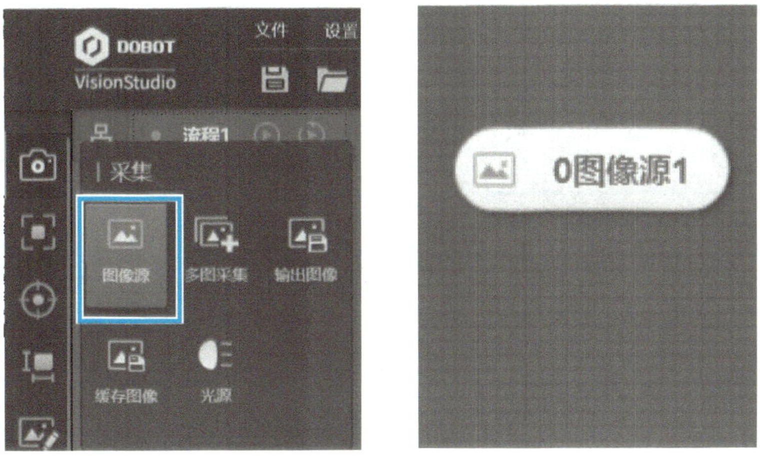

a)“采集”子工具箱　　b) 增加的“图像源”工具

图 2-4　建立方案流程

步骤 2：设置图像源参数。双击“0 图像源 1”，设置基本参数，如图 2-5 所示，“图像源”选择“相机”，单击“关联相机”右边的“相机管理”，进入“相机管理”界面。

图 2-5　设置图像源基本参数

步骤 3：设置“相机管理”参数。单击“设备列表”右边的加号，创建“1 全局相机 1”，设置相机的参数。在“常用参数”界面的“相机连接”中，通过“选择相机”右下角的小三角符号打开下拉选项，选择当前与计算机直接相连的相机，在“图像参数”的“像素格式”中选择“ RGB 8”，如图 2-6 所示。单击“触发设置”，设置“触发源”为“ SOFTWARE”，单击“确定”按钮，如图 2-7 所示，返回图像源界面。

步骤 4：选择关联相机。在“0 图像源”界面，单击“关联相机”右下角的小三角符号，选择“1 全局相机 1”，如图 2-8 所示。

步骤 5：调整镜头的光圈。在连续执行的情况下，调节镜头的光圈。镜头结构如图 2-9 所示，一般先将光圈调为 2.8，锁紧光圈。

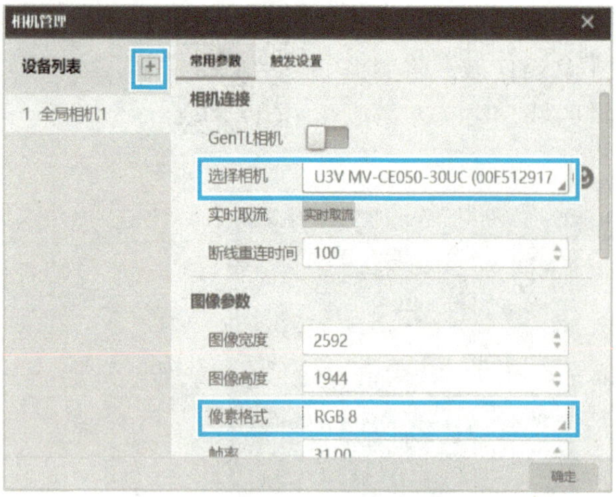

图 2-6 “常用参数”界面

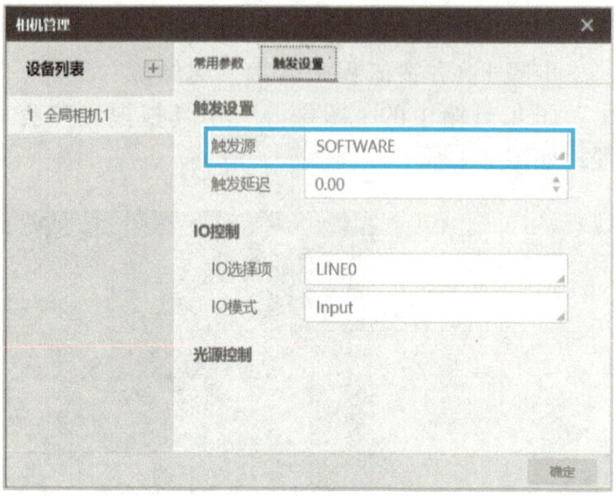

图 2-7 触发设置

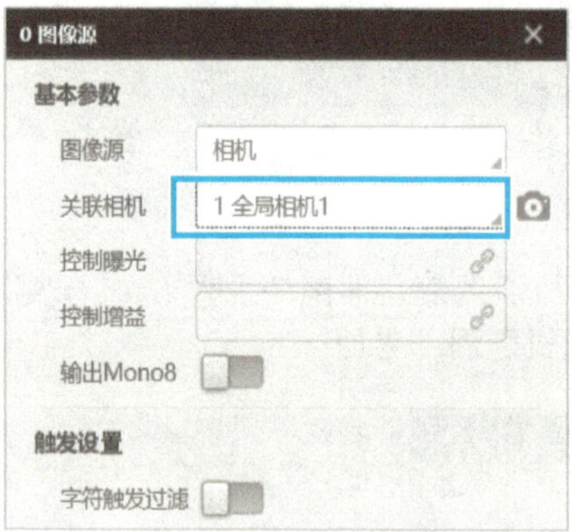

图 2-8 选择关联相机

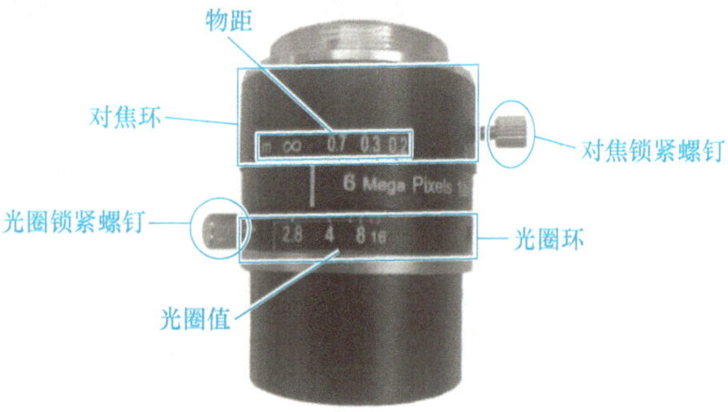

图 2-9 镜头结构

步骤 6：初次调整相机的曝光时间。单击“连续执行”按钮来连续获取图像，如图 2-10 所示。进入关联相机的“相机管理”界面，对“1 全局相机 1”的曝光时间进行调整。单击“曝光时间”后会出现曝光条，左右拖动曝光条可以减少或增加曝光时间，如图 2-11 所示，边调整边观察曝光时间对图像的影响，当图像显示区域出现方块的图像不是特别亮也不是特别暗的时候，如图 2-12 所示，停止拖动曝光条。单击“确定”按钮返回主界面。

图 2-10 单击“连续执行”按钮

步骤 7：调整镜头对焦环。在连续执行的情况下，先将图像显示区域的图像放大，边调节镜头对焦环，边观察图像边缘的过渡像素的多少，以过渡像素最少时为最佳，对焦环对图像质量的影响如图 2-13 所示。确定好后，锁紧对焦环。

步骤 8：再次调整曝光时间。按照步骤 6 介绍的方法，左右拖动曝光条，观察图像显示区域的实时图像。当图像的颜色与肉眼直接观察到的方块颜色一致时，停止调节，相机采集到的图像如图 2-14 所示，单击“确定”按钮返回主界面，单击“停止执行”按钮。

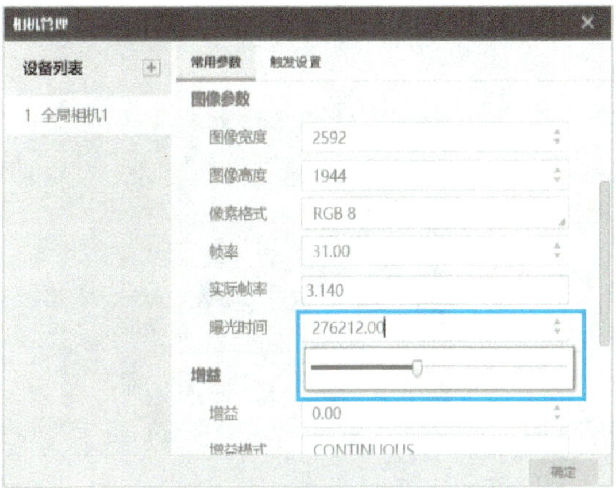

图 2-11　初次调整曝光时间

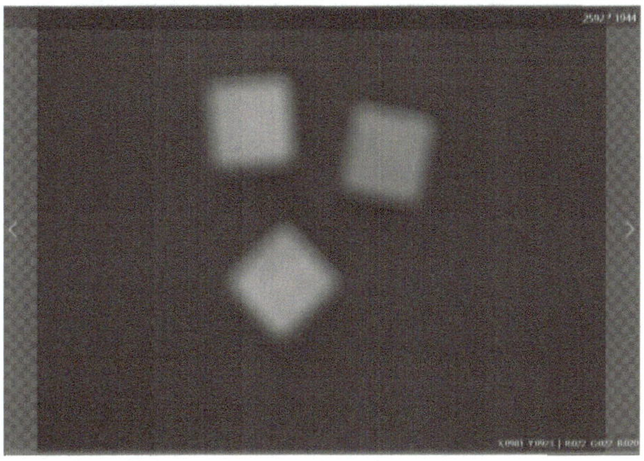

图 2-12　图像显示区域的图像

a) 过渡像素较多的原始图像

b) 过渡像素较多放大后的图像

c) 过渡像素较少的原始图像

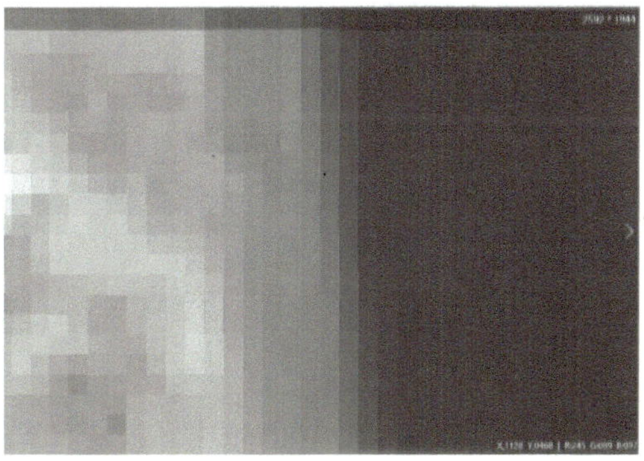

d) 过渡像素较少放大后的图像

图 2-13　对焦环对图像质量的影响

3. 图像输出

步骤 1：方案流程中增加“输出图像”工具。在工具箱区域，将“采集”子工具箱中的“输出图像”工具拖拽到流程编辑区域，并与“0 图像源 1”相连接，如图 2-15 所示。

图 2-14　相机采集到的图像

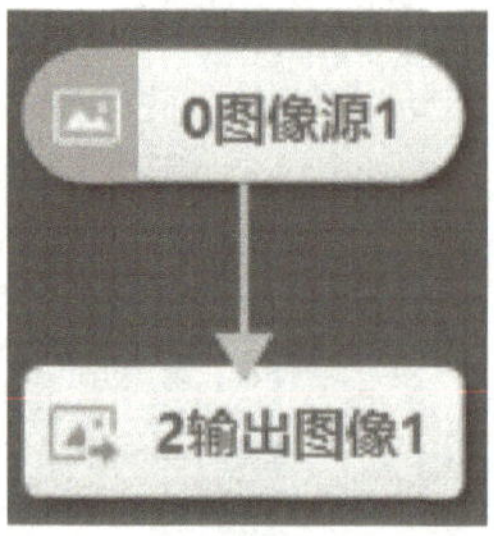

图 2-15　方案流程增加“输出图像”工具

步骤 2：设置“输出图像”基本参数。双击“2 输出图像 1”，在基本参数界面，打开“存图使能”，如图 2-16 所示，根据需要选择保存渲染图还是原图，这里选择保存原图，设置好保存路径和命名，依次单击“执行”按钮和“确定”按钮。这样就将采集的图像存储到了本地指定的文件夹内，图像输出到本地如图 2-17 所示。

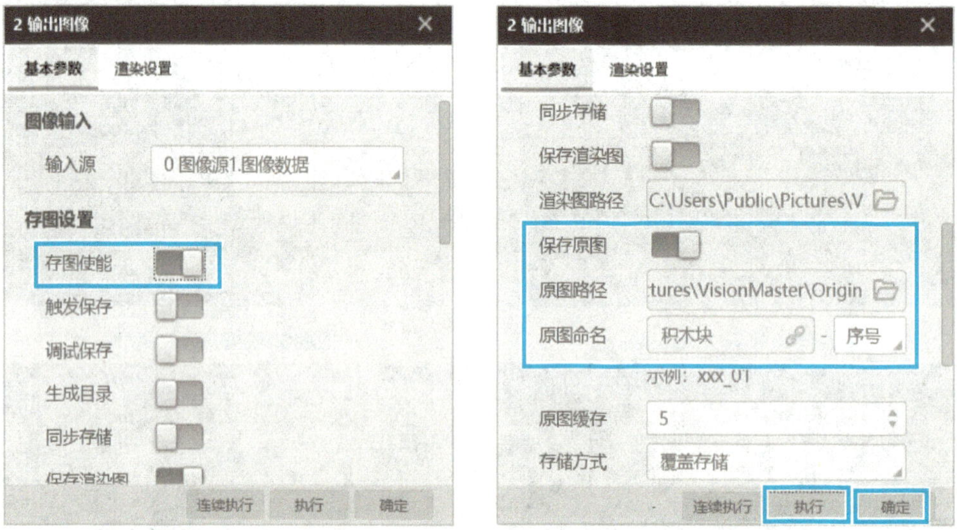

a) 打开存图使能　　b) 原图保存路径和命名设置

图 2-16　设置“输出图像”基本参数

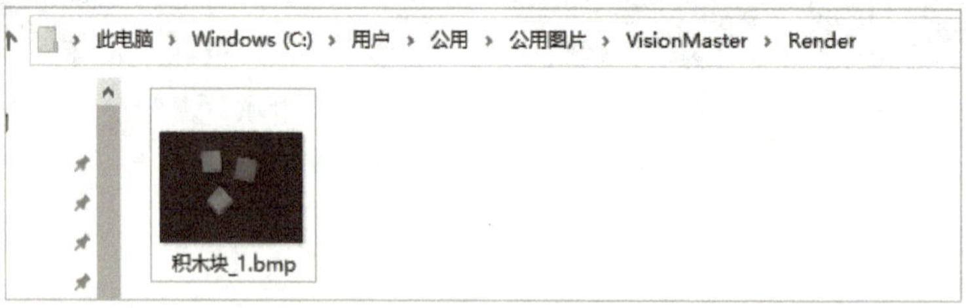

图 2-17　图像输出到本地

评价反馈

各组代表介绍任务实施过程，并完成评价表（见表 2-4）。

表 2-4 评价表

类别	考核内容	分值	评价分数		
			自评	互评	教师
理论	了解图像及其参数、分类的相关知识	10			
	了解不同颜色空间的定义及原理	10			
	掌握 DobotVisionStudio 的界面组成	15			
技能	能够启动并打开软件	10			
	能够采集到清晰的图像	25			
	能够输出并保存图像	20			
素养	遵守操作规程，养成严谨科学的工作态度	2			
	根据工作岗位职责，完成小组成员的合理分工	2			
	团队合作中，各成员学会准确表达自己的观点	2			
	严格执行 6S 现场管理	2			
	养成总结训练过程和结果的习惯，为下次训练积累经验	2			
总分		100			

相关知识

图像相关知识

1. 图像及其参数

图像就是所有具有视觉效果的画面，计算机中处理的图像是数字图像，按处理方式可以分为位图和矢量图。一般而言，使用数字摄影机或数字照相机得到的图像都是位图图像。

图像参数是指图像的各个数据，它是每张图片自己的数值信息，主要包括 3 个指标：图像分辨率、图像大小和图像颜色。

（1）图像分辨率　图像分辨率是指单位长度内包含像素点的数量。对于同一幅图像，分辨率越高，图像质量就越好，需要的数据量就越大。

（2）图像大小　像素是图像显示的基本单位，图像大小指整幅图像所包含的总像素数，用宽度方向像素与高度方向像素的乘积来表示。

（3）图像颜色　图像颜色是指图像中所包含颜色的多少，与描述颜色所使用的位数（bits）有关。图像的位数越多，数据量越大，显示图像的质量就越高。

2. 图像的分类

按照图像颜色和灰度的多少，图像一般有二值图像、灰度图像、RGB 图像和索引图像 4 类。

（1）二值图像　二值图像即黑白图像，是取值只有 0 和 1 的图像，“0”代表着黑色，“1”代表着白色，也就是图像上的各个像素点不是黑就是白。

（2）灰度图像　灰度图像即每个像素的信息由一个量化的灰度来描述的图像，取值范围通常为 [0，255]，“0”表示纯黑色，“255”表示纯白色，中间的数字从小到大表示由黑到白的过渡色。二值图像是灰度图像的一个特例。

（3）RGB 图像　RGB 图像即彩色图像，分别用红（R）、绿（G）、蓝（B）、三原色的组合来表示每个像素的颜色。

（4）索引图像　索引图像是一种把像素值直接作为 RGB 调色板下标的图像，它有两个分量，分别是数据矩阵和彩色映射矩阵。一般而言，索引图像存放色彩较简单的图像，RGB 图像存放色彩较复杂的图像。

3. 图像的颜色空间

颜色空间也称彩色模型（又称彩色空间或彩色系统），是在某些标准下用可接受的方式对彩色加以说明，是 3 个独立变量综合作用的结果。根据基本结构的不同，颜色空间分为基色颜色空间和色亮分离颜色空间。基色颜色空间典型的是 RGB，色亮分离颜色空间包括 HSV、HIS 和 YUV 等。

（1）RGB 颜色空间　RGB 颜色空间可用三维的立方体来描述。如图 2-18 所示，任何一种颜色都可用三维空间中的一个点来表示，而任意色光点 F 都可以由 R、G、B 三色不同分量的相加混合而成。当一个基色的亮度值为零时，即在原点处，显示为黑色；当三种基色都达到最高亮度时，表现为白色；在连接黑色与白色的对角线上，是亮度等量的三原色混合而成的灰色，该线称为灰色线。

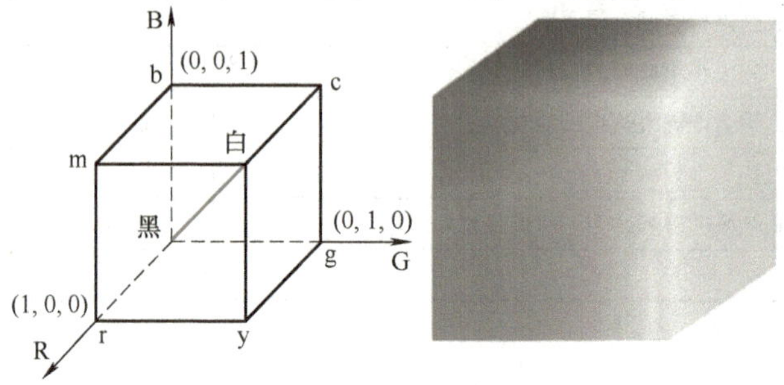

图 2-18　RGB 颜色空间

（2）HSV 颜色空间　HSV（Hue，Saturation，Value）颜色空间是一种比较直观的颜色模型，可将 RGB 色彩空间中的点表示在倒圆锥体中的，如图 2-19 所示。H 是色调，其角度范围为 [0，2π]，S 是饱和度，V 是明度。

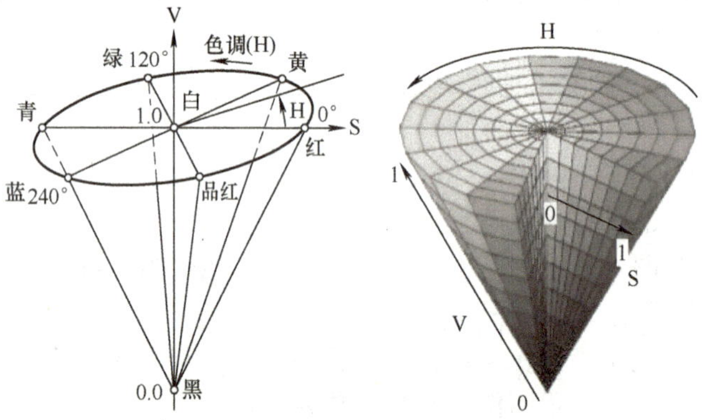

图 2-19　HSV 颜色空间

（3）HSI 颜色空间　HSI〔Hue-Saturation-Intensity（Lightness），HSI 或 HSL〕颜色空间可用双六棱锥来描述，如图 2-20 所示。I 是强度轴，色调 H 的角度范围为 [0，2π]，其中，纯红色的角度为 0，纯绿色的角度为 2π/3，纯蓝色的角度为 4π/3。

（4）YUV 颜色空间　YUV（又称为 YCrCb）是电视系统中常用的颜色模式，即电视中所谓的分量（Component）信号。其中“Y”（亮度信号）表示明亮度，也就是灰度值；“U”和“V”（色差信号）表示色度，作用是描述影像色彩及饱和度，指定像素的颜色。

亮度是透过 RGB 输入信号来建立的，是将 RGB 信号的特定部分叠加到一起。

色度定义了颜色的两个方面：色调与饱和度，分别用 Cr 和 Cb 来表示。如图 2-21 所示。其中，Cr 反映 RGB 输入信号红色部分与 RGB 信号亮度值之间的差异，而 Cb 反映 RGB 输入信号蓝色部分与 RGB 信号亮度值之同的差异。

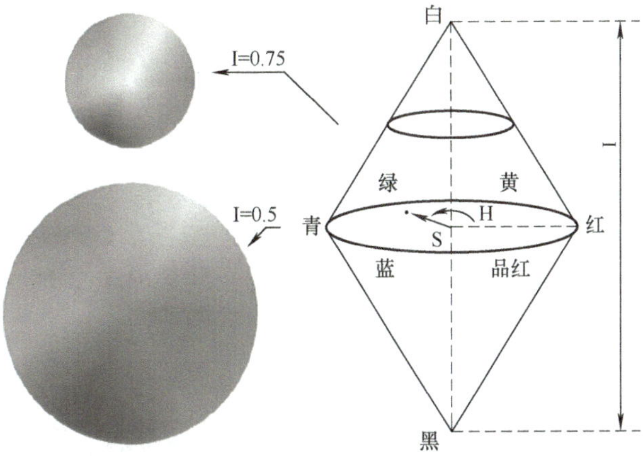

图 2-20　HSI 颜色空间

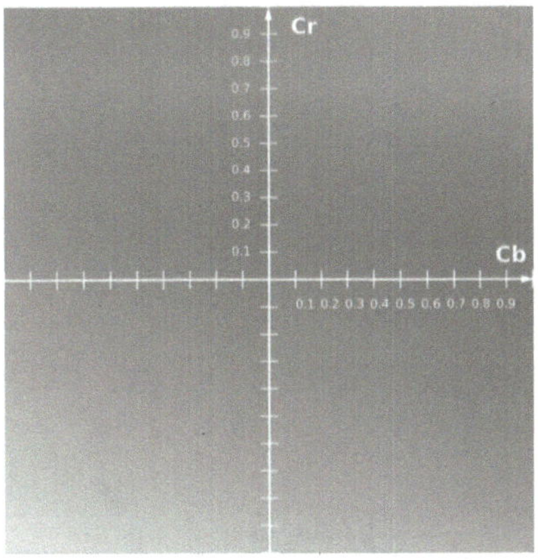

图 2-21　YUV 颜色空间

4. DobotVisionStudio 简介

（1）软件概述　DobotVisionStudio 是越疆与海康威视联合开发的视觉算法软件平台，平台集成了机器视觉多种算法组件，适用多种应用场景，可快速组合算法，实现对工件或被测物的查找、测量和缺陷检测等操作。

（2）配置环境　DobotVisionStudio 计算机运行环境说明见表 2-5。

表 2-5　DobotVisionStudio 计算机运行环境说明

类别	最低配置	推荐配置
操作系统	Windows 7/10（32/64 位中文、英文操作系统）	
.NET 运行环境	.NET4.6.1 及以上	
CPU（中央处理器）	Intel 3845 或以上	Intel Core i7-6700 3.4GHz 或以上
内存	4GB	8GB 或更高
网卡	千兆网卡	Intel i210 系列以上性能网卡
显卡	显存 1GB 以上显卡，GPU（图形处理单元）相关深度学习功能需要显存 6GB 及以上	
USB 接口	支持 USB3.0 的接口	
软件启用配置	搭配算法平台专用加密狗或授权文件	

（3）功能特性

1）组件拖放式操作，无须编程即可构建视觉应用方案。

2）以用户体验为重心的界面设计，提供图片式可视化操作界面。

3）特定的显示方式，最大限度地节省有限的屏幕显示空间。

4）支持多平台运行，适应 Windows 7/10（32/64 位操作系统），兼容性高。

（4）主界面　DobotVisionStudio 的主界面如图 2-22 所示，主要由 9 个区域组成：工具箱、流程栏、菜单栏、快捷工具条、流程编辑区、图像显示区域、结果显示区域、鹰眼区域和流程耗时显示区域。

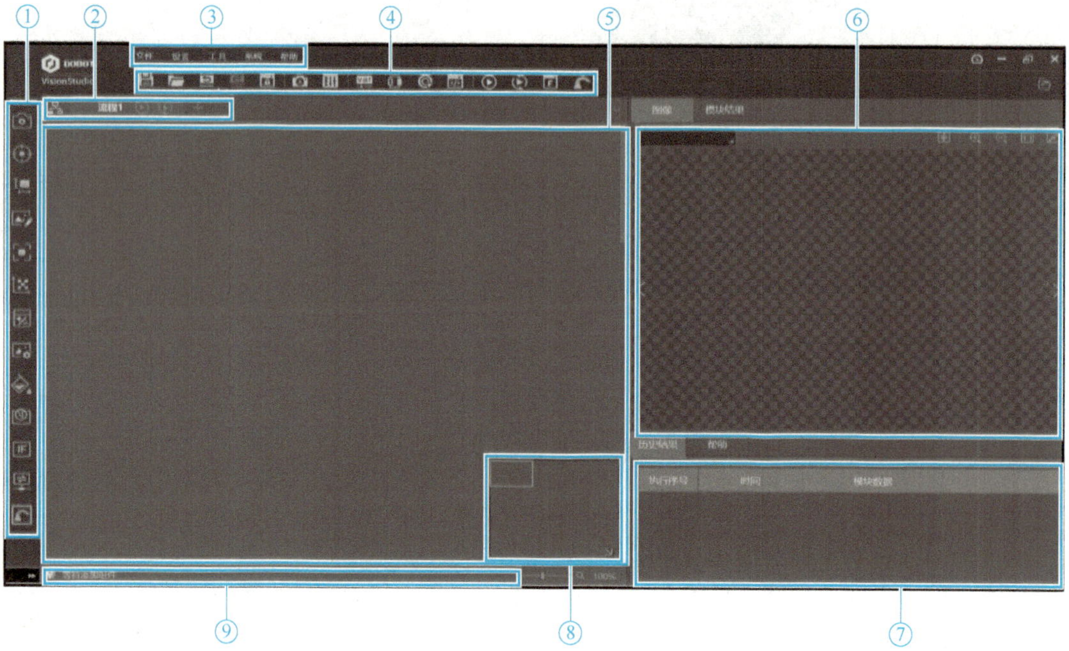

图 2-22　DobotVisionStudio 的主界面

① 工具箱：包含图像采集、定位、测量、识别、标定、对位、图像处理、颜色处理、缺陷检测、逻辑工具和通信等功能模块。

② 流程栏：支持对流程的相关操作。

③ 菜单栏：主要包含文件、设置、系统、工具和帮助等模块。

④ 快捷工具条：主要包含保存文件、打开文件、相机管理和控制器管理等模块。

⑤ 流程编辑区：在此区域可根据逻辑建立设计方案，实现需求。

⑥ 图像显示区域：在此区域将显示图像的内容以及其算法计算处理后的效果。

⑦ 结果显示区域：可以查看当前结果、历史结果和帮助信息。

⑧ 鹰眼区域：支持全局页面查看。

⑨ 流程耗时显示区域：显示所选单个工具运行时间、总流程运行时间和算法耗时。

（5）工具箱介绍　工具箱中包含多个子工具箱，子工具箱中又有多种工具，具体内容如下：

1）采集子工具箱：有 5 种工具，包括图像源、多图采集和输出图像等，主要功能是实现图像的采集和输出。

2）定位子工具箱：有 23 种工具，包括快速特征匹配、高精度特征匹配、圆查找、BLOB 分析、卡尺工具、边缘查找、边缘交点和平行线查找等，主要功能是实现对图像中某些特征的定位或者检测。

3）测量子工具箱：有 10 种工具，包括线圆测量、线线测量、圆圆测量、点线测量、像素统计和直方图等，主要功能是实现对图像中的特征进行测量。

4）图像生成子工具箱：有 3 种工具，包括圆拟合、直线拟合和几何创建，主要功能是通过相应操作生成对应几何图像。

5）识别子工具箱：有 3 种工具，包括条码识别、二维码识别和字符识别，主要功能是识别图像中的条码、二维码和字符。

6）标定子工具箱：有 7 种工具，包括相机映射、标定板标定、N 点标定和畸变标定等。

7）图像处理子工具箱：有 19 种工具，包括图像组合、形态学处理、图像二值化、图像滤波、图像增强、清晰度评估、仿射变换和圆环展开等，主要功能是对目标图像进行图像预处理。

8）缺陷检测子工具箱：有 16 种工具，包括字符缺陷检测、圆弧边缘缺陷检测和直线边缘缺陷检测等，主要功能是对图像上的字符、凹坑、划痕和缺损等表面进行缺陷检测。

9）逻辑工具子工具箱：有 12 种工具，包括条件检测、格式化、字符比较、点集和耗时统计等，主要功能是实现图像的检测判断、格式化结果输出等。

10）运算子工具箱：有 7 种工具，包括单点对位、旋转计算和点集对位等。

11）通信子工具箱：有 5 种工具，包括接收数据、发送数据和相机 IO 通信等，主要功能是设置通信参数，建立视觉与其他设备间的数据接收与发送。

12）Magician 机器人命令子工具箱：有 9 种工具，包括运动到点、速度比例、回零校准和吸盘开关等，主要功能是结合视觉系统，控制 DobotMagician 机器人进行相关操作。

任务 2.2　图像处理

学习情境

由于随机干扰，相机采集到的原始图像在一般情况下不能在机器视觉系统中直接使用，因此需要对原始图像进行处理。图像处理的作用是突出图像中对机器视觉系统而言需要的特征，减少不需要的特征。图像处理有哪些方法，具体是如何操作的呢?

学习目标

知识目标

1）了解图像处理的概念和目的。

2）了解常见的图像处理方式。

能力目标

1）能够建立图像处理方案流程。

2）能够正确设置图像处理各个工具的参数。

素养目标

1）根据工作岗位职责，完成小组成员的合理分工。

2）团队合作中，各成员学会表达自己的观点。

3）养成安全规范操作的行为习惯。

工作任务

使用工具将相机采集到的彩色图像分别转换成 HIS、HSV 图像，并对其分别进行二值化处理，旋转、放大和缩小，使用工具对带有噪声的本地图像进行滤波处理。

任务分工

根据任务要求，对小组成员进行合理分工，并填写表 2-6。

表 2-6　任务分工表

<table>
<tr><td>班级</td><td></td><td>组号</td><td></td><td>指导老师</td><td></td></tr>
<tr><td>组长</td><td></td><td>学号</td><td colspan="3"></td></tr>
<tr><td rowspan="5">组员与分工</td><td>姓名</td><td>学号</td><td colspan="3">任务内容</td></tr>
<tr><td></td><td></td><td colspan="3"></td></tr>
<tr><td></td><td></td><td colspan="3"></td></tr>
<tr><td></td><td></td><td colspan="3"></td></tr>
<tr><td></td><td></td><td colspan="3"></td></tr>
</table>

获取信息

引导问题 1：什么是图像处理？

____

____

引导问题 2：有哪些常见的图像处理方式？

____

____

引导问题 3：图像中有脉冲噪声，应该选用的滤波方式为（　　）。

A. 高斯滤波　　B. 中值滤波　　C. 均值滤波

工作计划

1）制定工作方案，见表 2-7。

表 2-7　工作方案

步骤	工作内容	负责人
1		
2		
3		
4		
5		

2）列出核心物料清单，见表 2-8。

表 2-8　核心物料清单

序号	名称	型号 / 规格	单位	数量
1				
2				

工作实施

1. 图像采集

步骤 1：将检测的对象（3 种颜色的方块）放置在检测区域。

步骤 2：打开 DobotVisionStudio 软件，选择通用方案。

步骤 3：建立方案流程。在工具箱的“采集”子工具箱中选择“图像源”工具，并拖动到流程编辑区。

按照任务 2.1 讲解的方法进行参数设置与调节。单击“执行”按钮，查看图像采集结果，如图 2-23 所示。

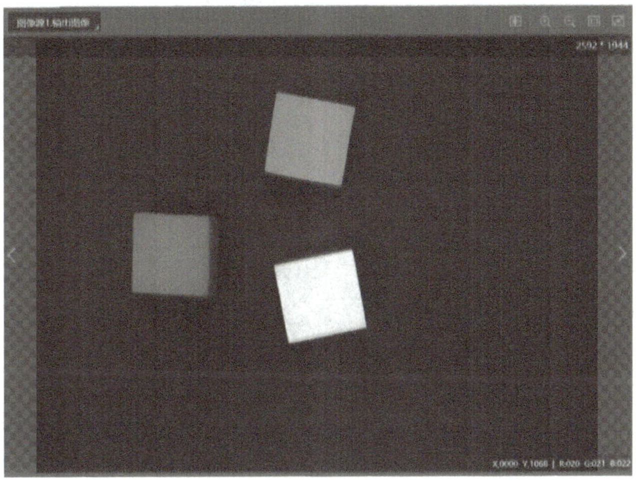

图 2-23　图像采集结果

2. 颜色转换

颜色转换

（1）RGB 转灰度

步骤 1：方案流程中增加“颜色转换”工具。将“颜色处理”子工具箱中的“颜色转换”工具拖拽到流程编辑区，并与“0 图像源 1”相连接，如图 2-24 所示。

步骤 2：重命名“颜色转换”工具。选中“2 颜色转换 1”，右击选择“重命名”，然后将名称修改为“RGB 转灰度”，如图 2-25 所示。

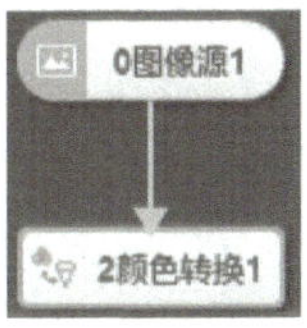

图 2-24　方案流程增加“颜色转换”工具

图 2-25　重命名“颜色转换”工具

步骤 3：“2RGB 转换灰度”参数设置。双击“2RGB 转灰度”，打开参数设置界面，输入源保持默认的“0 图像源 1. 图像数据”，转换类型设置为“ RGB 转灰度”，转换比例设置为“平均转换比例”，如图 2-26 所示。

步骤 4：单击“执行”按钮，查看图像结果，如图 2-27 所示。

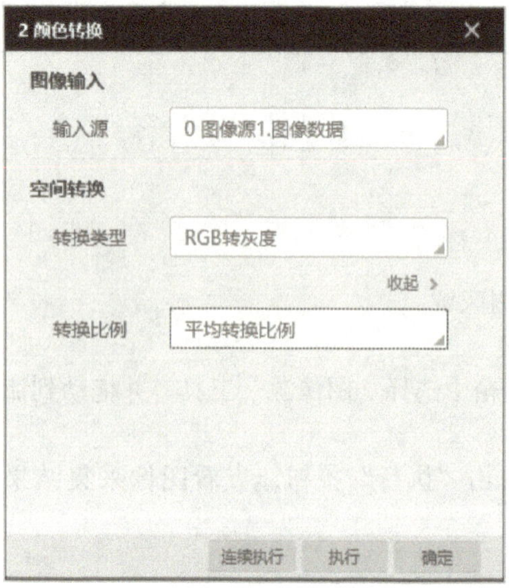

图 2-26 “2RGB 转灰度”参数设置

图 2-27 RGB 转灰度图像结果

（2）RGB 转 HSV

步骤 1：方案流程中增加“ RGB 转 HSV”工具。将“颜色处理”子工具箱中的“颜色转换”工具拖拽到流程编辑区，并与“2RGB 转灰度”相连接，然后重命名为“3RGB 转 HSV”，如图 2-28 所示。

步骤 2：“3RGB 转 HSV”参数设置。双击“3RGB 转 HSV”，打开参数设置界面，输入源保持默认的“0 图像源 1. 图像数据”，转换类型设置为“ RGB 转 HSV”，显示通道设置为“第一通道”，如图 2-29 所示。

图 2-28 方案流程增加“RGB 转 HSV”工具

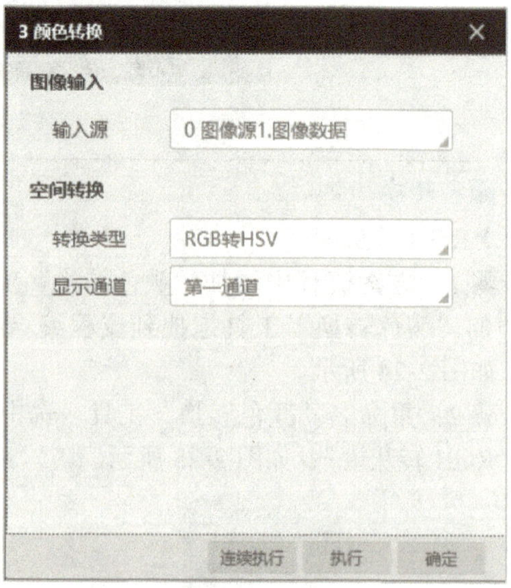

图 2-29 “3RGB 转 HSV”参数设置

步骤 3：单击“执行”按钮，查看图像结果，如图 2-30 所示。

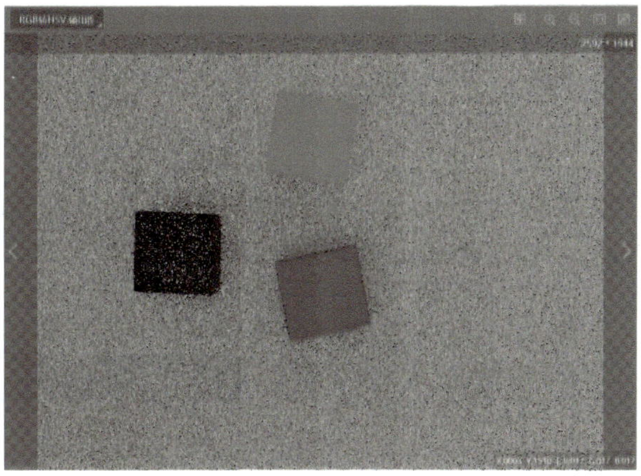

图 2-30　RGB 转 HSV 图像结果

（3）RGB 转 HSI

步骤 1：方案流程中增加“ RGB 转 HSI”工具。将“颜色处理”子工具箱中的“颜色转换”工具拖拽到流程编辑区，并与“3RGB 转 HSV”相连接，然后重命名为“4RGB 转 HSI”，如图 2-31 所示。

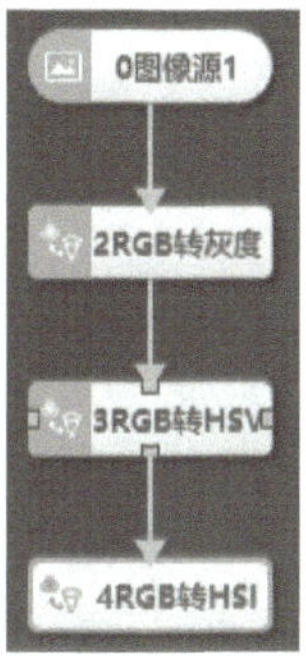

图 2-31　方案流程增加“RGB 转 HSI”工具

步骤 2：“4RGB 转 HSI”参数设置。双击“4RGB 转 HSI”打开参数设置界面，输入源保持默认的“0 图像源 1. 图像数据”，转换类型设置为“ RGB 转 HSI”，显示通道设置为“第一通道”，如图 2-32 所示。

步骤 3：单击“执行”按钮，查看图像结果，如图 2-33 所示。

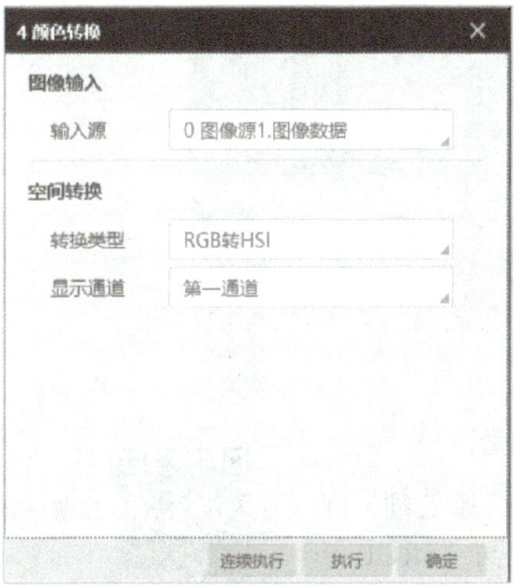

图 2-32　“4RGB 转 HSI”参数设置

图 2-33　RGB 转 HSI 图像结果

（4）RGB 转 YUV

步骤 1：方案流程中增加“RGB 转 YUV”工具。将“颜色处理”子工具箱中的“颜色转换”工具拖拽到流程编辑区，并与“4RGB 转 HSI”相连接，然后重命名为“5RGB 转 YUV”，如图 2-34 所示。

步骤 2：“5RGB 转 YUV”参数设置。双击“5RGB 转 YUV”，打开参数设置界面，输入源保持默认的“0 图像源 1. 图像数据”，转换类型设置为“RGB 转 YUV”，显示通道设置为“第三通道”，如图 2-35 所示。

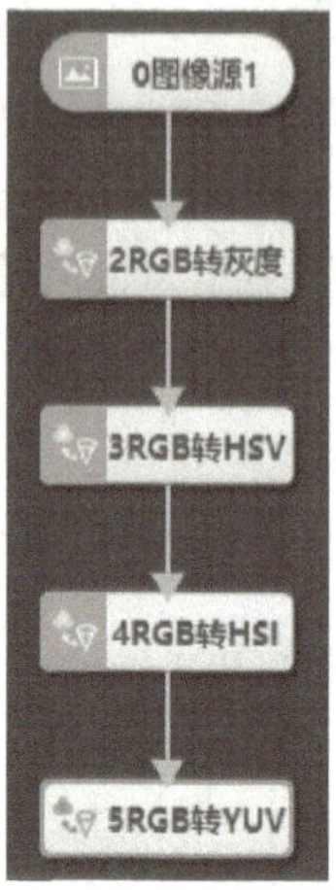

图 2-34　方案流程增加“RGB 转 YUV”工具

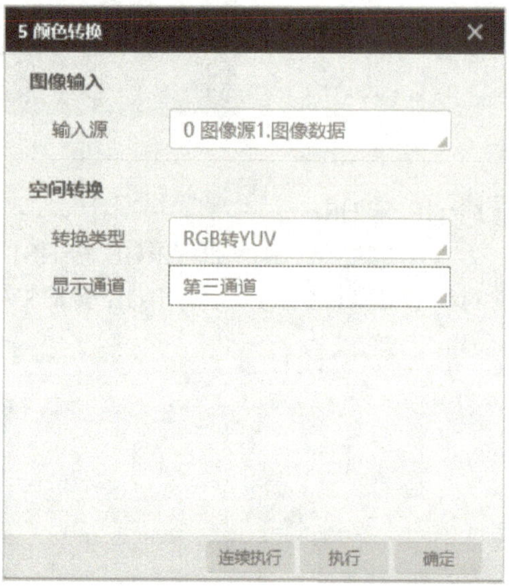

图 2-35　“5RGB 转 YUV”参数设置

步骤 3：单击“执行”按钮，查看图像结果，如图 2-36 所示。

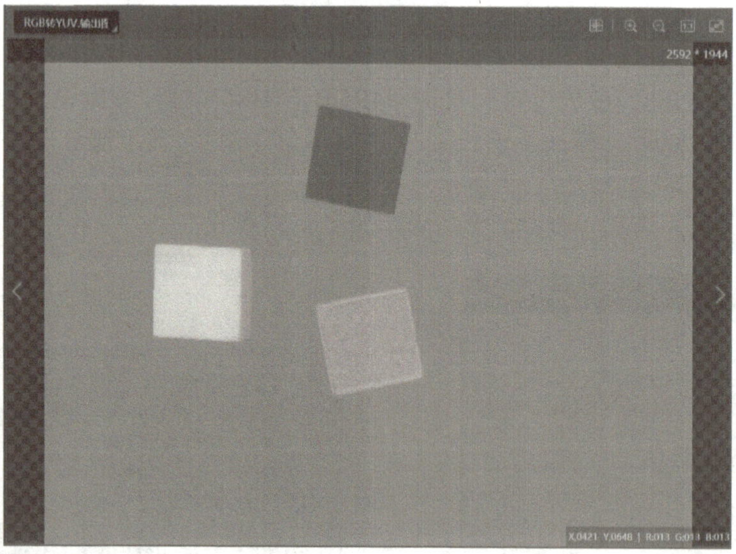

图 2-36　RGB 转 YUV 图像结果

3. 图像二值化

二值化处理

步骤 1：方案流程中增加“图像二值化”工具。将“图像处理”子工具箱中的“6 图像二值化”工具拖拽到流程编辑区，并与“5RGB 转 YUV”相连接，如图 2-37 所示。

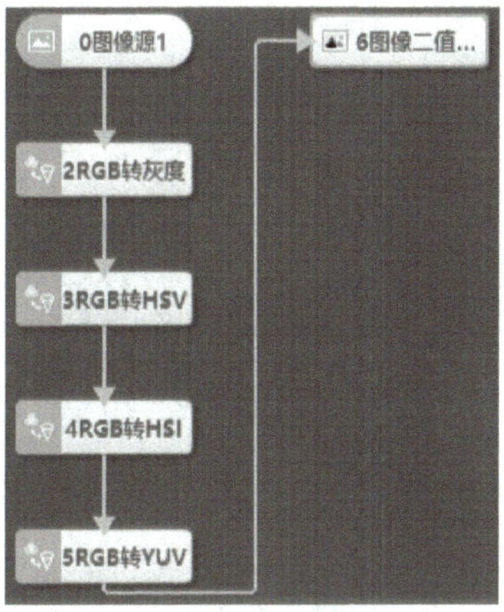

图 2-37 方案流程增加“图像二值化”工具

步骤 2:“6 图像二值化”参数设置。双击“6 图像二值化”打开参数设置界面，在基本参数界面，“输入源”选择“2 RGB 转灰度 . 输出图像”，如图 2-38 所示。在运行参数界面，“二值化类型”选择“硬阈值二值化”，“低阈值”设置为“65”，“高阈值”设置为“210”，如图 2-39 所示。结果显示保持默认。

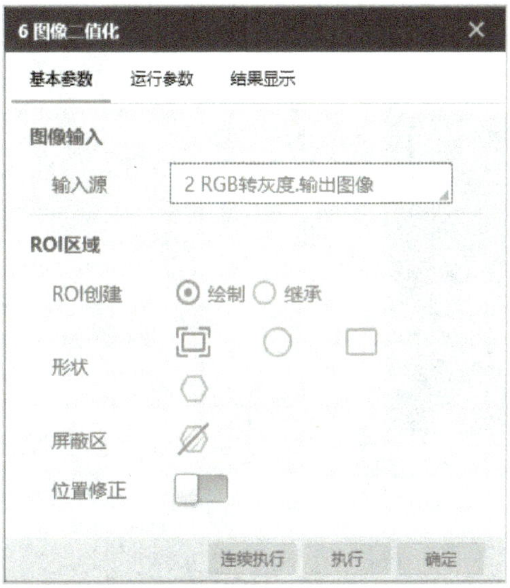

图 2-38 图像二值化基本参数设置

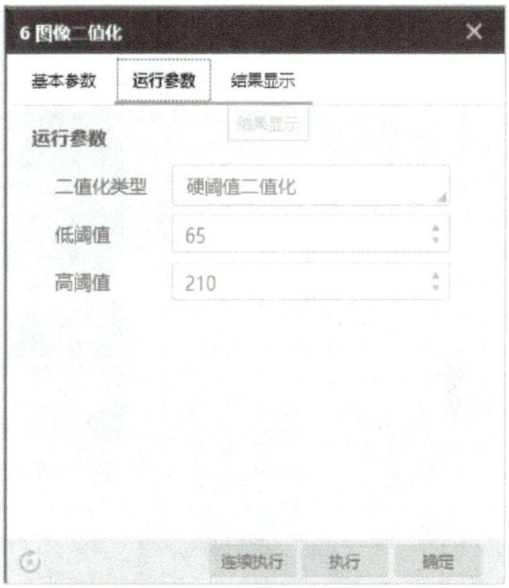

图 2-39 图像二值化运行参数设置

备注:

① 硬阈值二值化适用于光照较为均匀、背景灰度较为单一的场景。

② 硬阈值二值化的低阈值和高阈值是需要根据输入图像的目标图像的灰度值范围来确定的。

步骤 3:单击“执行”按钮，查看运行结果，如图 2-40 所示。

4. 图像变换

图像变换

（1）旋转变换

步骤 1:方案流程中增加“几何变换”工具。将“图像处理”子工具箱中的“几何变换”工具拖拽到流程编辑区，并与“6 图像二值化 1”相连接，然后重命名为“7 旋转变换”，如图 2-41 所示。

步骤 2:“7 旋转变换”参数设置。双击“7 旋转变换”打开参数设置界面，在基本参数界面，“输入源”选择“0 图像源 1. 图像数据”，如图 2-42 所示。在运行参数界面，镜像方向选择“无”，旋转角度设置为“90”，如图 2-43 所示。

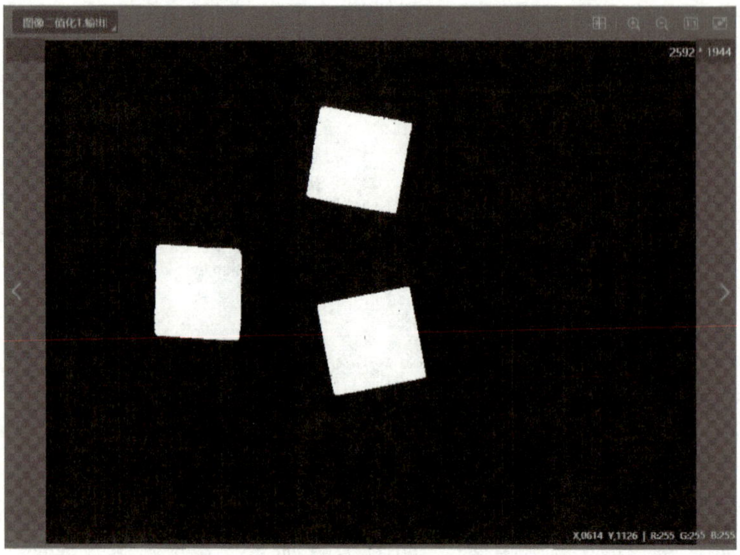

图 2-40　图像二值化运行结果

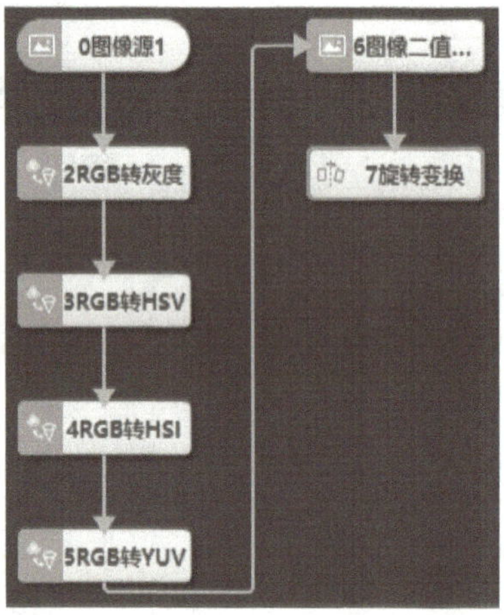

图 2-41　方案流程增加“旋转变换”工具

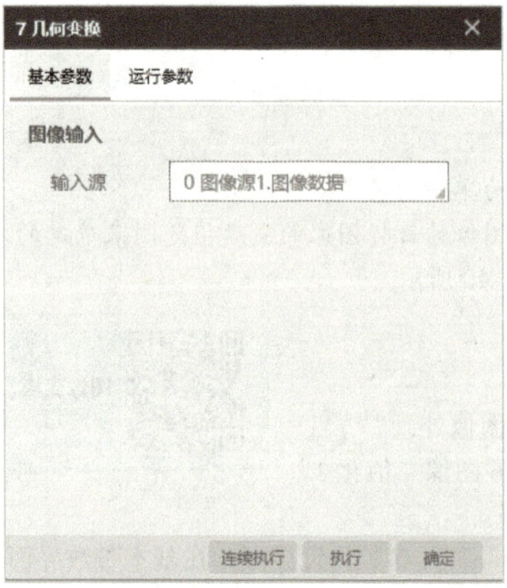

图 2-42　“7 旋转变换”基本参数设置

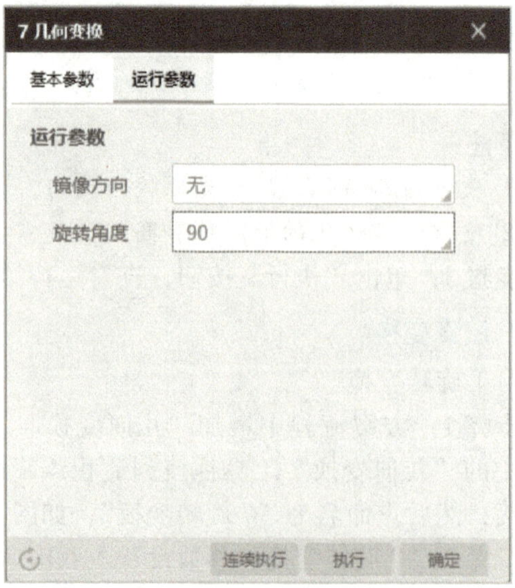

图 2-43　“7 旋转变换”运行参数设置

步骤 3：单击“执行”按钮，查看结果，如图 2-44 所示。

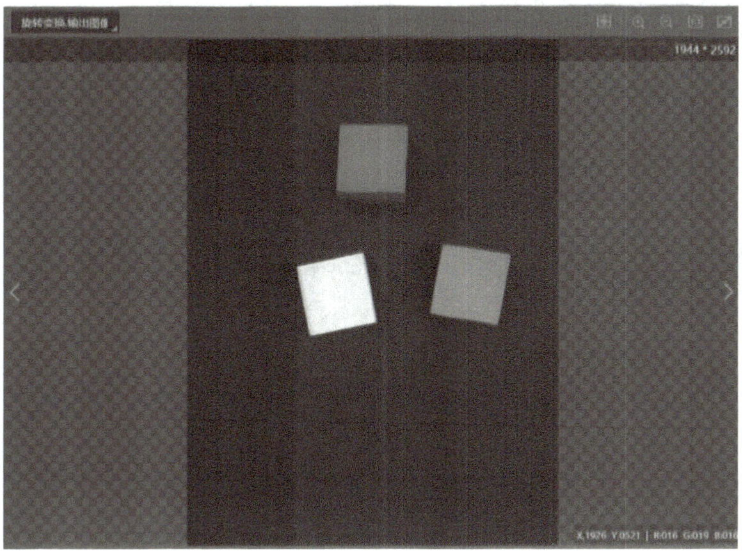

图 2-44　旋转变换的结果

（2）图像放大

步骤 1：方案流程中增加“仿射变换”工具。将“图像处理”子工具箱中的“仿射变换”工具拖拽到流程编辑区，并与“7 旋转变换”相连接，然后重命名为“8 放大”，如图 2-45 所示。

步骤 2：“8 放大”参数设置。双击“8 放大”，打开参数设置界面，在基本参数界面，“输入源”选择“0 图像源 1. 图像数据”。在运行参数界面，尺度设置为“2.00”，其他参数保持默认，如图 2-46 所示。

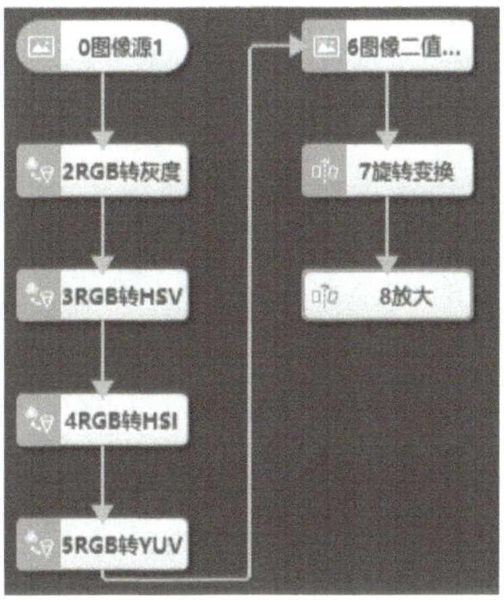

图 2-45　方案流程增加“放大”工具

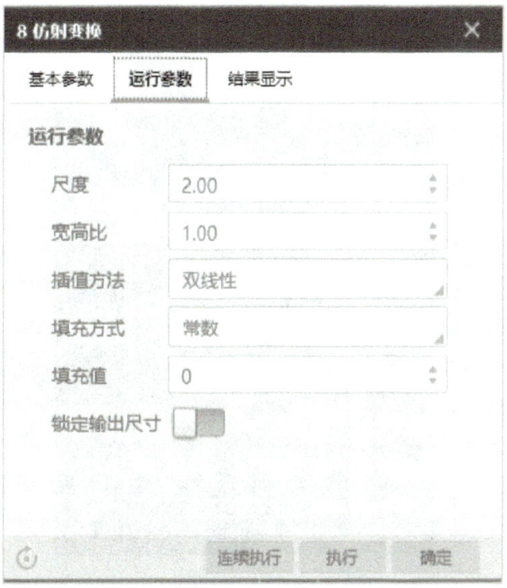

图 2-46　“8 放大”运行参数设置

步骤 3：单击“执行”按钮，查看结果，放大后的图像分辨率为 5184 × 3888 像素（原图像分辨率为 2592 × 1944 像素），如图 2-47 所示。

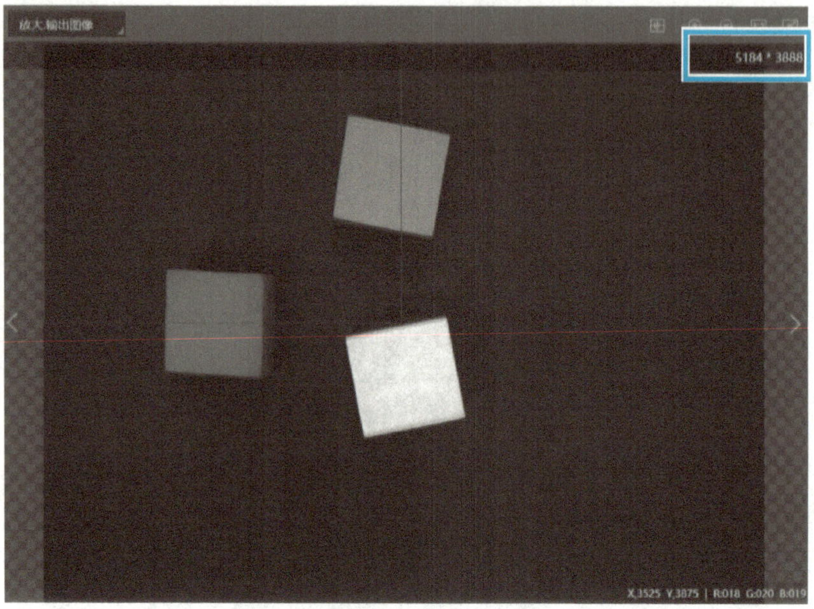

图 2-47　放大的结果

（3）图像缩小

步骤 1：方案流程中增加“仿射变换”工具。将“图像处理”子工具箱中的“仿射变换”工具拖拽到流程编辑区，并与“8 放大”相连接，然后重命名为“缩小”，如图 2-48 所示。

步骤 2：“9 缩小”参数设置。双击“9 缩小”，打开参数设置界面，在基本参数界面，“输入源”选择“0 图像源 1. 图像数据”，其他参数保持默认。在运行参数界面，尺度设置为“0.50”，其他参数保持默认，如图 2-49 所示。

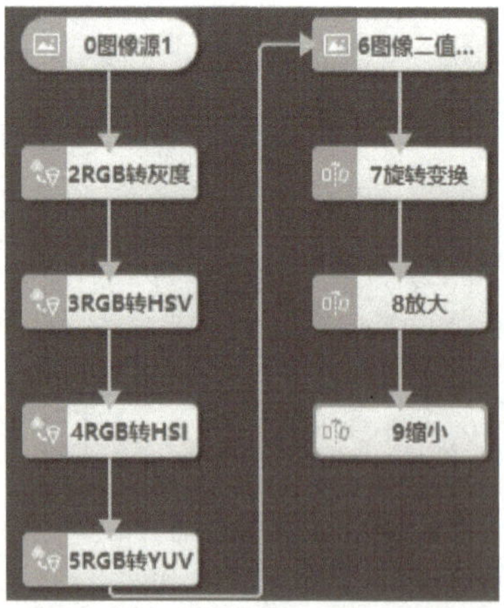

图 2-48　方案流程增加“缩小”工具

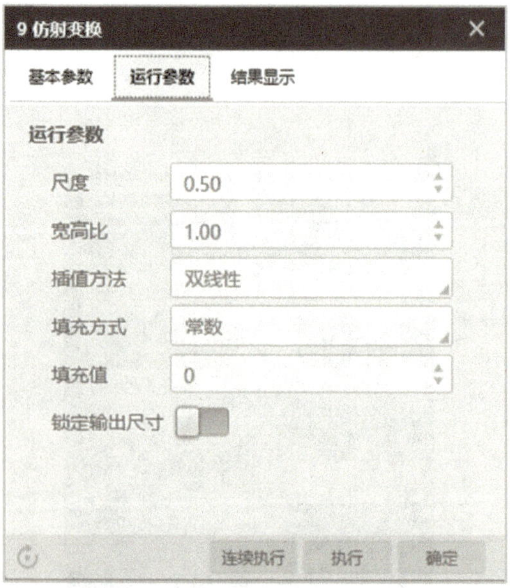

图 2-49　“9 缩小”运行参数设置

步骤 3：单击“执行”按钮，查看结果，缩小后的图像分辨率为 1296 × 972 像素，如图 2-50 所示。

备注：图像是否放大或缩小，可以通过图像的分辨率来观察。

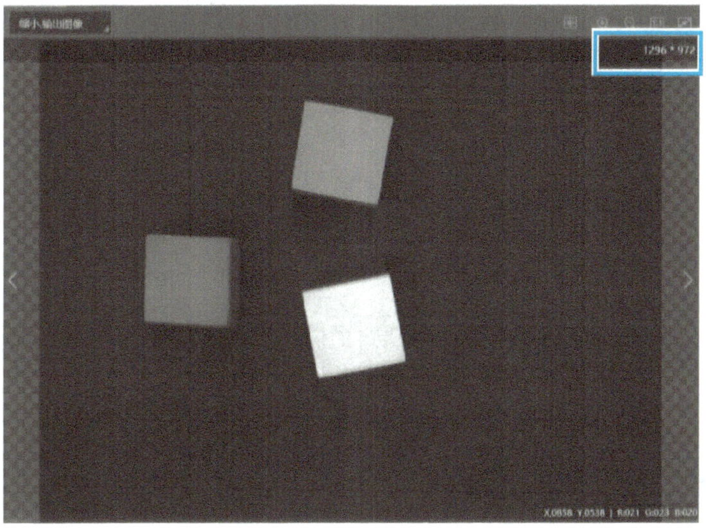

图 2-50　缩小的结果

5. 图像滤波

图像滤波

步骤 1：在流程编辑区的上方，单击“”添加流程。

步骤 2：在流程 2 中，将“采集”子工具箱中的“图像源”工具拖拽到流程编辑区，如图 2-51 所示。

步骤 3：“10 图像源 1”参数设置。双击“10 图像源 1”打开参数设置界面，图像源设置为“本地图像”，像素格式设置为“MONO8”，如图 2-52 所示。

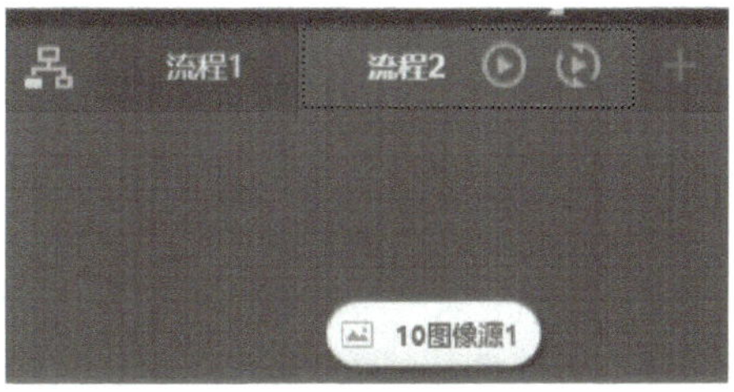

图 2-51　流程 2 中的“图像源”方案流程

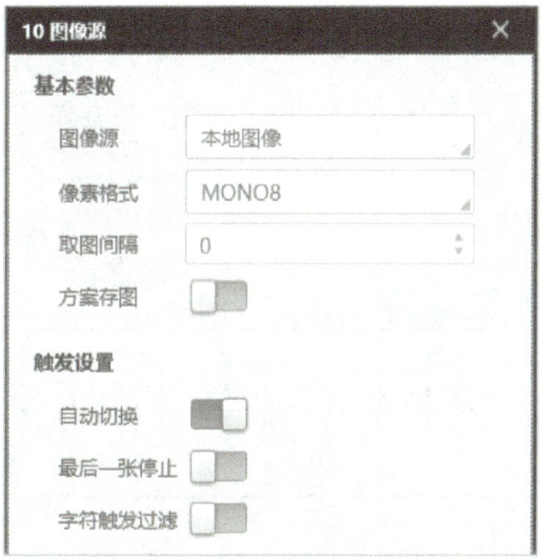

图 2-52　“10 图像源”参数设置

步骤 4：在结果显示区的常用参数栏，单击“”添加本地图像，如图 2-53 所示。

图 2-53　添加本地图像

步骤 5：方案流程中增加“图像滤波”工具。将“图像处理”子工具箱中的“图像滤波”工具拖拽到流程编辑区，并与“10 图像源 1”相连接，如图 2-54 所示。

图 2-54　方案流程增加“图像滤波”工具

步骤 6：“11 图像滤波 1”参数设置。双击“11 图像滤波 1”，打开参数设置界面，基本参数保持默认，在运行参数界面，图像滤波类型设置为“中值”，其他参数保持默认，如图 2-55 所示。

步骤 7：单击“执行”按钮，查看运行结果，如图 2-56 所示。

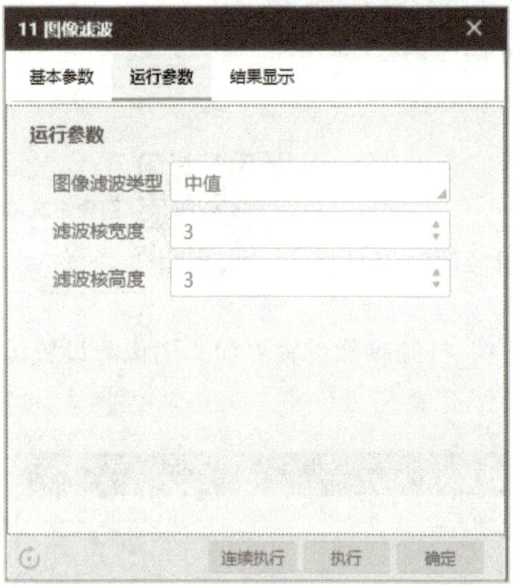

图 2-55　“11 图像滤波”运行参数设置

图 2-56　图像滤波运行结果

评价反馈

各组代表介绍任务实施过程，并完成评价表（见表 2-9）。

表 2-9　评价表

类别	考核内容	分值	评价分数		
			自评	互评	教师
理论	了解图像处理的概念	5			
	了解图像处理的目的	10			
	掌握常见图像处理方式的原理	15			
技能	能够独立将相机采集到的彩色图像转换成灰度图像、HSI 图像、HSV 图像和 YUV 图像	10			
	能够对图像进行二值化处理，并正确设置参数	20			
	能够对图像进行变换	20			
	能够对带有噪声的图像进行图像滤波	10			

（续）

类别	考核内容	分值	评价分数		
			自评	互评	教师
素养	遵守操作规程，养成严谨科学的工作态度	2			
	根据工作岗位职责，完成小组成员的合理分工	2			
	团队合作中，各成员学会准确表达自己的观点	2			
	严格执行 6S 现场管理	2			
	养成总结训练过程和结果的习惯，为下次训练积累经验	2			
总分		100			

相关知识

图像处理

1. 图像处理的概念

图像处理主要研究二维图像，是处理一个图像或一组图像之间相互转换的过程。图像处理侧重在“处理”图像，即使用相应的算法和数学函数对图像进行如颜色转换、二值化、去噪、增强和锐化等变换，不考虑对图像本身进行任何智能推理。图像处理输入的是图像，输出的也是图像或与输入图像有关的特征、参数的集合。

2. 图像处理的目的

一般情况下，成像系统获取的图像即原始图像，受到种种条件限制和随机干扰，往往不能在机器视觉系统中直接使用，因此需要在初级阶段对原始图像进行处理。图像处理的目的是消除图像中无用的信息，恢复真实有用的信息，增强需要处理信息的可识别性和最大限度地简化数据。

3. 图像处理方式

图像处理方式包括颜色转换、图像二值化、图像变换和图像滤波等。

（1）颜色转换　颜色转换是指将 RGB 彩色图像转换成 HSV、HSI 和 YUV 空间的图像。

（2）图像二值化　图像二值化是将图像中目标与背景区分开来的重要手段。图像二值化丢掉了图像中的纹理信息，只保留了目标的形状信息。一般来说，图像进行二值化处理后，背景的灰度值相同（为 0 或 255），目标图像的灰度值相同（255 或 0），如图 2-57 所示。利用图像中不同灰度值即可区分目标区域的背景，达到压缩图像、简化计算的目的。

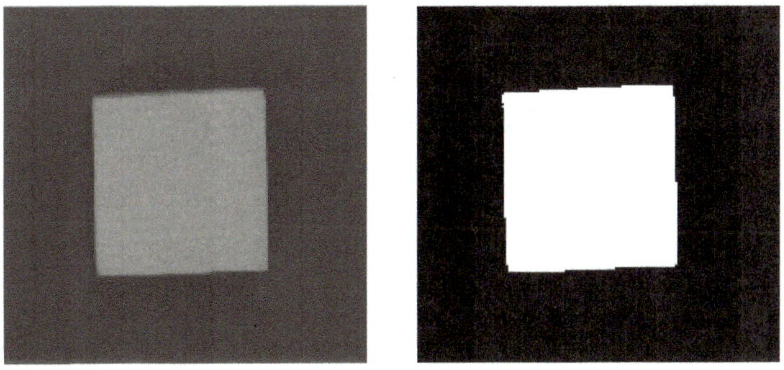

a) 原图　　b) 二值化处理后的图像

图 2-57　图像二值化

（3）图像变换　图像变换是指图像按照需要产生大小、形状和位置的变化，可以改变图像像素所在的几何位置。图像变换包括位置变换（如平移、镜像和旋转）、形状变换（如放大、缩小）等基本变换。图像变换不改变像素的值，只改变像素的位置。

1）图像平移。图像平移会保留距离与方向角度，如图 2-58 所示。

2）图像旋转。图像旋转是指图像以某一点为中心旋转一定的角度，形成一幅新图像的过程，这个点通常就是图像的中心。图像的旋转变换是位置的变换，图像的大小一般不会改变，如图 2-59 所示。

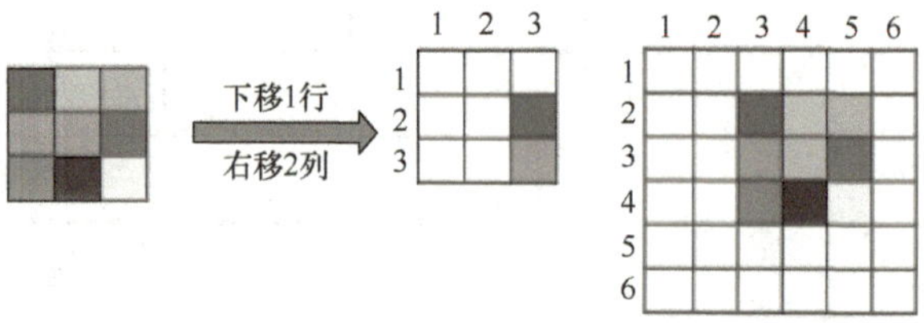

图 2-58　图像平移

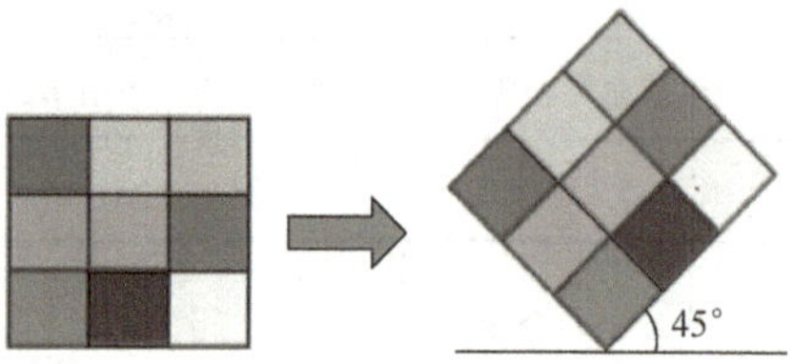

图 2-59　图像旋转

3）图像缩放。图像缩小是对原有的多个数据进行挑选或处理，获得期望缩小尺寸的数据，并且尽量保持原有的特征不丢失，如图 2-60 所示。

图像放大则是需要对多出的空位填入适当的值，是信息的估计。如果需要将原图像放大为 K 倍，最简单的方法是将原图像中的每个像素值填在新图像中对应的 K×K 大小的子块中，如图 2-61 所示。

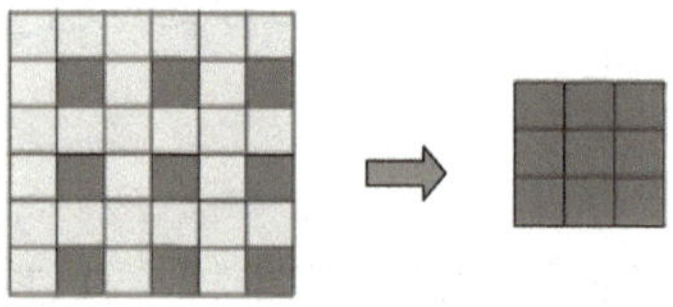

图 2-60　图像缩小

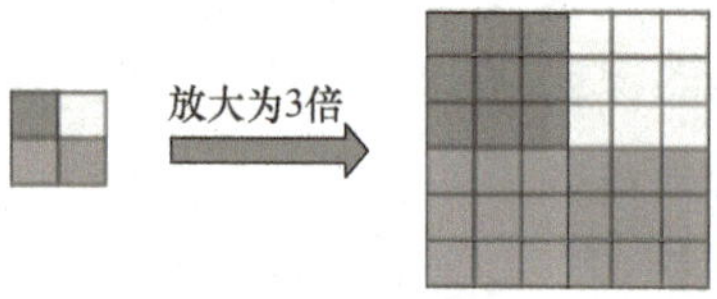

图 2-61　图像放大

（4）图像滤波　在采集图像的过程中，必然会受到各种环境因素的影响，比如光照不均匀、信号传输有干扰等，不可避免地会引入噪声，噪声的引入使得后续识别的准确率大大降低，因此在图像分析之前必须对图像进行降噪处理。图像降噪能够改善给定的图像，解决实际图像由于噪声干扰而导致图像质量下降的问题。

图像滤波是最常见的图像降噪方法，可以消除图像中混入的噪声，为图像识别抽取出图像特征。图像的滤波算法有很多，比如高斯滤波、中值滤波和均值滤波等。高斯滤波是一种线性平滑滤波，对于抑制服从正态分布的噪声非常有效。中值滤波是一种非线性平滑滤波，常用于消除图像中的脉冲噪声，在消除噪声的同时能够保护信号的边缘，使之不被模糊。均值滤波是归一化后的方框滤波，对于周期性的干扰噪声有很好的抑制作用。

任务 2.3　图像分析

学习情境

图像分析和图像处理两者有一定程度的交叉，但是又有所不同。图像处理侧重于信号处理方面的研究，图像分析的侧重点在于研究图像的内容，包括但不局限于使用图像处理的各种技术，对图像内容的分析、解释和识别。本任务将讲解图像分析的具体内容。

学习目标

知识目标

1）了解图像处理与图像分析的不同。
2）了解模板匹配技术的原理。
3）了解图像分析的功能。

能力目标

1）能够建立识别豆子的方案流程。
2）能够正确设置各个工具的参数。

素养目标

1）根据工作岗位职责，完成小组成员的合理分工。
2）团队合作中，各成员学会表达自己的观点。
3）养成安全规范操作的行为习惯。

工作任务

利用 DobotVisionStudio 软件，将豆子从一堆物品中分开，并分析出豆子的尺寸、面积和质心坐标，检测对象如图 2-62 所示。

图 2-62　检测对象

任务分工

根据任务要求，对小组成员进行合理分工，并填写表 2-10。

表 2-10　任务分工表

班级		组号		指导老师	
组长		学号			
组员与分工	姓名	学号	任务内容		

获取信息

引导问题 1：图像处理与图像分析有什么不同？

____

____

引导问题 2：简述模板匹配的原理。

____

____

引导问题 3：常用的图像特征有________、________和________等。

工作计划

1）制定工作方案，见表 2-11。

表 2-11　工作方案

步骤	工作内容	负责人
1		
2		
3		
4		
5		

2）列出核心物料清单，见表 2-12。

表 2-12　核心物料清单

序号	名称	型号 / 规格	单位	数量
1				
2				
3				

工作实施

筛选豆子

1. 图像采集

步骤 1：打开 DobotVisionStudio 软件，选择通用方案。

步骤 2：将大小不一的豆子和半径不同、颜色不同的球放到检测视场内。

步骤 3：建立方案流程。在工具箱的“采集”子工具箱中选择“图像源”工具，并拖拽到流程编辑区。

步骤 4：设置图像源参数。按照任务 2.1 的方法，进入相机管理界面。单击“设备列表”右边的加号，创建“全局相机 1”，设置相机的参数。在“常用参数”界面的“相机连接”中选择相机，在“图像参数”的“像素格式”中选择“Mono 8”，如图 2-63 所示。其他设置与任务 2.1 中的操作一样。

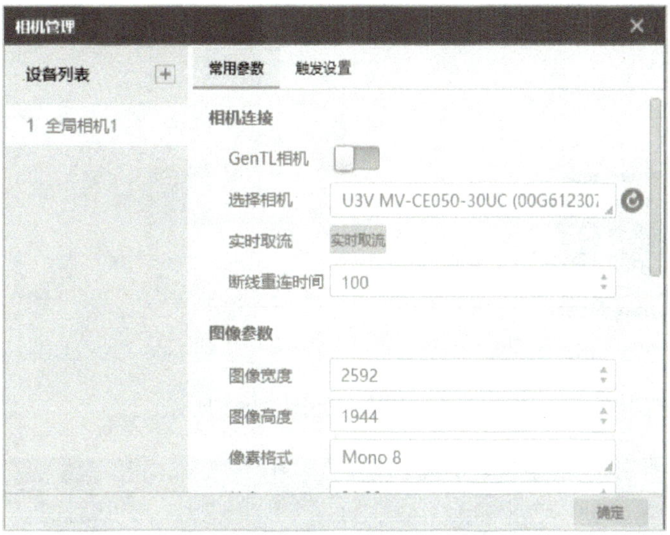

图 2-63　相机管理常用参数设置

步骤 5：单击“执行”按钮，查看结果，如图 2-64 所示。

图 2-64　图像采集结果

2. 识别出检测对象

步骤 1：方案流程中增加“BLOB 分析”工具。将“定位”子工具箱中的“BLOB 分析”工具拖拽到流程编辑区，并与“0 图像源 1”相连接，如图 2-65 所示。

步骤 2：“2BLOB 分析”参数设置。双击“2BLOB 分析 1”打开参数设置界面，基本参数保持默认。在运行参数界面，阈值方式设置为“单阈值”，低阈值设置为“30”，极性设置为“亮于背景”，打开面积使能，面积范围下限设置为“1000”，如图 2-66 所示。

图 2-65　方案流程增加“BLOB 分析”工具

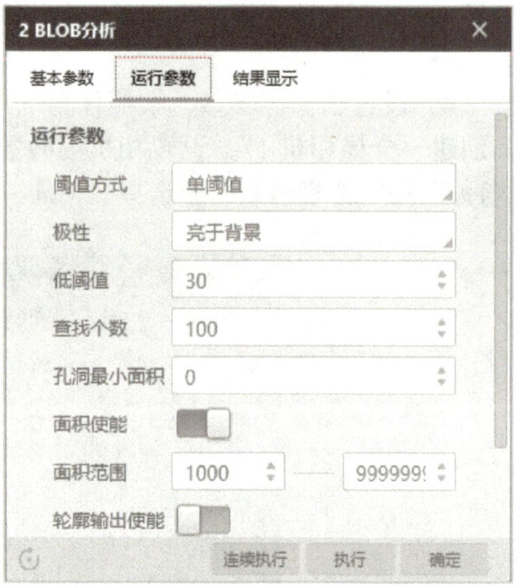

图 2-66　“2BLOB 分析”运行参数设置

步骤 3：单击“执行”按钮，查看运行结果，如图 2-67 所示。

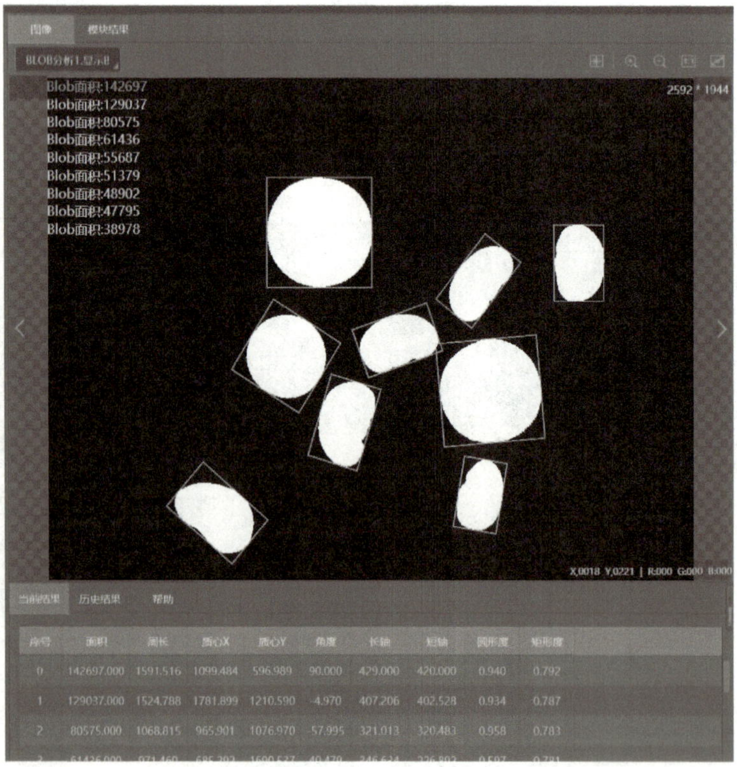

图 2-67　“2BLOB 分析 1”运行结果

3. 识别出球类

步骤 1：方案流程中增加“BLOB 分析”工具。将“定位”子工具箱中的“BLOB 分析”工具拖拽到流程编辑区，并与“0 图像源 1”相连接，如图 2-68 所示。

步骤 2：“3BLOB 分析”参数设置。双击“3BLOB 分析 2”打开参数设置界面，基本参数保持默认。在运行参数界面，阈值方式设置为“单阈值”，低阈值设置为“30”，极性设置为“亮于背景”，打开面积使能，面积范围下限设置为“1000”，在高级参数中，将圆形度使能打开，圆形度范围设置为“0.90 ～ 1.00”，如图 2-69 所示。

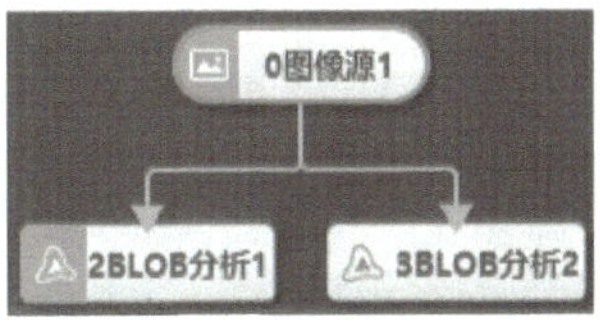

图 2-68 方案流程增加“BLOB 分析”工具

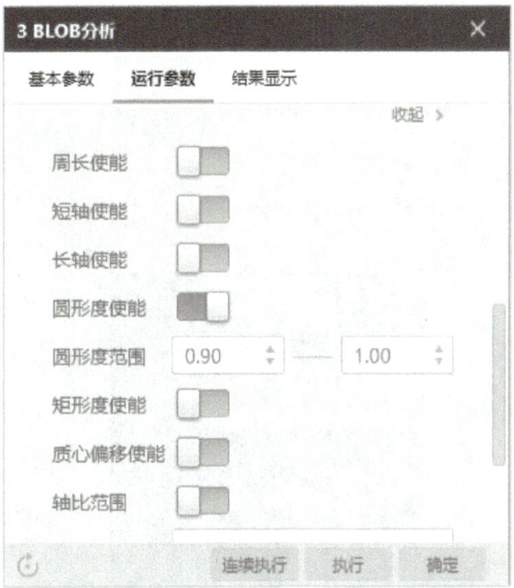

图 2-69 “3BLOB 分析”运行参数设置

步骤 3：单击“执行”按钮，查看运行结果，如图 2-70 所示。

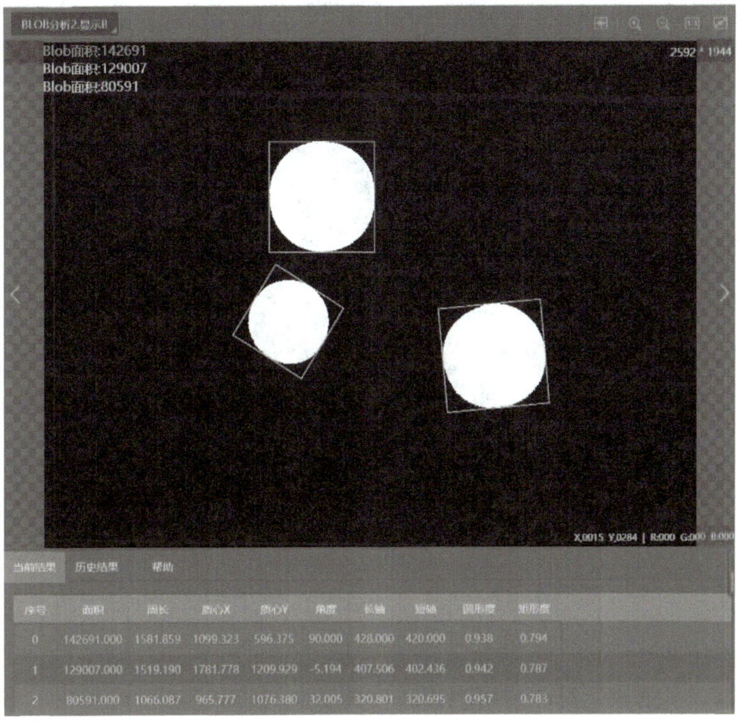

图 2-70 “3BLOB 分析 2”运行结果

4. 筛选出豆子

步骤 1：方案流程中增加“图像运算”工具。将“图像处理”子工具箱中的“图像运算”工具拖拽到流程编辑区，并与“2BLOB 分析 1”和“3BLOB 分析 2”相连接，如图 2-71 所示。

步骤 2：“4 图像运算”参数设置。双击“4 图像运算 1”，打开参数设置界面，图像输入栏的输入源 1 设置为“2BLOB 分析 1.Blob 图像”，输入源 2 设置为“3BLOB 分析 2.Blob 图像”；图像运算栏的运算类型设置为“图像减”，如图 2-72 所示。

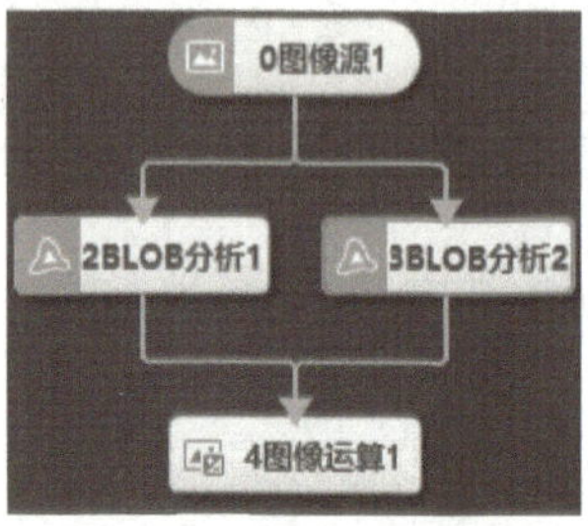

图 2-71　方案流程增加“图像运算”工具

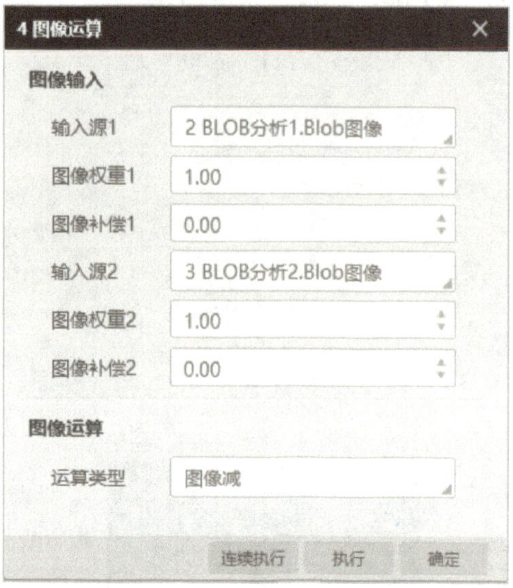

图 2-72　“4 图像运算”参数设置

步骤 3：单击“执行”按钮，查看运行结果，如图 2-73 所示。

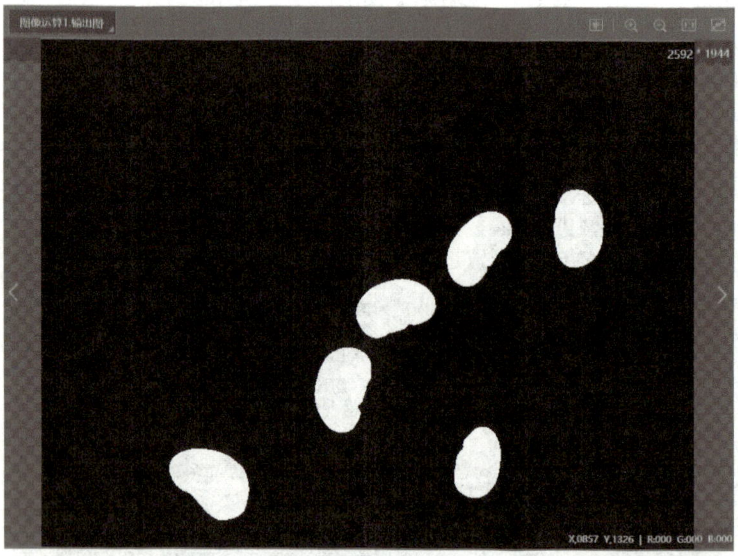

图 2-73　“4 图像运算 1”运行结果

5. 对豆子进行分析

步骤 1：方案流程中增加“BLOB 分析”工具。将“定位”子工具箱中的“BLOB 分析”工具拖拽到流程编辑区，并与“4 图像运算 1”相连接，如图 2-74 所示。

步骤 2：“5BLOB 分析”参数设置。双击“5BLOB 分析 3”打开参数设置界面，基本参数保持默认。在运行参数界面，阈值方式设置为“不进行二值化”，其他参数保持默认，如图 2-75 所示。

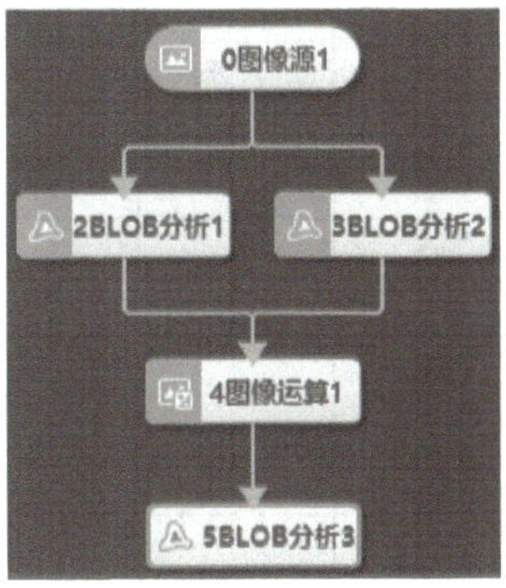

图 2-74　方案流程增加“BLOB 分析”工具

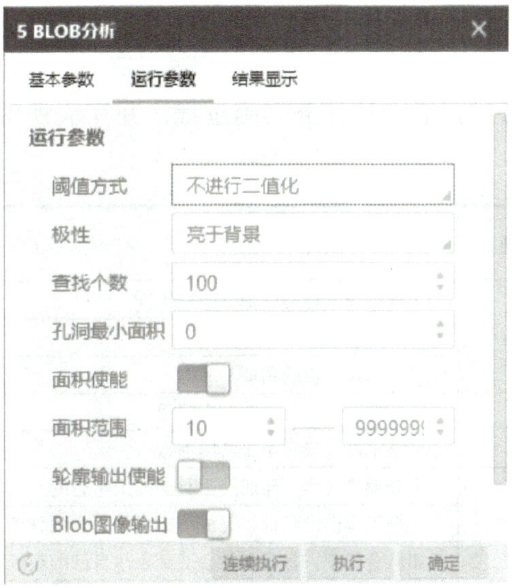

图 2-75　“5BLOB 分析”运行参数设置

步骤 3：单击“执行”按钮查看运行结果，如图 2-76 所示，从结果显示区域可以看到豆子的数量、周长、面积、质心坐标、长轴和短轴等结果。

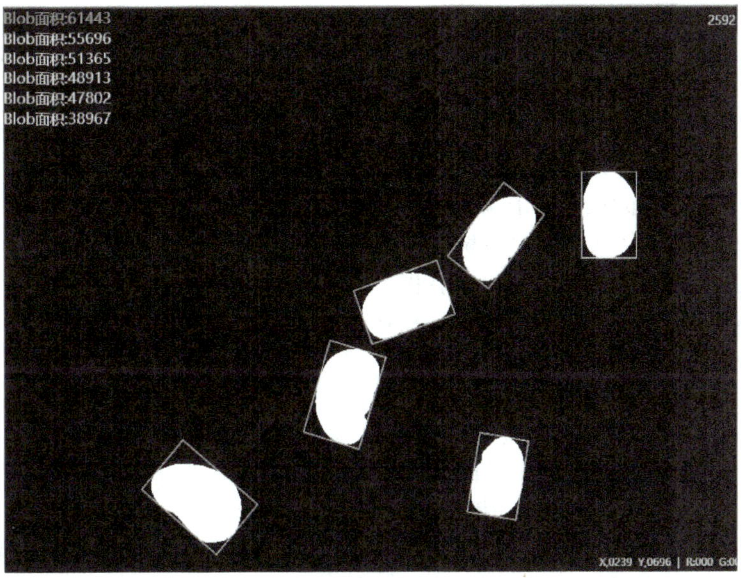

a) 图像显示区域的结果

序号	面积	周长	质心X	质心Y	角度	长轴	短轴	圆形度	矩形度
0	61438.000	972.632	685.319	1689.875	40.394	346.677	226.938	0.598	0.781
1	55692.000	942.892	1204.116	1329.342	-73.120	330.152	207.469	0.603	0.813
2	51363.000	899.720	1409.712	1020.272	-19.440	315.238	197.697	0.621	0.824
3	48898.000	888.289	1737.965	788.209	-52.058	323.657	184.578	0.590	0.819
4	47799.000	846.625	2133.768	715.806	90.000	299.000	199.000	0.661	0.803
5	38973.000	770.725	1740.463	1616.650	-80.538	278.506	176.085	0.600	0.795

b) 结果显示区域的结果

图 2-76　“5BLOB 分析 3”运行结果

评价反馈

各组代表介绍任务实施过程，并完成评价表（见表 2-13）。

表 2-13　评价表

类别	考核内容	分值	评价分数		
			自评	互评	教师
理论	了解图像处理与图像分析的不同	5			
	了解模板匹配技术的原理	10			
	了解图像分析的功能	15			
技能	能够建立识别豆子的方案流程	30			
	能够正确设置各个工具的参数	30			
素养	遵守操作规程，养成严谨科学的工作态度	2			
	根据工作岗位职责，完成小组成员的合理分工	2			
	团队合作中，各成员学会准确表达自己的观点	2			
	严格执行 6S 现场管理	2			
	养成总结训练过程和结果的习惯，为下次训练积累经验	2			
总分		100			

相关知识

图像分析

1. 图像分析与图像处理的不同

图像分析和图像处理两者有一定程度的交叉，又有所不同。图像处理侧重于图像本身质量方面的研究，比如增加图像对比度、图像降噪等。而图像分析的侧重点在于研究图像的内容，是对图像中感兴趣的目标进行提取、检测和测量等，获得目标的客观信息，将一幅图像转化为另一种非图像的抽象形式。图像分析的输入是经过处理的数字图像，其输出通常不再是数字图像，而是一系列与目标相关的图像特征，如长度、面积、质心位置、颜色和个数等。图像分析是一个从图像到数据的过程。

2. 图像分析技术

模板匹配是图像分析最为重要和常见的一种分析方法，是在给出模板图像与目标图像时，通过计算特征相似度，找出目标图像中与模板图像最相似的区域。

在进行模板匹配时，需要对特征进行提取，再进行模板匹配与相似度测量。特征提取是图像分析最为关键的内容，常用的图像特征有形状、纹理和颜色等。模板匹配就是通过模板图像在待匹配图片中进行遍历，通过选择一定的匹配方式能够得到每个起始像素点的匹配值，最终匹配值最大的位置就是匹配位置。相似度测量就是计算匹配目标与模板的相似度。

3. 图像分析的功能

（1）识别形状　在机器视觉中，形状可以分为基于轮廓形状与基于区域形状两类。基于轮廓形状是对包围目标区域的轮廓的描述，主要有周长、半径、曲率和边缘夹角等特征。基于区域的形状特征是把区域内的所有像素集合起来用以描述目标轮廓，主要有几何特征（如面积、周长、质心、矩形度和圆形度）、拓扑结构特征（如区域的矩形度、圆形度）等。

（2）识别颜色　颜色是人类感知和区分不同物体的一种基本视觉特征，是一种全局特征，描述了图像或图像区域所对应的景物的表面性质。识别颜色就是将图像中的 RGB 色彩空间与 RGB 的参考表进行对照，获取要提取颜色的相应范围。

（3）识别位置　在定位引导系统中，工件的位置信息通常采用质心坐标来表示，从而方便机器人抓取目标工件。一般情况下，图像中的物体并不是一个孤立的点，而是一个区域，因此采用区域面积的中心点作为物体的位置。区域质心点是通过对图像进行运算得到的一个点。在二值化图像中，物体的中心位置一般与物体的质心位置是相同的。

任务 2.4 结果输出

学习情境

对图像进行处理和分析后，将会得出分析后的结果，结果该怎样输出呢？

学习目标

知识目标

1）了解机器视觉系统的结果输出对象。
2）了解机器视觉系统的输出内容。
3）了解机器视觉系统与其他设备的通信方式。

能力目标

1）能够采集到清晰的图像。
2）能够使用颜色测量和抽取工具识别出所需图像。
3）能够设置视觉与设备间的通信。

素养目标

1）根据工作岗位职责，完成小组成员的合理分工。
2）团队合作中，各成员学会表达自己的观点。
3）养成安全规范操作的行为习惯。

工作任务

识别出所给积木中红色积木的个数，并输出数据到显示屏或其他设备上，检测对象如图 2-77 所示。

图 2-77 检测对象

任务分工

根据任务要求，对小组成员进行合理分工，并填写表 2-14。

表 2-14　任务分工表

<table>
<tr><td>班级</td><td></td><td>组号</td><td></td><td>指导老师</td><td></td></tr>
<tr><td>组长</td><td></td><td>学号</td><td colspan="3"></td></tr>
<tr><td rowspan="5">组员与分工</td><td>姓名</td><td>学号</td><td colspan="3">任务内容</td></tr>
<tr><td></td><td></td><td colspan="3"></td></tr>
<tr><td></td><td></td><td colspan="3"></td></tr>
<tr><td></td><td></td><td colspan="3"></td></tr>
<tr><td></td><td></td><td colspan="3"></td></tr>
</table>

获取信息

引导问题 1：机器视觉系统结果输出的对象是什么？

____

____

引导问题 2：机器视觉系统输出的内容有哪些？

____

____

引导问题 3：机器视觉系统与外设（外围设备）的通信方式有哪些？

____

____

工作计划

1）制定工作方案，见表 2-15。

表 2-15　工作方案

步骤	工作内容	负责人
1		
2		
3		
4		

2）列出核心物料清单，见表 2-16。

表 2-16　核心物料清单

序号	名称	型号 / 规格	单位	数量
1				
2				

工作实施

筛选积木

1. 采集图像

步骤 1：将 4 个积木随机放置在检测区域。

步骤 2：启动软件，新建通用方案。

步骤 3：建立方案流程。在工具箱的“采集”子工具箱中选择“图像源”工具，并拖拽到流程编辑区。双击“图像源”进行参数设置，操作方法见任务 2.1 的内容，采集到的图像如图 2-78 所示。

图 2-78　采集到的图像

2. 筛选红色积木

（1）颜色测量

步骤 1：方案流程中增加“颜色测量”工具。将“颜色处理”子工具箱中的“颜色测量”工具拖拽到流程编辑区，并与“0 图像源 1”相连接，如图 2-79 所示。

图 2-79　方案流程增加“颜色测量”工具

步骤 2：设置“颜色测量”参数。双击“2 颜色测量 1”，在基本参数界面，ROI 区域栏 ROI 创建选择矩形框绘制，然后在图像显示框内框出红色的区域，如图 2-80 所示。运行参数默认 RGB 即可。单击“执行”按钮，从模块结果和当前结果中均可查看当前测量的颜色信息值，包括每个通道的最大值、最小值、均值和标准差，结果如图 2-81 所示。

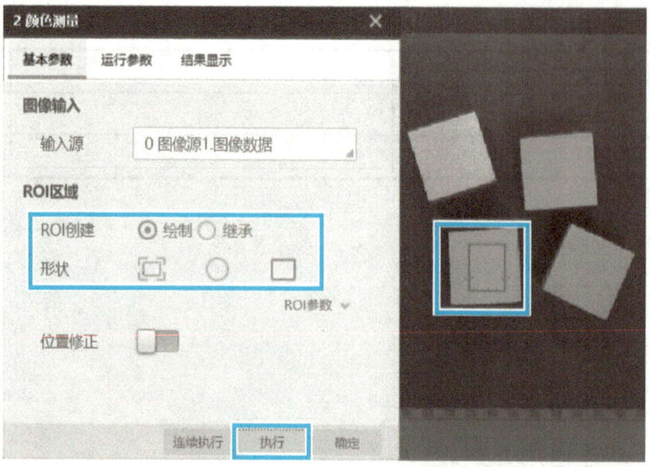

图 2-80　颜色测量基本参数设置

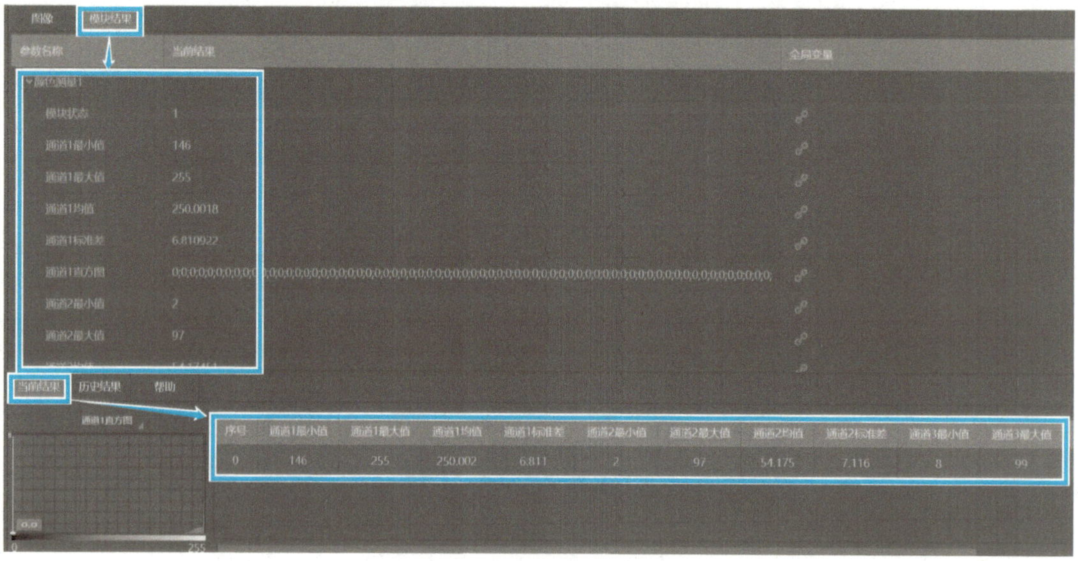

图 2-81　颜色测量结果

备注：在选择颜色测量的区域时，框选不要超过积木边缘。

（2）颜色抽取

步骤 1：方案流程中增加“颜色抽取”工具。将“颜色处理”子工具箱中的“颜色抽取”工具拖拽到流程编辑区，并与“2 颜色测量 1”相连接，如图 2-82 所示。

图 2-82　方案流程增加“颜色抽取”工具

步骤 2：设置“颜色抽取”参数。双击“3 颜色抽取 1”，在运行参数界面，输入上一步颜色测量的结果值，单击“执行”按钮，结果显示区为颜色抽取后的图像，如图 2-83 所示。

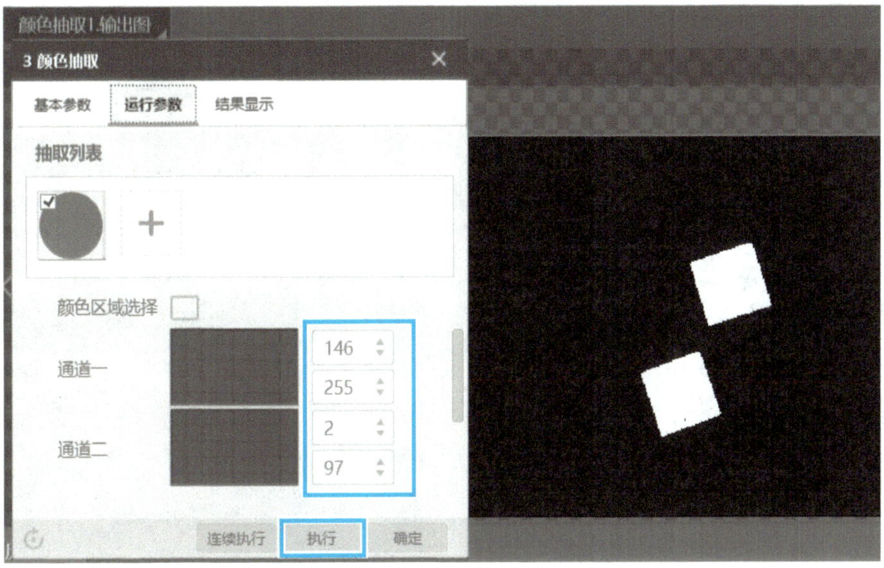

图 2-83　颜色抽取运行参数设置及结果显示

备注：颜色抽取实际就是对符合颜色的图像进行二值化的过程。

3. 识别红色积木的数量

步骤 1：方案流程中增加“快速匹配”工具。将“定位”子工具箱中的“快速匹配”工具拖拽到流程编辑区，并与“3 颜色抽取 1”相连接，如图 2-84 所示。

步骤 2：设置“4 快速匹配”基本参数。双击“4 快速匹配 1”，在基本参数界面，如图 2-85 所示，输入源为“3 颜色抽取 1. 输出图像”，ROI 区域栏 ROI 创建选择矩形绘制，在图像显示区域绘制矩形的 ROI 区域，ROI 区域需要覆盖住传送带上的视觉检测区域。

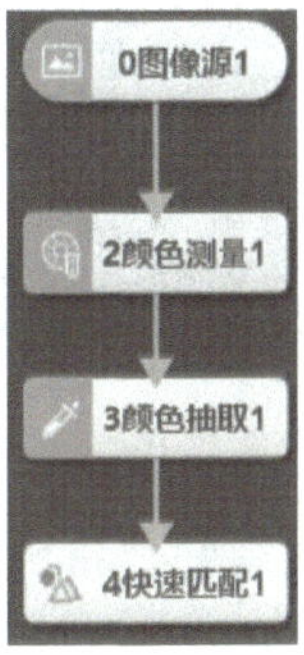

图 2-84　方案流程增加“快速匹配”工具

图 2-85　“4 快速匹配”基本参数设置

备注：快速匹配不能对彩色图像进行处理，只能够对灰色图像或二值化图像进行处理，所以此处输入源为颜色抽取后的图像。

步骤 3：创建快速匹配特征模板。在特征模板界面，单击“创建”按钮，进入模板配置界面，如图 2-86 所示，单击“创建矩形掩模”按钮，拖拽覆盖住积木。在右下角配置参数，根据实际情况设置适当的特征尺度和对比度阈值，单击“生成模型”按钮生成特征模型，单击“确定”按钮保存特征模板。特征模板如图 2-87 所示。

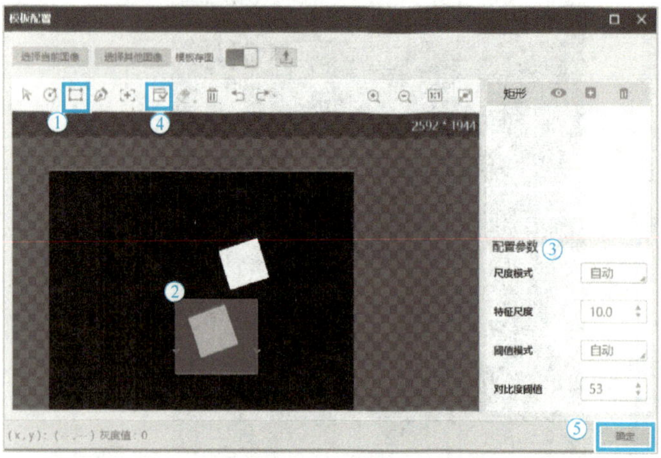

图 2-86　模板配置界面

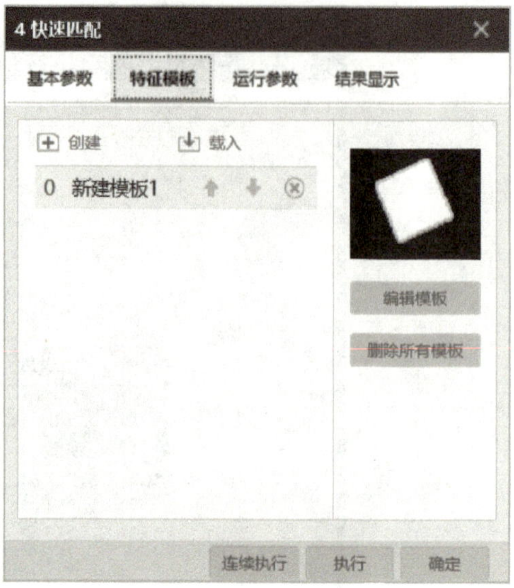

图 2-87　特征模板

步骤 4：设置“快速匹配”运行参数。在运行参数界面，如图 2-88 所示，最大匹配个数改为 10，单击“执行”按钮，查看是否找到对应的图像。

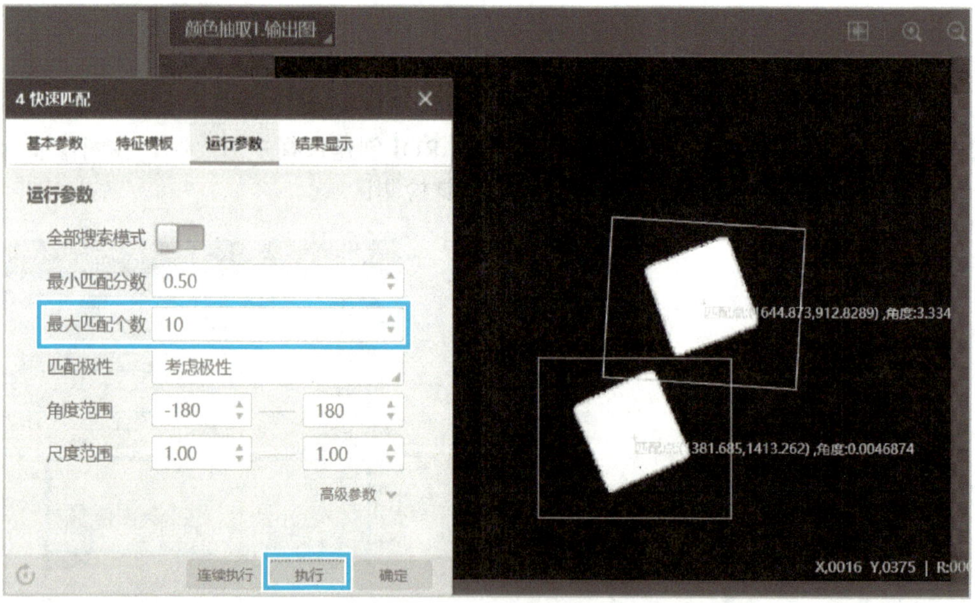

图 2-88　设置“快速匹配”运行参数

从图像显示区和结果显示区可以看得，快速匹配能够识别出红色积木的数量为 2。

4. 结果输出

（1）输出到显示器

步骤 1：方案流程中增加“格式化”工具。将“逻辑工具”子工具箱中的“格式化”工具拖拽到流程编辑区，并与“4 快速匹配 1”相连接，如图 2-89 所示。

步骤 2：“5 格式化”参数设置。双击“5 格式化 1”，在基本参数界面，单击“添加”按钮→单击“T”按钮→输入“红色”→单击“T”按钮，输入“：”→单击“”按钮→选取“4 快速匹配 1. 匹配个数”，单击“保存”按钮，如图 2-90 所示。

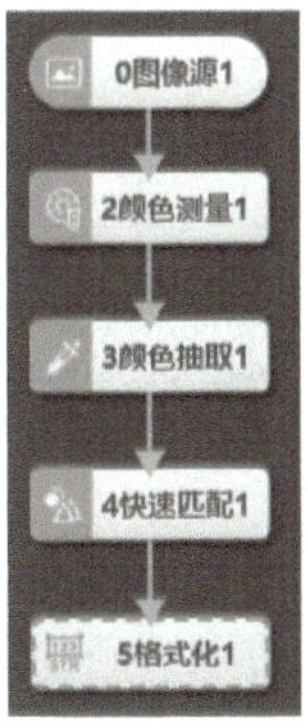

图 2-89　方案流程增加“格式化”工具

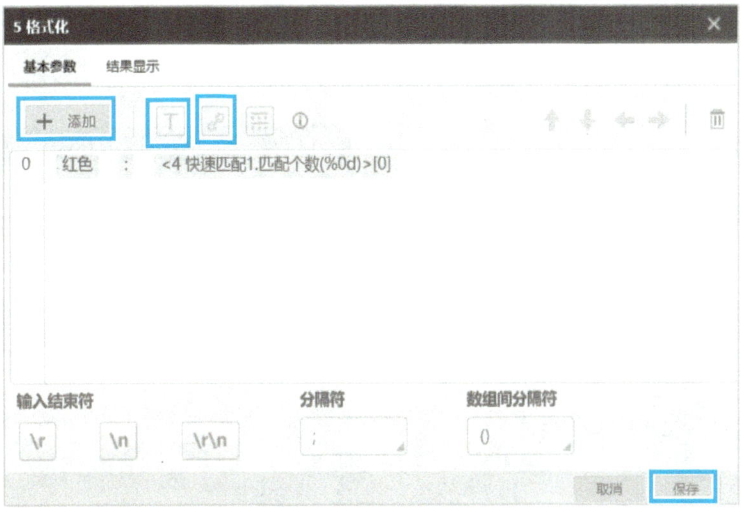

图 2-90　“5 格式化”参数设置

步骤 3：单击“单次执行”按钮，查看图像显示区和历史结果中的格式化结果，如图 2-91 所示。

（2）输出给其他设备

步骤 1：方案流程中增加“发送数据”工具。将“通信”子工具箱中的“发送数据”工具拖拽到流程编辑区，并与“5 格式化 1”相连接，如图 2-92 所示。

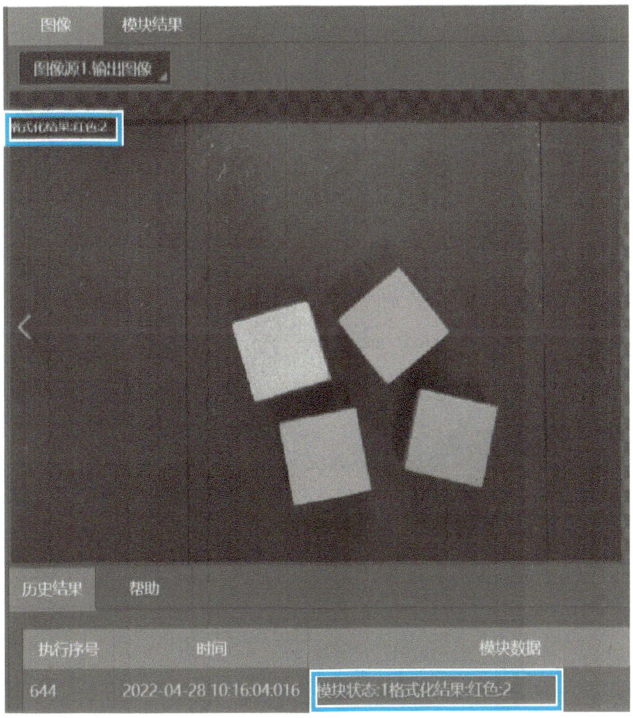

图 2-91　格式化结果

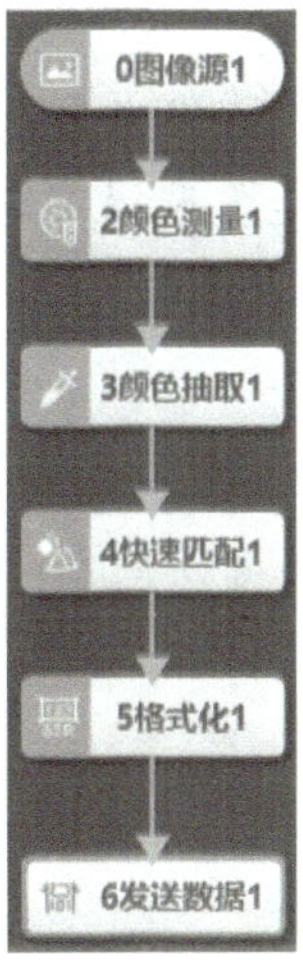

图 2-92　方案流程增加“发送数据”工具

步骤 2：设置“通信管理”参数。在对“发送数据”进行参数设置之前，必须先对“通信管理”进行相关设置。在快捷工具条单击“”按钮进行通信管理设置。如图 2-93 所示，在设备列表选择“”添加通信设备，“协议类型”选择“TCP 服务端”，再根据实际情况修改“设备名称”（默认名称为“TCP 服务端”）、“本机 IP”和“本机端口”，然后单击“创建”按钮即完成通信设备的创建。创建的通信设备如图 2-94 所示。

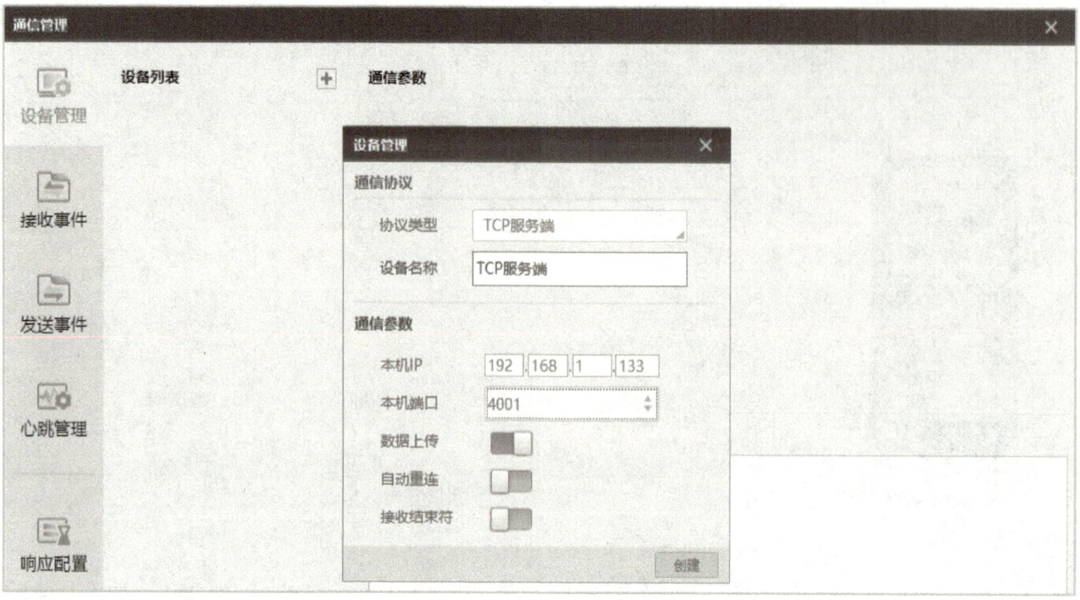

图 2-93　添加通信设备

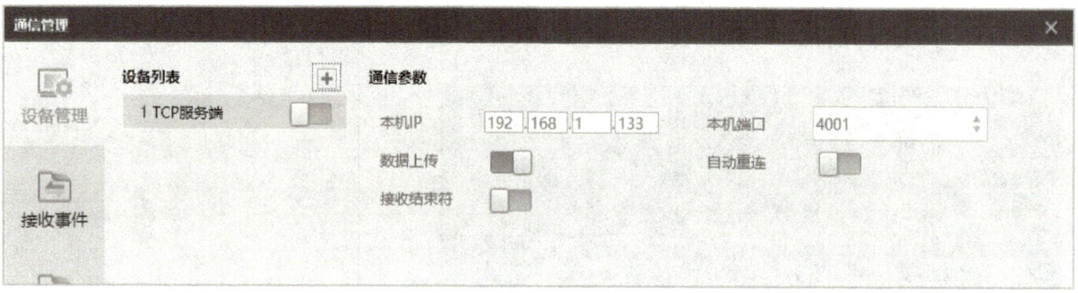

图 2-94　创建的通信设备

步骤 3：“6 发送数据”参数设置。双击“6 发送数据 1”进行参数设置，如图 2-95 所示，输出配置栏“输出至”选择“通信设备”，“通信设备”选择“1 TCP 服务端”；“发送数据 1”选择“5 格式化 1. 格式化结果 []”；结果显示参数保持默认值即可。

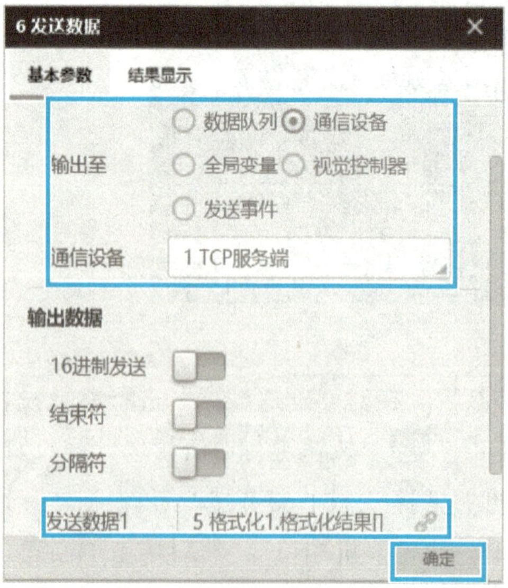

图 2-95　“6 发送数据”参数设置

备注：可以使用 TCP 调试助手来模拟 TCP 客户端，进行数据输出到外设的演示。在进行演示前，需打开通信管理的 TCP 服务端。在机器视觉软件中，单击“执行”按钮便可以在图像显示区和结果显示区看到数据已发送以及发送的内容。在 TCP 调试助手可以看到接收到的数据内容与机器视觉软件发送的数据是一致的。

评价反馈

各组代表介绍任务实施过程，并完成评价表（见表 2-17）。

表 2-17　评价表

类别	考核内容	分值	评价分数		
			自评	互评	教师
理论	了解机器视觉系统的结果输出对象	10			
	理解机器视觉系统的输出内容	10			
	了解机器视觉系统与其他设备的通信方式	15			
技能	能够采集到清晰的图像	10			
	能够筛选和识别出所需图像	25			
	能够设置视觉与设备间的通信	20			
素养	遵守操作规程，养成严谨科学的工作态度	2			
	根据工作岗位职责，完成小组成员的合理分工	2			
	团队合作中，各成员学会准确表达自己的观点	2			
	严格执行 6S 现场管理	2			
	养成总结训练过程和结果的习惯，为下次训练积累经验	2			
总分		100			

相关知识

结果输出

1. 结果输出对象

机器视觉检测的结果由视觉系统的存储单元发送，输出的对象通常有两种：显示设备（如显示屏）和其他设备。显示设备显示的内容一般是软件界面、相机捕捉的画面等，以方便用户操作和监视系统。通常与机器视觉系统连接的其他设备有触摸屏、PLC（可编程控制器）和机器人控制器等。

2. 输出内容

机器视觉系统的输出内容一般有状态信号、判定结果、测量值和字符串输出等。

状态信号：视觉控制器确认控制信号或命令输入开始进行视觉检测后，利用状态信号向外设通知传感器的状态。

判定结果：输出布尔值，可判定颜色是否匹配、数量是否匹配等。在包含有多个项目的判定结果中，只要有一个项目判定为不通过，就会输出不通过的结果。

测量值：根据用户的设定，输出不同的测量数值，如目标的位置信息（X 轴坐标、Y 轴坐标和旋转角度等）、数量信息和测量长度等。

字符串：输出从条码、二维码中读取或直接识别的字符串或数字。

3. 通信方式

通信是连通算法平台和外设的重要渠道，当通信构建起来后既可以把软件处理结果发送给外界，又可以通过外界发送字符来触发相机拍照或者软件运行。

机器视觉系统与上位机的通信方式通常有串口通信、UDP 通信、TCP/IP 通信、I/O 通信和 Modbus 通信等。

（1）串口通信　串口通信是指串口按位（bit）发送和接收字节的通信方式。虽然串口通信比按字节的并行通信慢，但是它可以在使用一根线发送数据的同时，用另一根线接收数据。串口通信通常有两种方式，一种是 RS232 通信方式，一种是 RS485 通信方式。前者适用于近距离通信，通常在 12m 范围内；后者适用于远距离通信，通信距离通常在 1200m 范围内。

（2）UDP 通信　UDP（User Datagram Protocol，用户数据报协议）是 OSI（Open System Interconnection，开放式系统互联）参考模型中的一种传输层协议，也是一个非连接的协议，即传输数据时，不在前源端和终端间建立连接，想传输时就去抓取来自应用程序的数据，并立即扔到网络上。

（3）TCP 通信　TCP（Transmission Control Protocol，传输控制协议）是为了在不可靠的互联网络上提供可靠的端到端字节流而专门设计的一个传输协议，也是 OSI 参考模型中的一种传输层协议。

TCP 是一种面向连接的通信协议，即传输数据之前，在发送端和接收端建立逻辑连接，然后再传输数据，它提供了设备间可靠无差错的数据传输。

在使用 TCP 发送数据的准备阶段，客户端与服务器端之间有 3 次交互，以保证连接的可靠性，如图 2-96 所示。

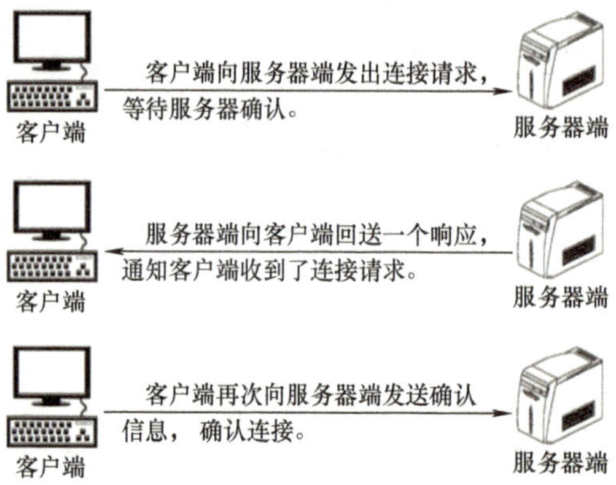

图 2-96　客户端与服务器端间 3 次交互

（4）I/O 通信　I/O 是一种点对点的、串行数字通信协议，它的目的是在传感器 / 执行器与控制器间进行周期性的数据交换。

（5）Modbus 通信　Modbus 是应用在电子控制器上的一种串行通信协议，是一种单主站的主 / 从通信模式，工作于 OSI 模型中的最高层，可为不同类型总线或网络所连接的设备之间的客户机 / 服务器提供通信。Modbus 为工业领域通信协议的通用业界标准，可以通过各种传输介质传播，如 RS232、RS485 和光纤等。Modbus 通信协议在串行链路上具有两种传输模式：RTU（远程终端）模式和 ASCII 模式。

项目总结

本项目讲解了机器视觉工作过程的相关知识，包括图像采集、图像处理、图像分析和图像输出，为以后进一步学习机器视觉打下了基础。

拓展阅读

视觉软件介绍

随着人工智能技术和半导体技术的不断发展，机器视觉算法及软件也越来越成熟，功能也在不断完善。机器视觉的软件多种多样，有的侧重于算法开发，如 Matlab；有的侧重于应用算子算法开发，如 Opencv、Halcon；有的侧重于应用算法工具，如 Vision Pro、LabView；有的侧重于相机开发，如 eVision。

国内典型的视觉软件有海康威视的 VisionMaster、浙江华睿科技的 MVP 算法平台、广东省奥普特的 SciSmart、陕西维视的 Visionbank 和深圳市精浦科技的 OpencvReal ViewBench 等。国内的机器视觉软件当前比较流行的开发模式是“软件平台 + 视觉开发包”，开发包是对各种常用机器视觉算法进行封装，实现图像处理、图像分析的功能，进一步安装在计算机或内嵌到工业母板中，并实现人机交互的功能。

机器视觉算法是工业机器视觉的灵魂，本质是基于图像分析的计算机视觉技术，需要对获取的图像进行分析，为进一步决策提供所需信息。机器视觉常用算法如图 2-97 所示。

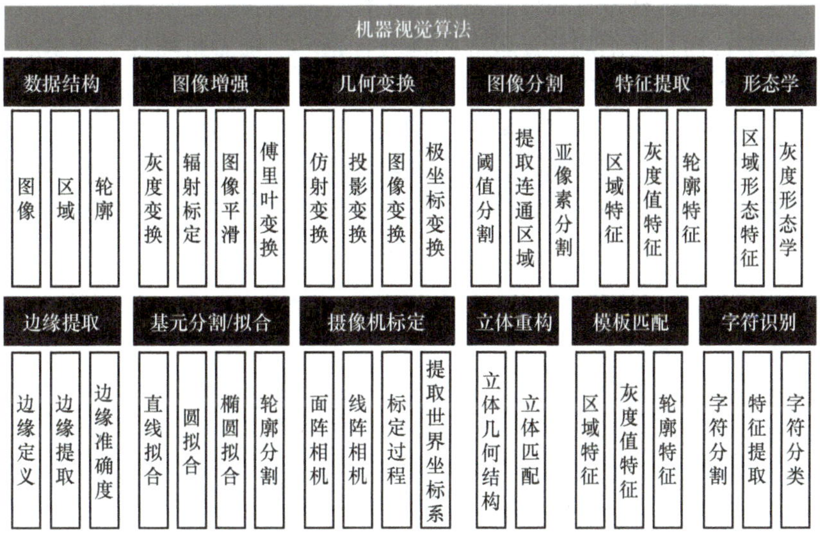

图 2-97 机器视觉常用算法

项目 3 食品包装盒识别系统应用

03

项目引入

包装作为体现产业价值链的最后一环，越来越受到广大厂家的重视。在现代食品自动化生产中，包装环节会涉及各种各样的识别与检测，比如条形码识别、印刷质量检测、有无破损检测、生产日期或者批号有无识别等。通常这种带有高度重复性的工作若靠人工目测来完成，不但给工厂增加了巨大的人工成本和管理成本，而且还不能保证较高的检验合格率。随着机器视觉技术的迅速发展，该技术已被大量应用于大批量生产过程中的识别、测量及检查中。利用机器视觉技术，工厂可以高效地完成对产品的包装识别，还可以正确读取产品的包装信息，从而对产品质量严格把关。

本项目以食品包装盒识别为例，通过机器视觉技术完成对如图 3-1 所示食品包装盒示例上的条形码的识别，并使用机器人对不符合出厂条件的产品和合格产品进行分类放置。

a) 合格产品　　b) 不合格产品

图 3-1　食品包装盒示例

知识图谱

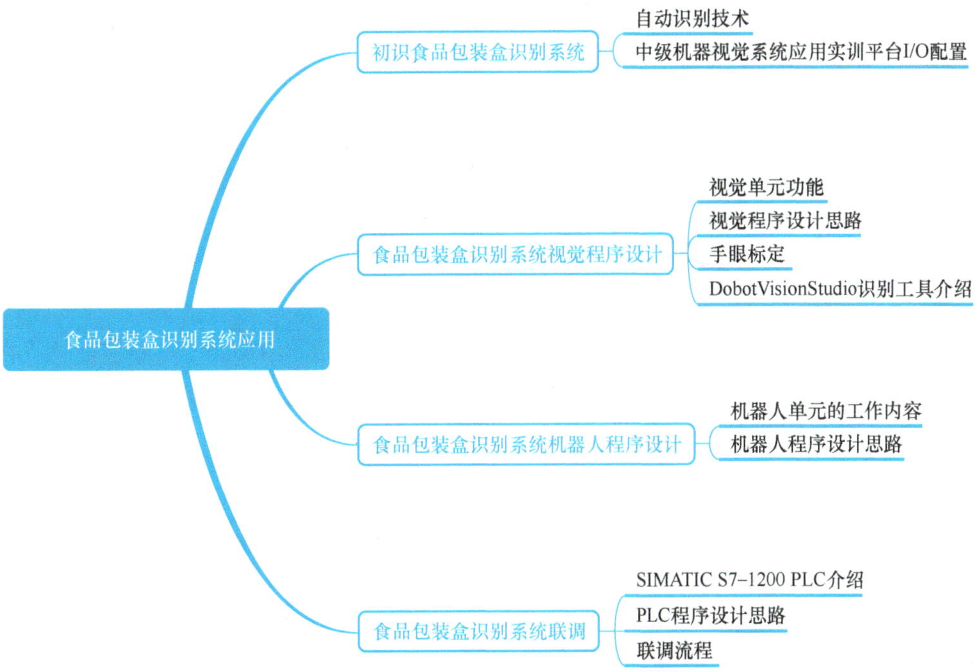

任务 3.1　初识食品包装盒识别系统

学习情境

食品包装盒识别系统能够通过机器视觉对食品包装盒上的条形码进行识别与检测，并且定位包装盒的位置和方向，把识别结果、位置和方向信息发送给机器人，让机器人能够对包装盒进行准确定位与抓取。

那么食品包装盒识别系统的布局是怎样的呢？它又是如何工作的呢？

学习目标

知识目标

1）了解自动识别技术。

2）了解条形码的常见类型及工作原理。

能力目标

1）能够描述中级机器视觉系统应用实训平台（食品包装盒识别项目）各部分的名称及功能。

2）能够描述中级机器视觉系统应用实训平台（食品包装盒识别项目）的工作流程。

素养目标

1）根据工作岗位职责，完成小组成员的合理分工。

2）团队合作中，各成员学会表达自己的观点。

3）养成安全规范操作的行为习惯。

工作任务

识别中级机器视觉系统应用实训平台（食品包装盒识别项目）的布局，描述各部分的名称及功能；观看中级机器视觉系统应用实训平台（食品包装盒识别项目）的工作过程演示，绘制出系统的工作流程图。

任务分工

根据任务要求，对小组成员进行合理分工，并填写表 3-1。

表 3-1　任务分工表

班级		组号		指导老师	
组长		学号			
组员与分工	姓名	学号	任务内容		

获取信息

引导问题 1：什么是自动识别技术？

____

____

引导问题 2：什么是二维码识别技术？

____

____

引导问题 3：简述一维码识别技术的工作原理。

____

____

工作计划

1）制定工作方案，见表 3-2。

表 3-2 工作方案

步骤	工作内容	负责人
1		
2		

2）列出工具、耗材和器件清单，见表 3-3。

表 3-3 工具、耗材和器件清单

序号	名称	型号	单位	数量
1				
2				

工作实施

初识中级机器视觉系统应用实训平台

（1）认识中级机器视觉系统应用实训平台（食品包装盒识别系统）结构布局及各结构功能

步骤 1：认识实训平台的结构布局。

中级机器视觉系统应用实训平台（食品包装盒识别项目）用于对食品包装盒上的条形码进行识别并通过机器人对包装盒进行分拣，其主要由机器人单元、视觉单元、快换治具单元、传送带单元和总控单元等组成，如图 3-2 所示。

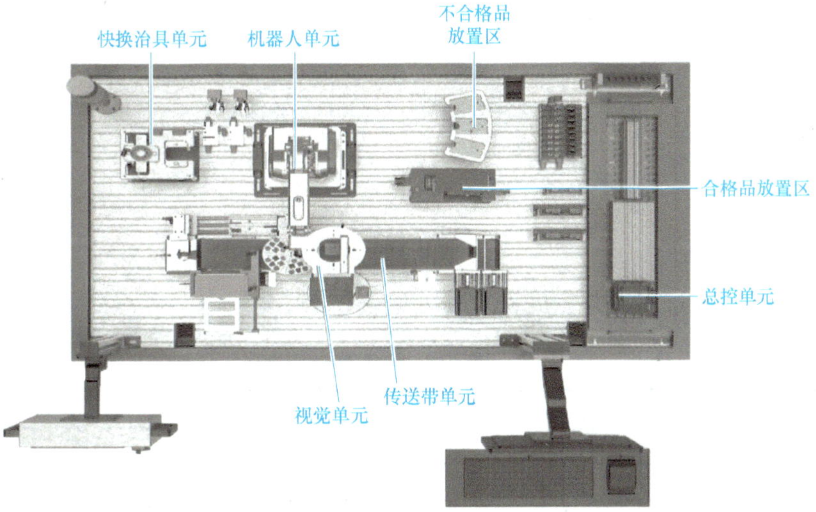

图 3-2 中级机器视觉系统应用实训平台（食品包装盒识别系统）的布局

步骤 2：描述各结构的功能。

1）快换治具单元：用于存放不同功用的工具，是机器人单元的附属单元，可通过程序控制机器人到指定位置安装或释放工具。

2）视觉单元：包括相机、镜头、光源以及 DobotVisionStudio 算法平台等，主要完成视觉检测功能，并将数据传输给机器人单元。

3）传送带单元：由传送带和上面的传感器组成，主要用于物料的输送和物料到位检测。

4）总控单元：用于控制系统的起动、复位、停止，控制气缸、三色灯以及蜂鸣器等。

5）合格品放置区：用于放置合格物料。

6）不合格品放置区：用于不合格物料的存放。

7）机器人单元：由机器人本体和机器人编程平台 DobotSCStudio 组成，主要完成机器人的程序编写和对检测目标执行相应的操作指令的任务。

（2）绘制食品包装盒识别系统的工作流程图

步骤 1：观看食品包装盒识别系统的工作过程演示。

步骤 2：分析食品包装盒识别系统的工作流程。

系统起动，机器人更换双吸盘治具，传送带起动，食品包装盒跟随传送带一起运动。当传感器检测到包装盒到达视觉检测区域后开始视觉检测，视觉单元对包装盒进行图像采集和图像处理，机器人单元根据视觉单元返回的结果把包装盒吸取放置到合格品放置区或不合格品放置区。在合格品放置区，固定气缸会对包装盒的位置进行校正，方便进行包装盒检测之后的工序。

步骤 3：绘制食品包装盒系统的单次检测流程图，如图 3-3 所示。

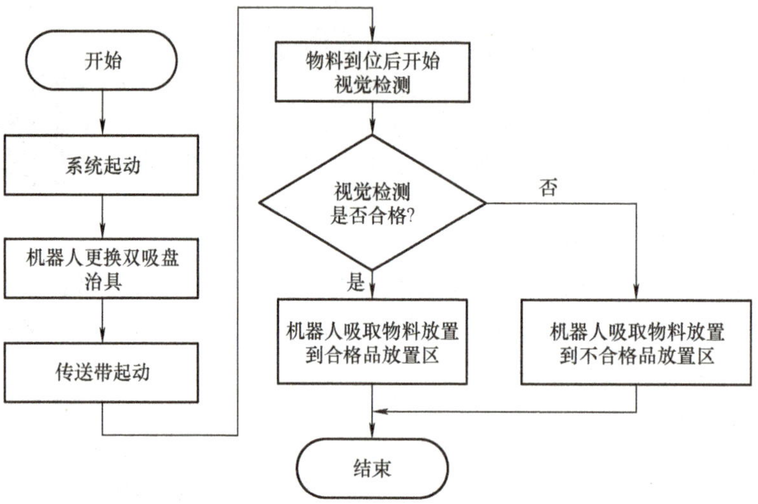

图 3-3　食品包装盒识别系统的单次检测流程图

评价反馈

各组代表介绍任务实施过程，并完成评价表（见表 3-4）。

表 3-4　评价表

类别	考核内容	分值	评价分数		
			自评	互评	教师
理论	了解什么是自动识别技术	10			
	了解一维码识别技术、二维码识别技术和字符识别技术等自动识别技术	10			
	了解中级机器视觉系统应用实训平台系统 I/O 配置	10			
技能	能够描述中级机器视觉系统应用实训平台（食品包装盒识别系统）各个部分的名称及功能	30			
	绘制出食品包装盒识别系统的工作流程图	30			
素养	遵守操作规程，养成严谨科学的工作态度	2			
	根据工作岗位职责，完成小组成员的合理分工	2			
	团队合作中，各成员学会准确表达自己的观点	2			
	严格执行 6S 现场管理	2			
	养成总结训练过程和结果的习惯，为下次训练积累经验	2			
总分		100			

相关知识

自动识别技术

1. 自动识别技术

自动识别技术（Automatic Identification and Data Capture）是使用某种识别装置，通过被识别物品和识别装置之间的接近活动，识别装置能够自动地获取被识别物品的相关信息，并提供给后台的计算机处理系统来完成相关后续处理的一种技术。

自动识别技术可以分为：条形码（一维码、二维码）识别技术、光学字符识别（OCR）技术、生物识别技术、图像识别技术、磁卡识别技术、IC 卡识别技术和射频识别（RFID）技术这 7 种。机器视觉技术重点研究的是条形码识别技术和光学字符识别技术。

（1）一维码识别技术　条形码分为一维码和二维码。商品的条形码一般以一维码为主，故一维码又称为商品条形码。二维码其功能较一维码更强，应用范围更广。

一维码是将宽度不等的多个黑条和空白，按照一定的编码规则排列，用以表达一组信息的图形标识符。常见的一维码是由反射率相差很大的黑条（简称条）和白条（简称空）排成的平行线图案。

世界各国公认的一维码数量已多达一百多种，目前普遍使用的有：EAN 码、UPC、39 码、25 码、128 码和库德巴码等。其中 EAN-13 码是一种比较通用的一般终端产品的条形码协议和标准，主要应用于超市和其他零售业，是一种十分常见的商品条形码。

通用商品条形码 EAN-13 码是我国主要采取的编码标准，其结构如图 3-4 所示，由国家代码、制造商代码、商品代码和校验码组成。EAN-13 码是一种（7，2）格式的码，包含了 13 位数据字符，其中第 1 ～ 3 位为国家代码，中国的代码为 690 ～ 695；第 4 ～ 7 位为制造商代码；第 8 ～ 12 位为商品代码；第 13 位为校验码，用来保证条形码识别的正确性。每个字符由两个条和两个空交替组成，每一条或空由 1 ～ 4 个模块组成，每一数字总宽度为 7 个模块，分别用“0”和“1”表示条形码空和条的模块。

图 3-4　EAN-13 码结构

一维码识别就是对图像中所包含的数字或英文字母信息进行译码。译码是对条形码中存储的信息进行提取，主要通过对条和空的测量或计算实现，根据测量和计算的值获取完整的条形码符号表示的信息。常用的译码方法有宽度测量法、平均值法和相似边距离测量法等。

（2）二维码识别技术　二维码识别是通过使用图像采集设备实现对黑白色块的辨识和对二维码的纠错，从而将二维码中所携带的源数据信息流读取出来。现有的二维码是用特定的几何图形按照编排规律在二维方向上分布，采用黑白相间的图形来记录数据符号信息，为了利用计算机内部逻辑，用数字“0”和“1”作为代码，同时使用若干个与二进制相对应的几何形体表示文字数值信息。在二维码中，每个字符信息都占据一定的宽度，具有特定的字符集，以及较强的校验纠错功能、信息识别功能、图像处理功能、检验错误和删除错误功能等。

常用的二维码有 PDF417、QR Code、Code 49、Code 16K 和 Code One 等。其中 QR Code 应用

最为广泛，QR 码结构如图 3-5 所示。二维码可以起到数据信息存储和通信的作用，除了可以存储基本的英文、汉字和数字信息之外，还可以存储声音、图像等信息。

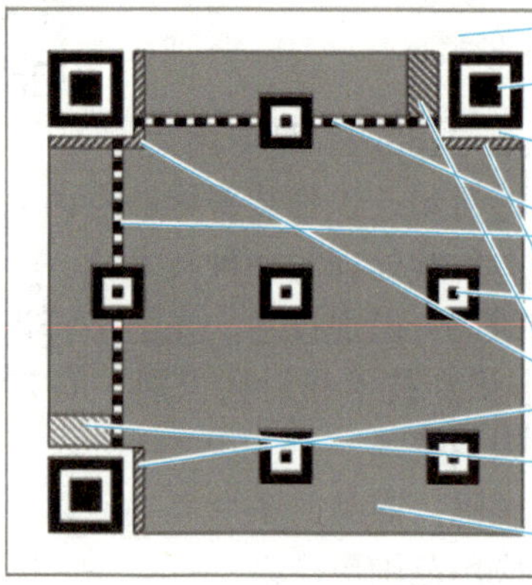

图 3-5　QR 码结构

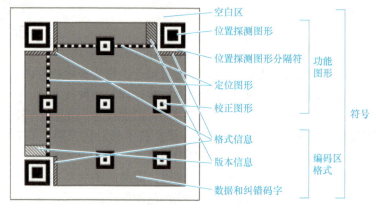

（3）OCR 技术　字符识别是指通过电子设备如相机、扫描仪等获取字符图像，采用光学技术和字符识别方法，将图像中的字符转换成计算机可以识别的文字的过程。

字符识别一般分为训练学习和识别两个过程。训练学习过程包括图像采集、预处理、ROI（感兴趣区）分割和样本训练等几个步骤，图像分割不是简单地将图片等份分割，而是常需要程序员像素级微调，才能最终生成合适的样本。识别过程包括图像采集、预处理、ROI 分割和识别等几个步骤，前 3 个步骤和训练学习过程是一致的，而且各个步骤处理的参数必须和训练学习过程完全一样，否则获取的单字符图片完全没有可比性。识别步骤是把单字符图片和样本数据一一比较，获得其中最为接近的作为结果。

2. 中级机器视觉系统应用实训平台 I/O 配置

机器人输出 I/O 表见表 3-5。

表 3-5　机器人输出 I/O 表

插槽号	Pin	地址	功能注解	对应关系	备注
华太模块 FR1108_1	1	I3.0	备用		
	2	I3.1	备用		
	3	I3.2	机器人输出 3	RB1 → PLC	
	4	I3.3	机器人输出 4		
	5	I3.4	机器人输出 5		
	6	I3.5	机器人输出 6		
	7	I3.6	机器人输出 7		
	8	I3.7	机器人输出 8		
华太模块 FR1108_2	1	I4.0	机器人输出 9	RB1 → PLC	
	2	I4.1	机器人输出 10		
	3	I4.2	机器人输出 11		
	4	I4.3	机器人输出 12		
	5	I4.4	机器人输出 13		
	6	I4.5	机器人输出 14		
	7	I4.6	机器人输出 15		
	8	I4.7	机器人输出 16		

（续）

插槽号	Pin	地址	功能注解	对应关系	备注
华太模块 FR1108_3	1	I5.0	料井 _ 底壳检知 1		
	2	I5.1	料井 _ 底壳检知 2		
	3	I5.2	料井 _ 底壳检知 3		
	4	I5.3	料井 _ 推料气缸前限位		
	5	I5.4	料井 _ 推料气缸后限位		
	6	I5.5	入料传送带 _ 到位检知 1		
	7	I5.6	回料传送带 _ 吸盘真空检知		项目 6 使用，其他项目不使用
	8	I5.7	回料传送带 _ 有料检知 1		
华太模块 FR1108_4	1	I6.0	取料单元 _ 横移气缸左限位		
	2	I6.1	取料单元 _ 横移气缸右限位		
	3	I6.2	取料单元 _ 升降气缸上限位		
	4	I6.3	取料单元 _ 升降气缸下限位		
	5	I6.4	备用		
	6	I6.5	备用		
	7	I6.6	备用		
	8	I6.7	备用		
华太模块 FR1108_5	1	I7.0	定位平台 _ 物料检知		项目 5 不使用
	2	I7.1	备用		
	3	I7.2	定位单元 _X 夹紧气缸夹紧限位		项目 5 不使用
	4	I7.3	备用		
	5	I7.4	定位单元 _Y 夹紧气缸夹紧限位		项目 5 不使用
	6	I7.5	屏幕料库 _ 屏幕检知 1		项目 6 使用，其他项目不使用
	7	I7.6	屏幕料库 _ 屏幕检知 2		
	8	I7.7	屏幕料库 _ 屏幕检知 3		

机器人输入 I/O 表见表 3-6。

表 3-6　机器人输入 I/O 表

插槽号	Pin	地址	功能注解	对应关系	备注
华太模块 FR2108_1	1	Q3.0	备用		
	2	Q3.1	备用		
	3	Q3.2	机器人输入 3	PLC → RB1	
	4	Q3.3	机器人输入 4		
	5	Q3.4	机器人输入 5		
	6	Q3.5	机器人输入 6		
	7	Q3.6	机器人输入 7		
	8	Q3.7	机器人输入 8		

（续）

插槽号	Pin	地址	功能注解	对应关系	备注
华太模块FR2108_2	1	Q4.0	机器人输入 9	PLC → RB1	
	2	Q4.1	机器人输入 10		
	3	Q4.2	机器人输入 11		
	4	Q4.3	机器人输入 12		
	5	Q4.4	机器人输入 13		
	6	Q4.5	机器人输入 14		
	7	Q4.6	机器人输入 15		
	8	Q4.7	机器人输入 16		
华太模块FR2108_3	1	Q5.0	料井 _ 推料气缸		
	2	Q5.1	取料单元 _ 横移气缸		项目6使用，其他项目不使用
	3	Q5.2	取料单元 _ 升降气缸		
	4	Q5.3	取料单元 _ 真空气缸		
	5	Q5.4	备用		
	6	Q5.5	备用		
	7	Q5.6	定位单元 _X 夹紧气缸		项目 5 不使用
	8	Q5.7	定位单元 _Y 夹紧气缸		
华太模块FR2108_4	1	Q6.0	三色灯 _ 黄灯		
	2	Q6.1	三色灯 _ 绿灯		
	3	Q6.2	三色灯 _ 红灯		
	4	Q6.3	按钮灯 _ 黄灯		
	5	Q6.4	按钮灯 _ 绿灯		
	6	Q6.5	按钮灯 _ 红灯		
	7	Q6.6	备用		
	8	Q6.7	备用		

PLC I/O 输入对照表见表 3-7。

表 3-7　PLC I/O 输入对照表

模块名称	Pin	地址	功能注解	备注
CPU1214 In	1	I0.0	急停按钮	
	2	I0.1	起动按钮	
	3	I0.2	停止按钮	
	4	I0.3	复位按钮	
	5	I0.4	转盘轴 _ 原点位	项目 6 使用
	6	I0.5	治具 1 检知	
	7	I0.6	治具 2 检知	

PLC I/O 输出对照表见表 3-8。

表 3-8　PLC I/O 输出对照表

模块名称	Pin	地址	功能注解	备注
CPU1214 Out	1	Q0.0	入料轴 _ 脉冲	
	2	Q0.1	回料轴 _ 脉冲	项目 6 使用
	3	Q0.2	转盘轴 _ 脉冲	项目 6 使用
	4	Q0.3	入料轴 _ 方向	
	5	Q0.4	回料轴 _ 方向	项目 6 使用
	6	Q0.5	转盘轴 _ 方向	项目 6 使用

备注：中级机器视觉系统应用实训平台整个系统 I/O 配置对应关系栏中未指明的为 PLC 直接控制，备注栏未备注的适用于所有项目。

任务 3.2　食品包装盒识别系统视觉程序设计

学习情境

了解中级机器视觉系统应用实训平台（食品包装盒识别系统）的结构和工作流程之后，接下来的工作是设计并编写视觉程序。

学习目标

知识目标

1）了解食品包装盒识别系统中视觉单元的功能。
2）了解食品包装盒识别视觉程序设计思路。
3）了解二维码识别、条码识别和字符识别 3 种识别工具。

能力目标

1）工具选用能力：能够熟练使用二维码识别、条码识别和字符识别工具。
2）程序设计与调试能力：能够编写视觉程序，实现识别、定位和判断等功能。

素养目标

1）根据工作岗位职责，完成小组成员的合理分工。
2）团队合作中，各成员学会表达自己的观点。
3）养成安全规范操作的行为习惯。

工作任务

完成中级机器视觉系统应用实训平台（食品包装盒识别项目）的视觉程序设计与编写，能够对食品包装盒上的条形码、字符进行识别与检测，并将最终的信息处理结果发送给机器人。

任务分工

根据任务要求，对小组成员进行合理分工，并填写表 3-9。

表 3-9 任务分工表

<table>
<tr><td>班级</td><td></td><td>组号</td><td></td><td>指导老师</td><td></td></tr>
<tr><td>组长</td><td></td><td>学号</td><td colspan="3"></td></tr>
<tr><td rowspan="5">组员与分工</td><td colspan="2">姓名</td><td>学号</td><td colspan="2">任务内容</td></tr>
<tr><td colspan="2"></td><td></td><td colspan="2"></td></tr>
<tr><td colspan="2"></td><td></td><td colspan="2"></td></tr>
<tr><td colspan="2"></td><td></td><td colspan="2"></td></tr>
<tr><td colspan="2"></td><td></td><td colspan="2"></td></tr>
</table>

获取信息

引导问题 1：简述食品包装盒识别系统视觉单元的功能。

____

____

引导问题 2：简述食品包装盒识别系统的视觉程序设计思路。

____

____

引导问题 3：在 DobotVisionStudio 中有哪些识别工具，其功能又是什么？

____

____

工作计划

1）制定工作方案，见表 3-10。

表 3-10 工作方案

步骤	工作内容	负责人
1		
2		
3		
4		
5		
6		
7		

2）列出工具、耗材和器件清单，见表 3-11。

表 3-11　工具、耗材和器件清单

序号	名称	型号	单位	数量
1				
2				

工作实施

手眼标定（上）

手眼标定（下）

1. 手眼标定

（1）图像采集

步骤 1：将标定板放到传送带上并移动到相机检测视场内，放置位置如图 3-6 所示。

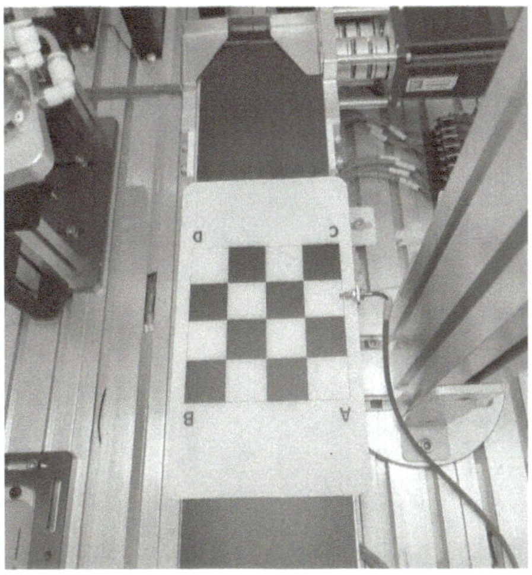

图 3-6　标定板放置位置

步骤 2：打开 DobotVisionStudio 软件，选择通用方案。

步骤 3：建立方案流程。在工具箱中，将“采集”子工具箱中的“图像源”工具拖拽到流程编辑区域。

步骤 4：“0 图像源”参数设置。按照任务 2.3 介绍的方式进行参数设置和调整。

步骤 5：单击“单次执行”按钮，查看结果。图像采集结果如图 3-7 所示。

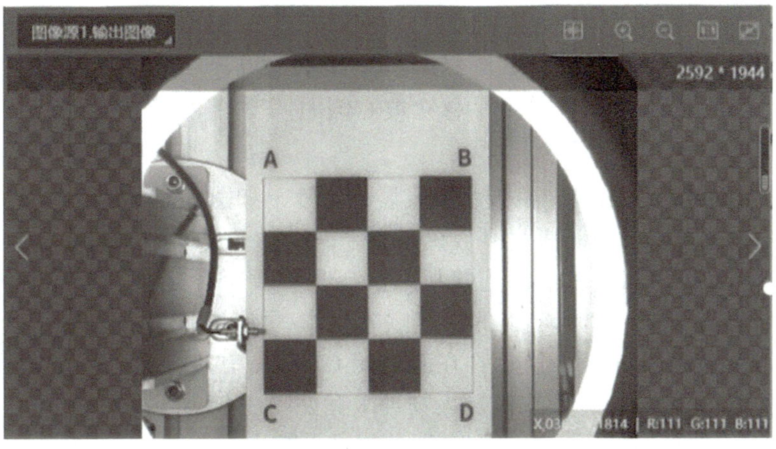

图 3-7　图像采集结果

（2）9 点标定

步骤 1：方案流程中增加“标定板标定”工具。将“标定”子工具箱中的“标定板标定”工具拖拽到流程编辑区，并与“0 图像源 1”相连接，如图 3-8 所示。

图 3-8　方案流程增加“标定板标定”工具

备注：标定板标定是用于获取标定点，并为 N 点标定提供标定点的像素坐标。

步骤 2：方案流程中增加“N 点标定”工具。将“标定”子工具箱中的“N 点标定”工具拖拽到流程编辑区，与“2 标定板标定 1”相连接。“3 N 点标定 1”与“2 标定板标定 1”相连之后，单击“执行”按钮，在图像显示区域会自动显示 9 点标定的标定点及其标定顺序，方案流程及标定顺序如图 3-9 所示。

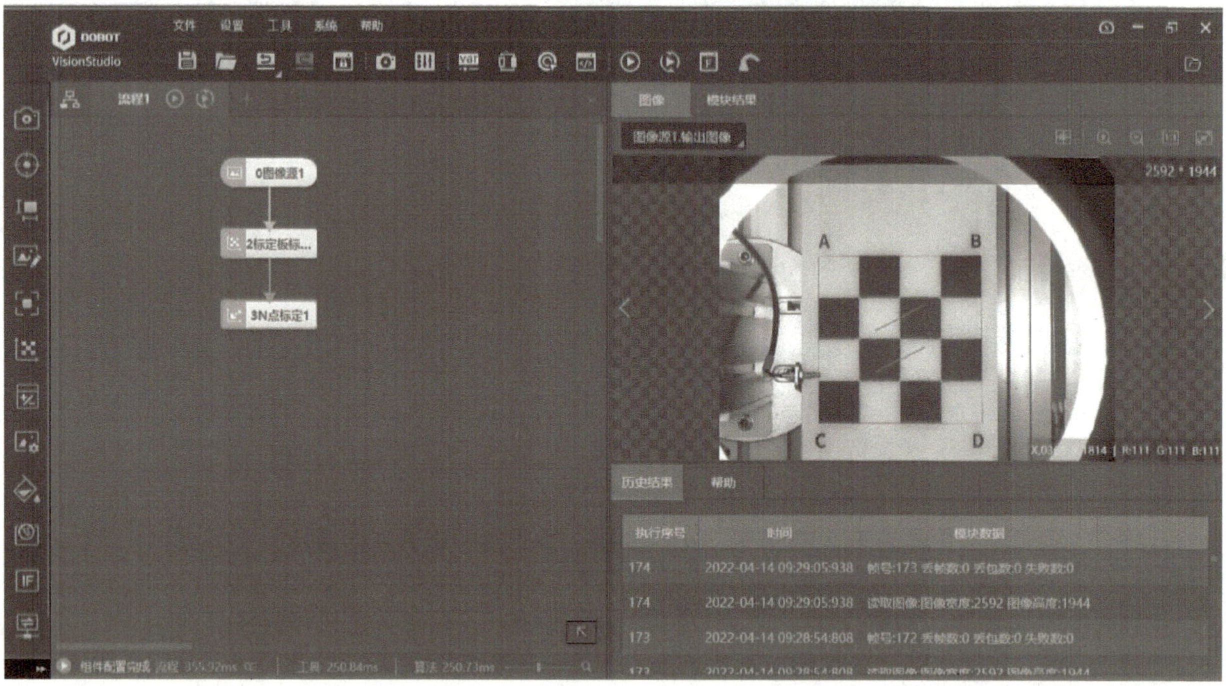

图 3-9　方案流程及标定顺序

步骤 3：“3 N 点标定”基本参数设置。双击“3N 点标定 1”进行参数设置。基本参数中的平移次数保持默认的 9，如图 3-10 所示。单击平移次数右侧的“ ”图标，就可以编辑标定点，界面如图 3-11 所示。

步骤 4：机器人更换单吸盘治具，在吸盘上安装标定针，如图 3-12 所示。

备注：标定针可以使用尖锐的物体代替，比如牙签等。

DobotSCStudio 介绍

步骤 5：打开 DobotSCStudio 软件，连接机器人。根据 9 个标定点的标定顺序，控制机器人按照 9 个标定点的标定顺序动作，到达各个标定点，标定点的位置及顺序如图 3-13 所示；在 DobotSCStudio 软件上读取各点位的物理坐标 X 和 Y 的值，读取机器人物理坐标如图 3-14 所示；填入 DobotVisionStudio 软件中的“编辑标定点”的物理坐标中，如图 3-15 所示。

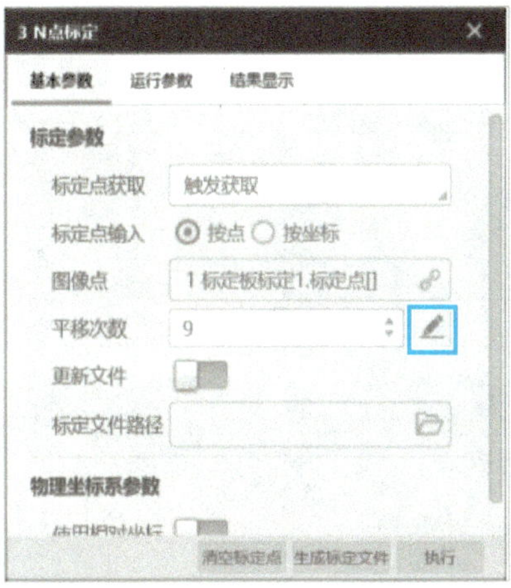

图 3-10 “3N 点标定”基本参数设置

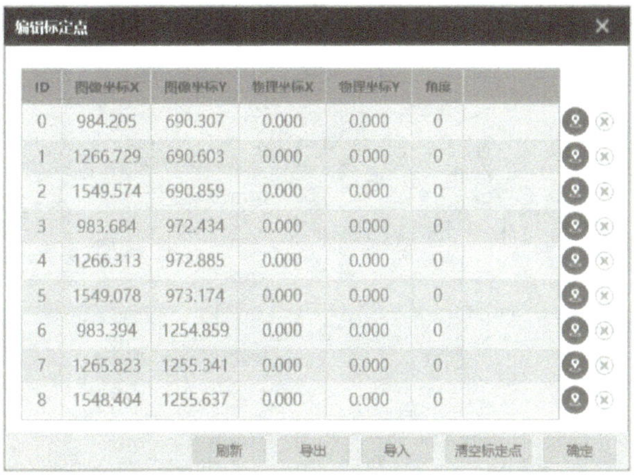

图 3-11 编辑标定点界面

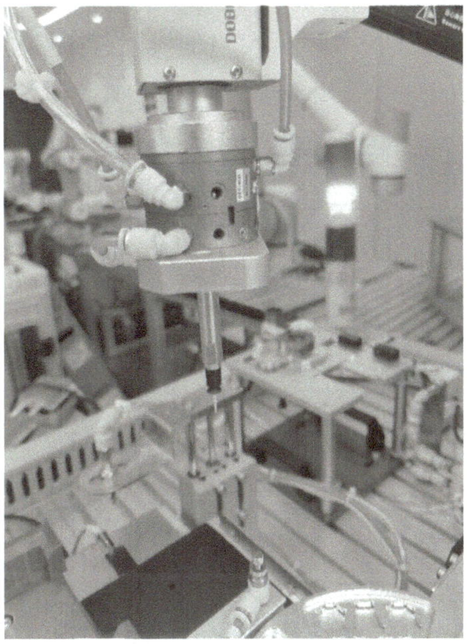

图 3-12 安装标定针

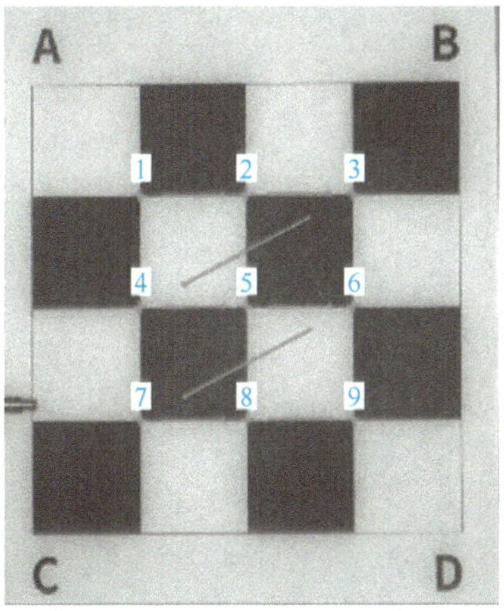

图 3-13 标定点的位置及顺序

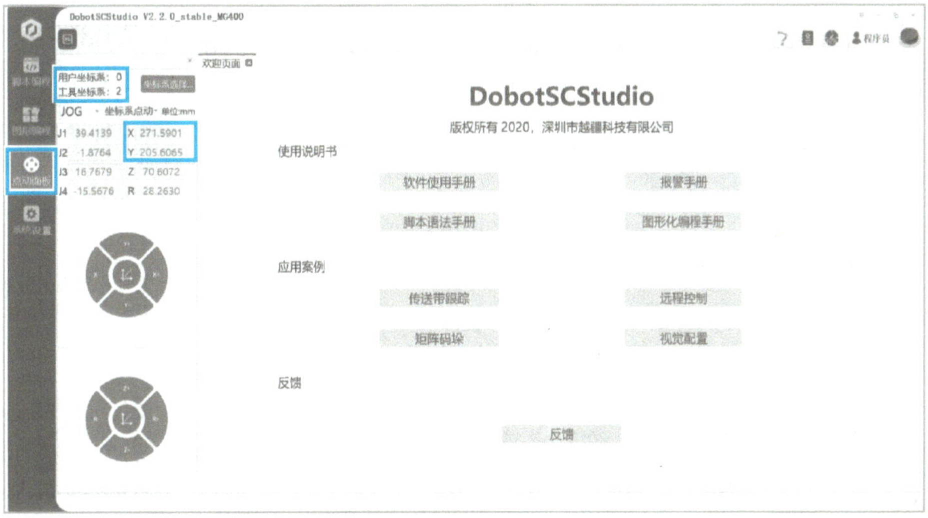

图 3-14 读取机器人物理坐标

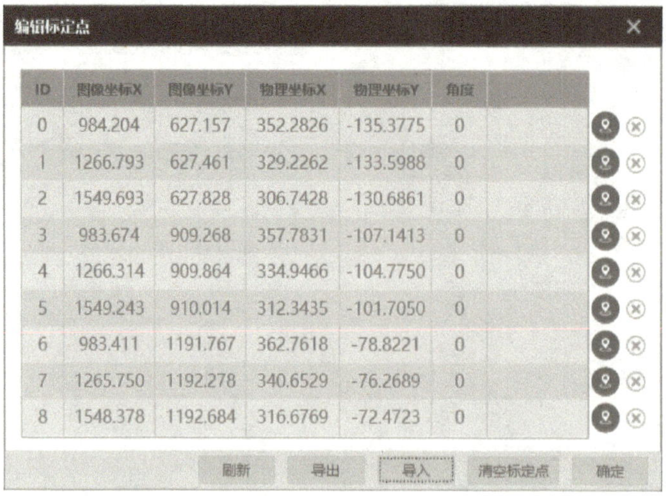

编辑标定点

ID	图像坐标X	图像坐标Y	物理坐标X	物理坐标Y	角度
0	984.204	627.157	352.2826	-135.3775	0
1	1266.793	627.461	329.2262	-133.5988	0
2	1549.693	627.828	306.7428	-130.6861	0
3	983.674	909.268	357.7831	-107.1413	0
4	1266.314	909.864	334.9466	-104.7750	0
5	1549.243	910.014	312.3435	-101.7050	0
6	983.411	1191.767	362.7618	-78.8221	0
7	1265.750	1192.278	340.6529	-76.2689	0
8	1548.378	1192.684	316.6769	-72.4723	0

图 3-15　填入“编辑标定点”的物理坐标中

步骤 6：编辑标定点的操作完成后，单击“单次执行”按钮，9 个标定点的实际线条颜色将变为绿色，N 点标定完成如图 3-16 所示。

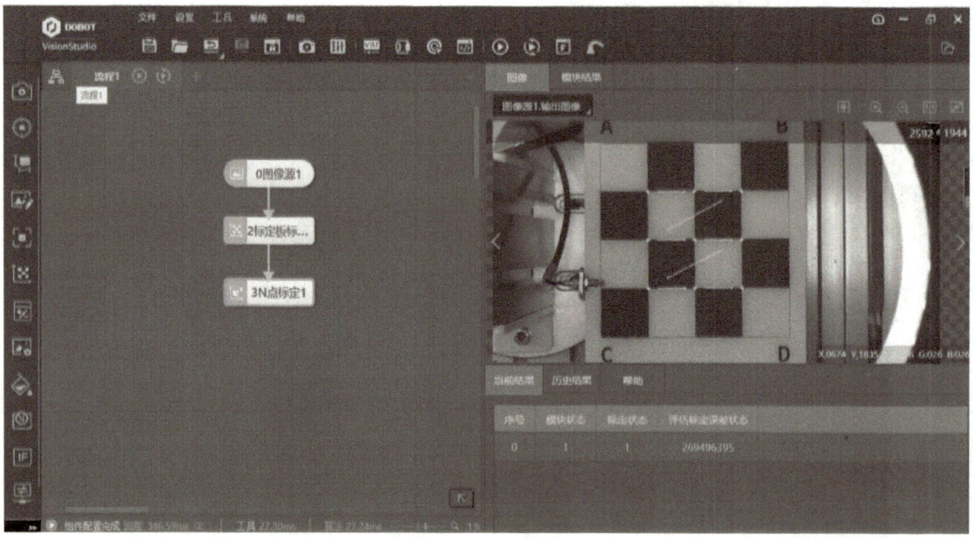

图 3-16　N 点标定完成

步骤 7：生成标定文件。双击“3N 点标定 1”，在基本参数界面，单击“生成标定文件”按钮，将标定文件导出并存储到计算机中，命名为“9 点标定”以备后续调用，如图 3-17 所示。

食品包装盒视觉程序设计（上）

2. 食品包装盒识别视觉程序设计

食品包装盒视觉程序设计（中）

（1）图像采集

步骤 1：将食品包装盒放置于视觉检测区域中。

步骤 2：打开 DobotVisionStudio 软件，选择通用方案。

步骤 3：建立方案流程。将“采集”子工具箱中的“图像源”工具拖拽到流程编辑区。

食品包装盒视觉程序设计（下）

步骤 4：双击“0 图像源 1”进行参数设置。按照手眼标定的相机图像参数进行设置。

步骤 5：单击“执行”按钮，相机采集到的包装盒图像如图 3-18 所示。

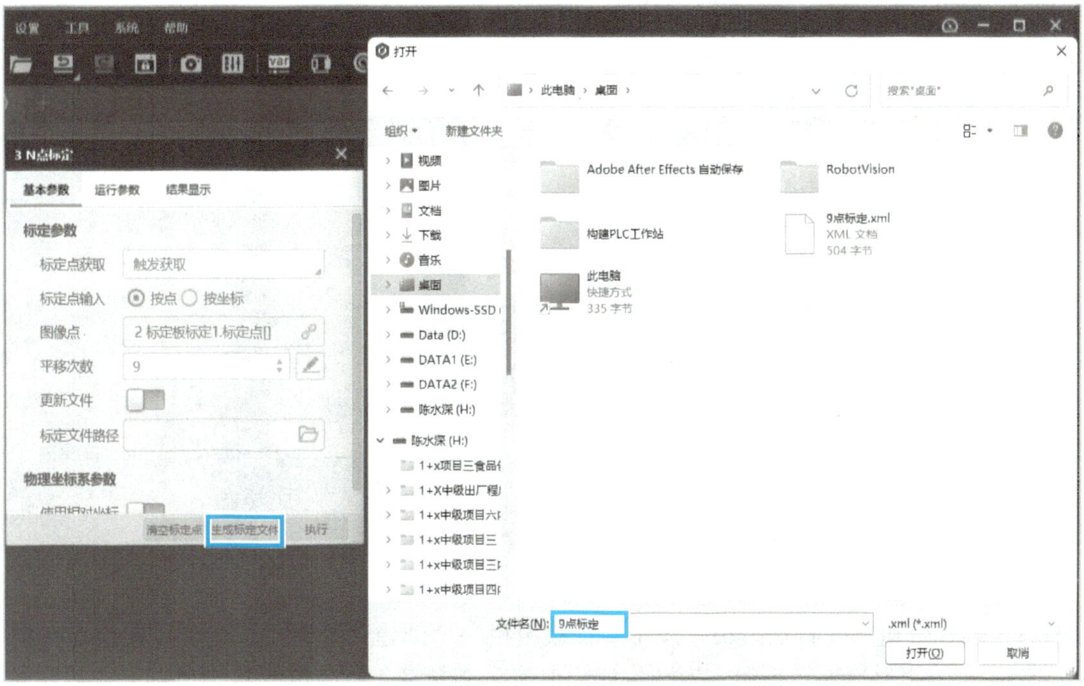

图 3-17　生成标定文件

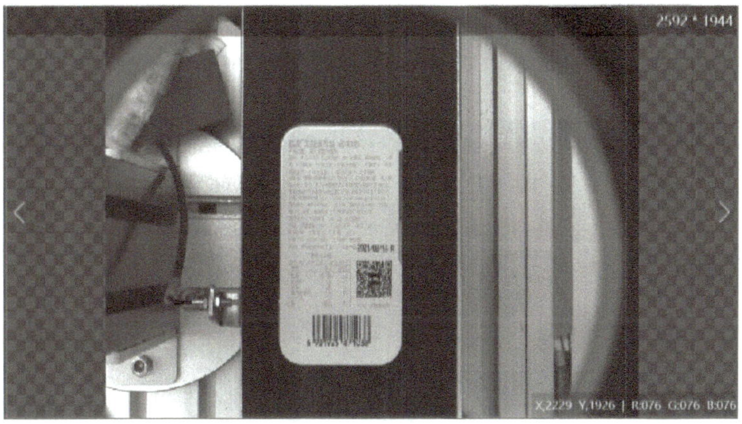

图 3-18　相机采集到的包装盒图像

（2）食品包装盒识别与定位

步骤 1：方案流程中增加“快速匹配”工具。将“定位”子工具箱中的“快速匹配”工具拖拽到流程编辑区，并与“0 图像源 1”相连接，如图 3-19 所示。

图 3-19　方案流程增加“快速匹配”工具

步骤 2：“2 快速匹配”参数设置。双击“2 快速匹配 1”进行参数设置，ROI 区域栏 ROI 创建选择“绘制”，形状选择“□”，然后在图像显示区域绘制矩形的 ROI 区域，ROI 区域需要覆盖住传送带上的视觉检测区域，如图 3-20 所示。

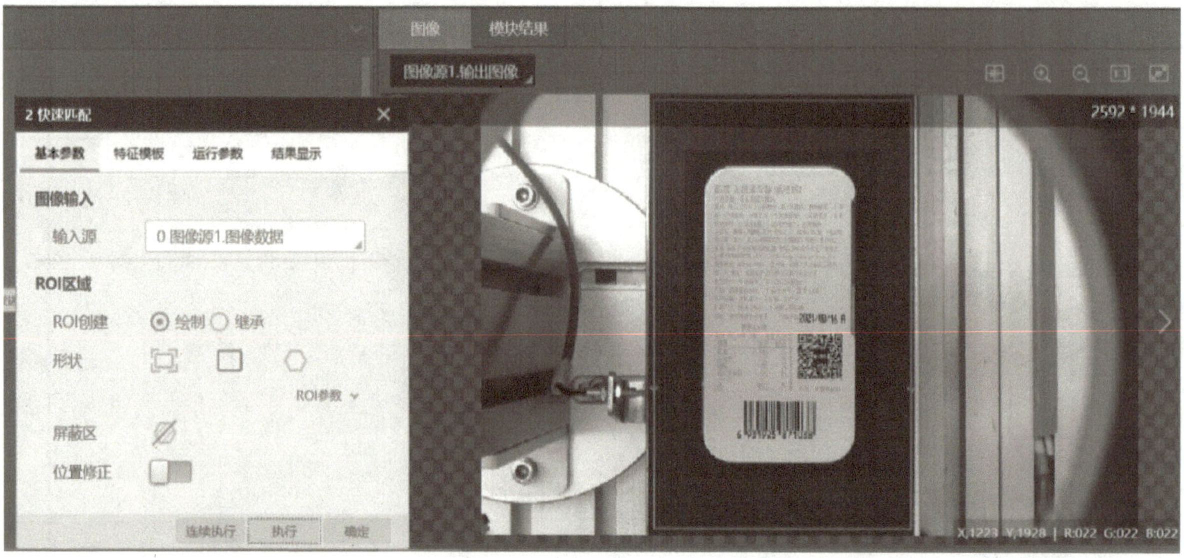

图 3-20 “2 快速匹配”参数设置

步骤 3：创建快速匹配特征模板。单击特征模板栏→“创建”按钮，创建特征模板。在模板配置界面，单击“创建矩形掩模”按钮，拖动生成矩形掩模覆盖整个食品包装盒。在右下角配置参数，根据实际情况设置适当的特征尺度和对比度阈值，单击“生成模型”按钮生成特征模型。单击“选择模型匹配中心”按钮，把包装盒的几何中心定为模型匹配中心，单击“擦除轮廓点”按钮，把生成的模型中多余的轮廓点擦除，只保留包装盒最外部的轮廓，创建包装盒特征模板如图 3-21 所示。最后单击“确定”按钮保存特征模板。再单击“确定”按钮使用该模板，如图 3-22 所示。

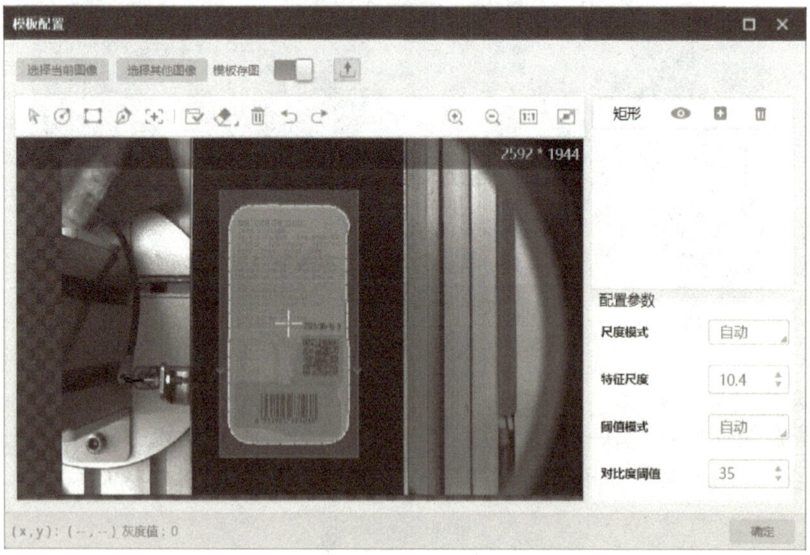

图 3-21 创建包装盒特征模板

“2 快速匹配”运行参数设置如图 3-23 所示，最小匹配分数设置为“0.90”，其他参数保持默认。

步骤 4：方案流程中增加“标定转换”工具。将“运算”子工具箱中的“标定转换”工具拖拽到流程编辑区，并与“2 快速匹配 1”相连接，如图 3-24 所示。

步骤 5：“3 标定转换”基本参数设置。双击“3 标定转换 1”，在基本参数界面，“坐标点”选择“2 快速匹配 1. 匹配框中心 []”，在“加载标定文件”一栏中，单击右侧“ ”，加载手眼标定时保存的“9 点标定 .iwcal”文件，如图 3-25 所示。

图 3-22　包装盒特征模板

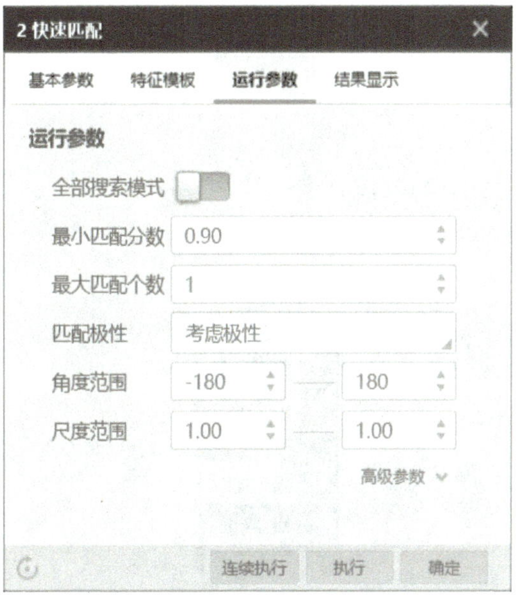

图 3-23　“2 快速匹配”运行参数设置

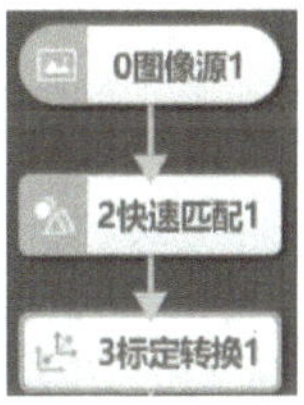

图 3-24　方案流程增加“标定转换”工具

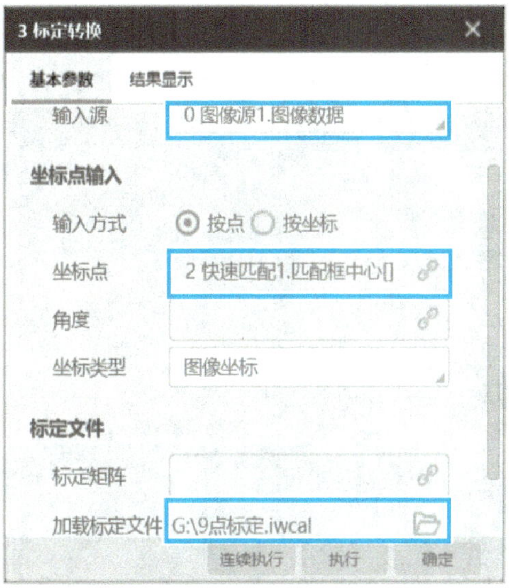

图 3-25　“3 标定转换”基本参数设置

（3）二维码的识别与判断

步骤 1：方案流程中增加“二维码识别”工具。将“识别”子工具箱中的“二维码识别”工具拖拽到流程编辑区，并与“3 标定转换 1”相连接，如图 3-26 所示。

步骤 2：“4 二维码识别”运行参数设置。双击“4 二维码识别 1”，基本参数保持默认，在运行参数界面，打开“QR 码”和“DataMatrix 码”的开关，其他参数保持默认，如图 3-27 所示。

步骤 3：查看二维码识别结果。单击“执行”按钮可查看二维码的识别结果，该二维码的识别结果为“http://weixin.qq.com/r/90gFHaXEBvh5reF_9x31”，如图 3-28 所示。

步骤 4：方案流程中增加“脚本”工具。将“逻辑工具”子工具箱中的“脚本”工具拖拽到流程编辑区，并与“4 二维码识别 1”相连接，如图 3-29 所示。

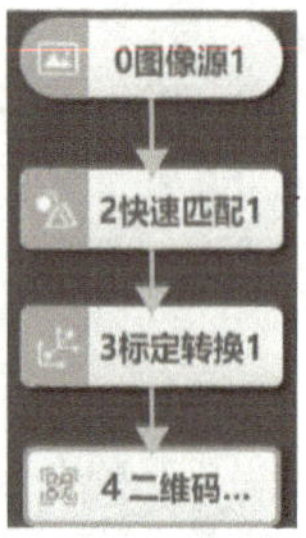

图 3-26　方案流程增加“二维码识别”工具

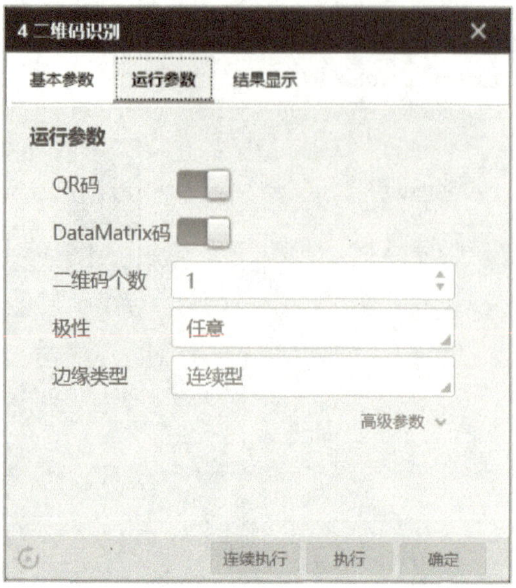

图 3-27　“4 二维码识别”运行参数设置

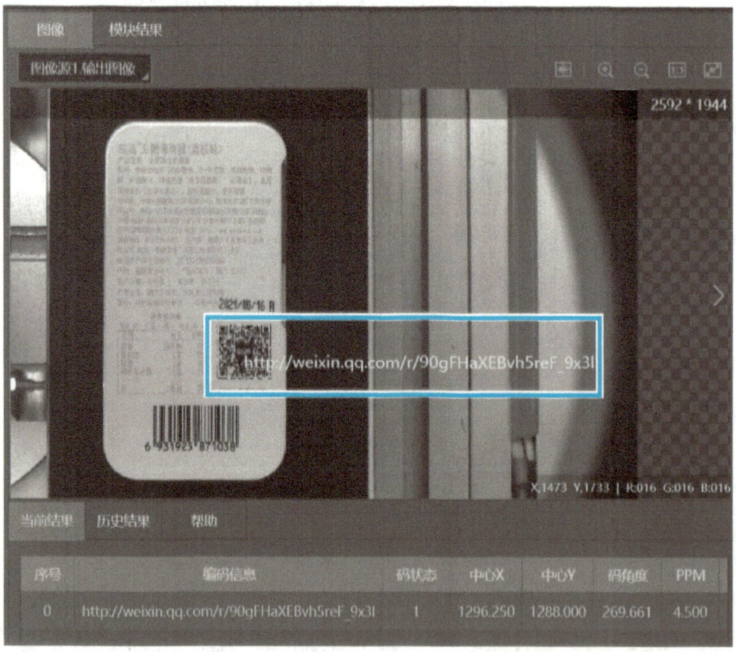

图 3-28　二维码识别结果

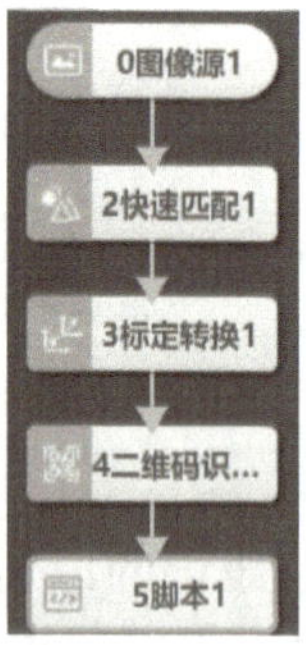

图 3-29　方案流程增加“脚本”工具

步骤 5：编辑“5 脚本”内容。双击“5 脚本 1”，单击输入变量右侧的“ ”，创建变量名为“strCode”的输入变量，用来储存二维码的识别结果，类型为“string”字符串类型，初始值为“4 二维码识别 1. 编码信息 []”，如图 3-30 所示。

脚本的内容如图 3-31 所示。

单击输出变量右侧的“ ”符号，创建变量名为“iResult”的输出变量，用以输出二维码的识别结果，类型为“int”整数类型。当输出结果为“1”时，说明二维码识别成功；输出为“0”时，则为失败，如图 3-32 所示。

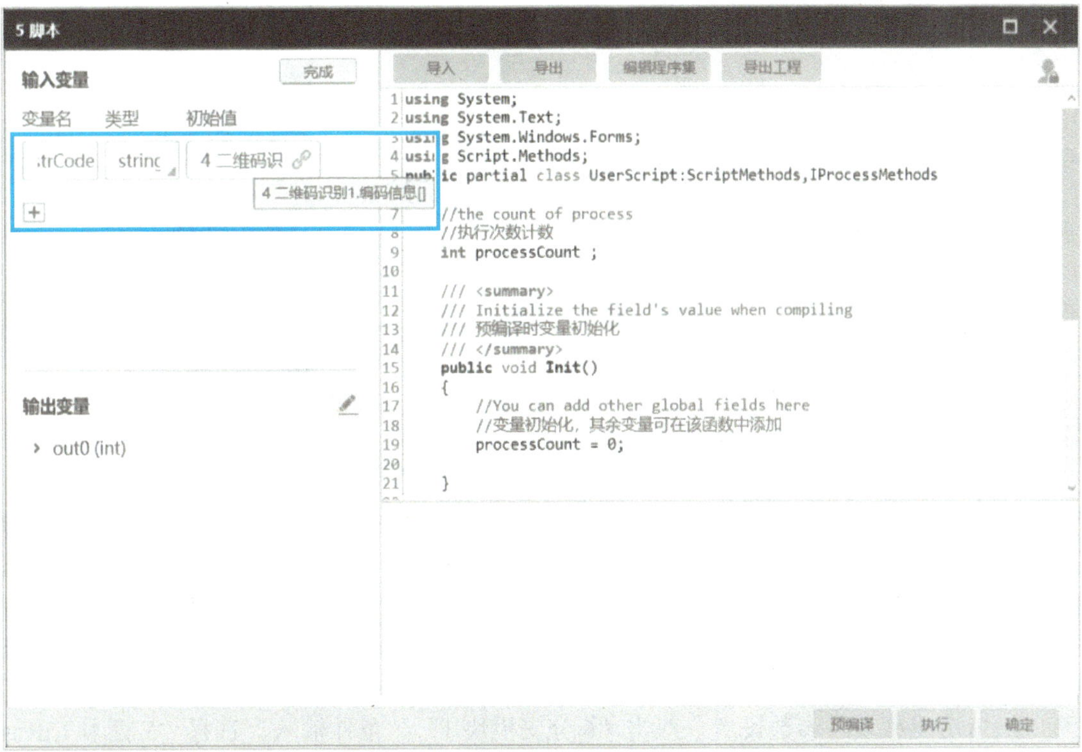

图 3-30 创建输入变量

```
using System;
using System.Text;
using System.Windows.Forms;
using Script.Methods;
public partial class UserScript:ScriptMethods,IProcessMethods
{
    //the count of process
    int Result;                    //用以储存判断结果
    string strcode;                //用以储存二维码的识别内容
    //Initialize the field's value when compiling
    public void Init()             //变量初始化
    {
        //You can add other global fields here
       strcode="";
       Result = 0;
    }

    // Enter the process function when running code once
    public bool Process()
    {
        // You can add your codes here, for realizing your desired function
        GetStringValue("strCode",ref strcode);                          //把strCode变量的值传递到strcode变量中
        if(strcode =="http://weixin.qq.com/r/90gFHaXEBvh5reF_9x31" )      //判断两边的结果是否一致
        {
            Result = 1; //成功
        }
        else
        {
            Result = 0; //失败
        }
        SetIntValue("iResult",Result);                //输出iResult的值
        return true;
    }
}
```

图 3-31 脚本的内容

（4）二维码判断结果处理

步骤 1：方案流程中增加“分支模块”工具。将“逻辑工具”子工具箱中的“分支模块”工具拖拽到流程编辑区，并与“5 脚本 1”相连接，如图 3-33 所示。

图 3-32　创建输出变量

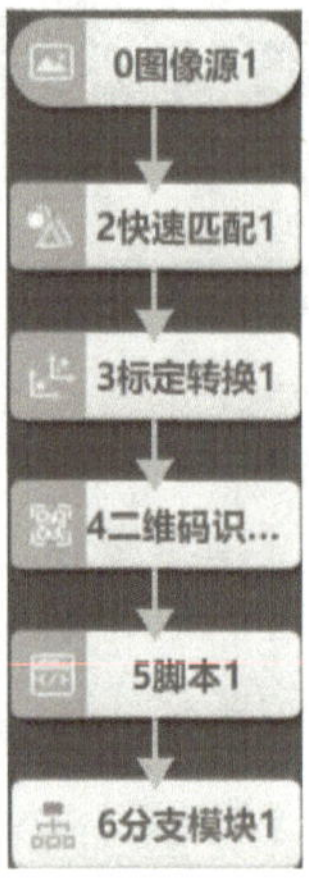

图 3-33　方案流程增加“分支模块”工具

步骤 2：方案流程中增加“格式化”“发送数据”和“仿射变换”工具。将“逻辑工具”子工具箱中的“格式化”工具拖拽到流程编辑区，并与“6 分支模块 1”相连接；将“通信”子工具箱中的“发送数据”工具拖拽到流程编辑区，并与“7 格式化 1”相连接；将“图像处理”子工具箱中的“仿射变换”工具拖拽到流程编辑区，并与“6 分支模块 1”相连接，方案流程增加两条分支的工具如图 3-34 所示。

步骤 3：“6 分支模块”参数设置。双击“6 分支模块 1”，“条件输入”选择“5 脚本 1.iResult[]”内容，“模块 ID:7”的条件输入值填写“0”，“模块 ID:9”的条件输入值填写“1”，如图 3-35 所示。

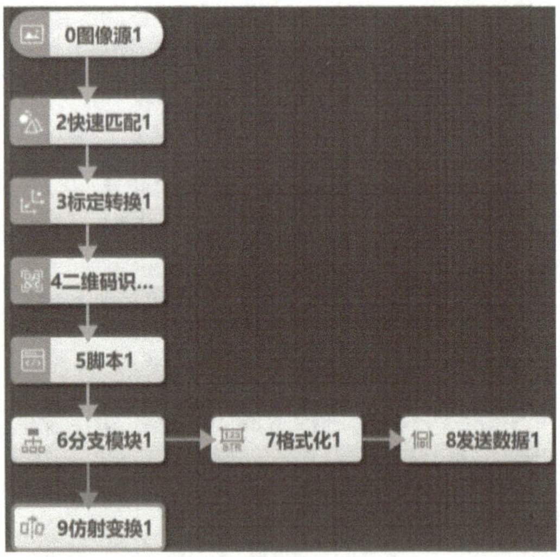

图 3-34　方案流程增加两条分支的工具

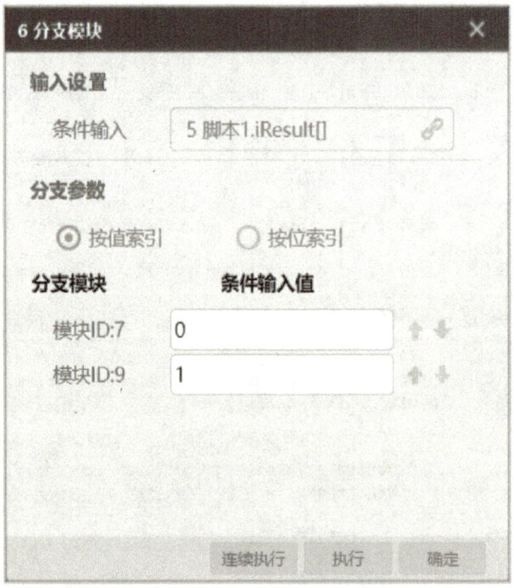

图 3-35　“6 分支模块”参数设置

步骤 4：“7 格式化”参数设置。双击“7 格式化 1”，在基本参数中单击“插入行”按钮“＋ 添加”，单击“插入订阅”按钮“”，找到“<3 标定转换 1. 转换坐标 X（%1.3f）>[0]”的订阅内容，单击“插入文本”按钮“T”，键盘输入英文字符“,”作为分隔符。接着按照相同的操作方式插入“<3 标定转换 1. 转换坐标 Y（%1.3f）>[0]”“,”“<2 快速匹配 1. 角度（%1.3f）>[0]”“,”“NG”“,”和“888”，如图 3-36 所示。

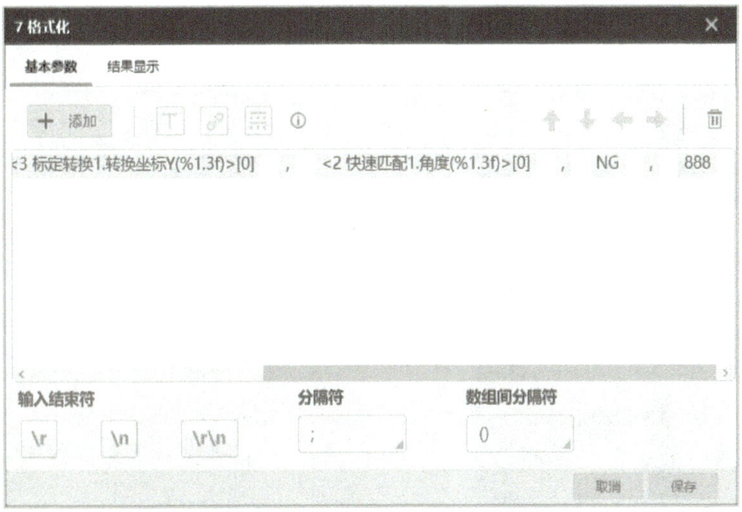

图 3-36　“7 格式化”参数设置

步骤 5：通信管理设置。在快捷工具条中单击“ ”进行通信管理设置。在设备列表单击“ ”添加设备，协议类型选择“ TCP 服务端”，再根据实际情况修改设备名称（默认名称为“ TCP 服务端”）、本机 IP 和本机端口，然后单击“创建”按钮即完成通信设备的创建，如图 3-37 所示。

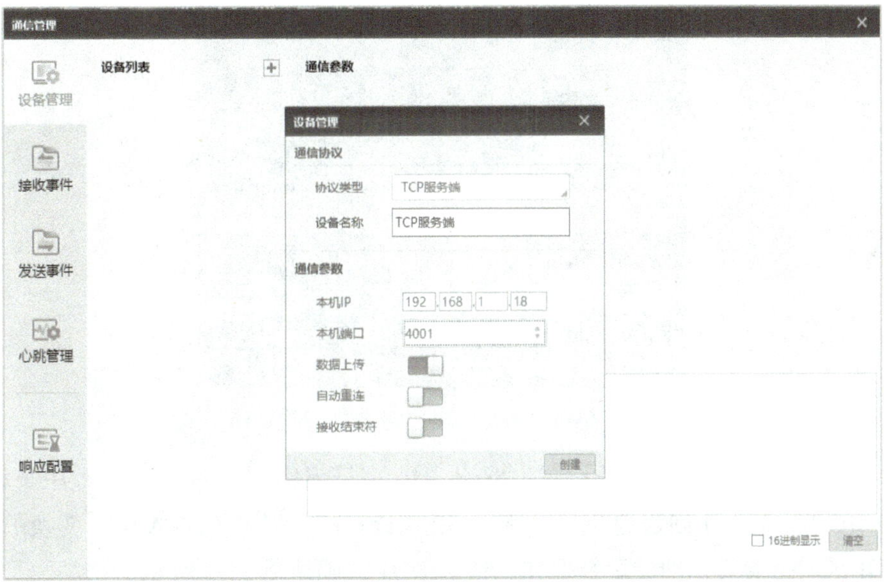

图 3-37　创建通信设备

步骤 6：“8 发送数据”基本参数设置。双击“8 发送数据 1”进行参数设置。输出配置栏“输出至”选择“通信设备”，“通信设备”选择“1 TCP 服务端”，“发送数据 1”选择“7 格式化 1. 格式化结果 []”。结果显示保持默认值便可，最后单击“确定”按钮，如图 3-38 所示。

步骤 7：“9 仿射变换”基本参数设置。双击“9 仿射变换 1”，在基本参数中，输入源选择“0 图像源 1. 图像数据”，ROI 创建选择“继承”，继承方式选择“按区域”，区域选择“2 快速匹配 1. 匹配框 []”，如图 3-39 所示。

（5）字符识别

步骤 1：方案流程中增加“字符识别”工具。将“识别”子工具箱中的“字符识别”工具拖拽到流程编辑区，并与“9 仿射变换 1”相连接，如图 3-40 所示。

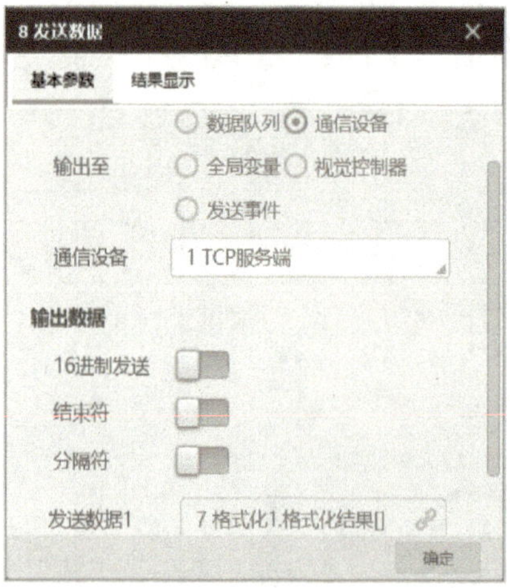

图 3-38 “8 发送数据”基本参数设置

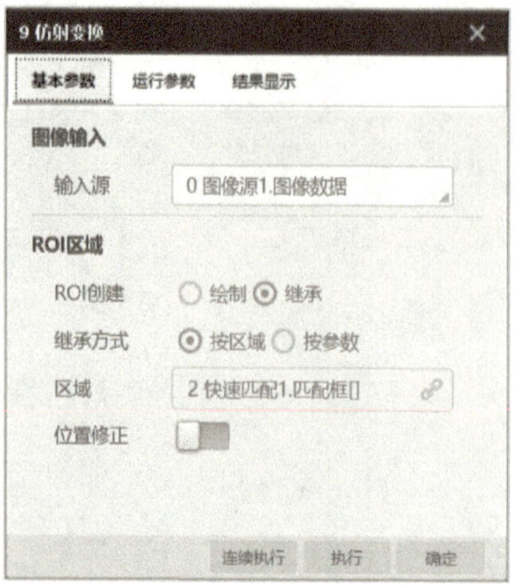

图 3-39 “9 仿射变换”基本参数设置

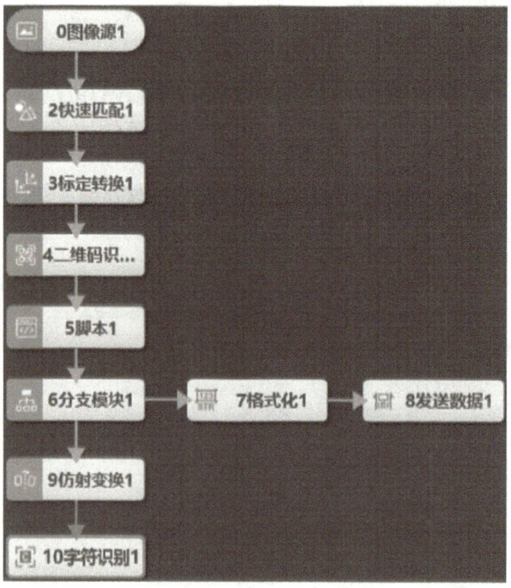

图 3-40 方案流程增加“字符识别”工具

步骤 2：“10 字符识别”基本参数设置。双击“10 字符识别 1”，在基本参数中，输入源选择“9 仿射变换 1. 输出图像”，ROI 创建选择“绘制”，形状选择“□”，在右侧仿射变换的输出图像中用鼠标拖动出 ROI 区域把需要识别的字符框住，框选 ROI 区域如图 3-41 所示。

图 3-41 框选 ROI 区域

步骤 3：字库训练提取字符。在运行参数中单击“字库训练”，如图 3-42 所示，在字库训练中，单击“⬚”，在图像中拖出选框把数字区域框住，单击右上方“提取字符”按钮，如图 3-43 所示。

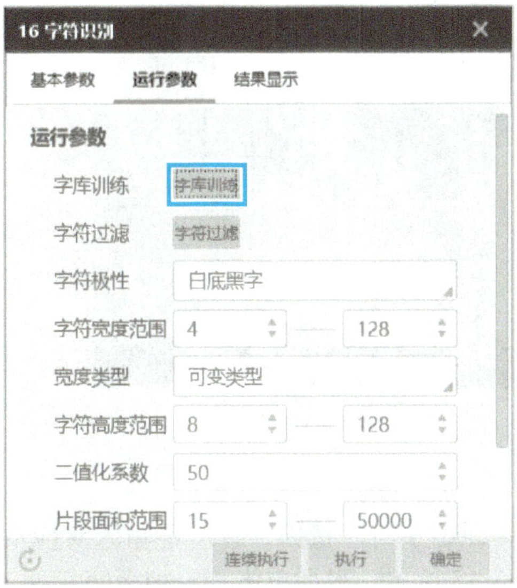

图 3-42　字库训练

图 3-43　提取字符

步骤 4：字符训练参数调节。调整字符宽度范围和字符高度范围的数值，单击“提取字符”按钮，直到左边图像中的每一个字符都被红色虚线框框住，如图 3-44 所示。

图 3-44　字符训练参数调节

步骤 5：训练字符。单击“训练字符”按钮，在“请输入对应的字符”下方的方框中，依次按顺序输入图像中的字符，如图 3-45 所示，最后单击“添加至字符库”按钮，得到字符训练结果，如图 3-46 所示。

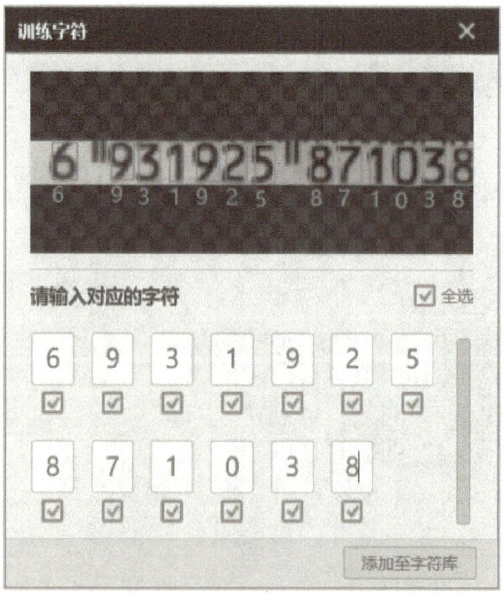

图 3-45　训练字符

步骤 6：查看字符识别结果。单击“执行”按钮，查看字符识别的结果是否准确，如图 3-47 所示。

（6）条码的识别与判断

步骤 1：增加“条码识别”工具。将“识别”子工具箱中的“条码识别”工具拖拽到流程编辑区，并与“10 字符识别 1”相连接，如图 3-48 所示。

步骤 2：“11 条码识别”基本参数设置并查看识别结果。双击“11 条码识别 1”，在基本参数中，输入源选择“9 仿射变换 1. 输出图像”，其他参数保持默认，如图 3-49 所示。运行参数中将所有码旁边的开关都打开。单击“执行”按钮，查看条码识别结果是否准确，如图 3-50 所示。

图 3-46　字符训练结果

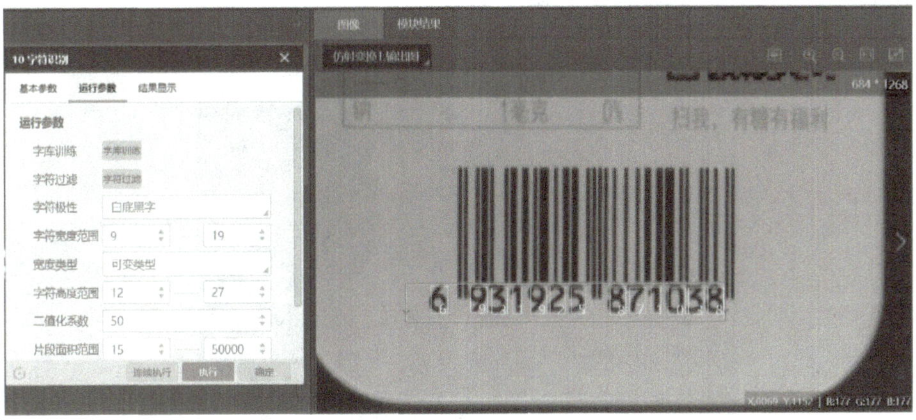

图 3-47　查看字符识别结果

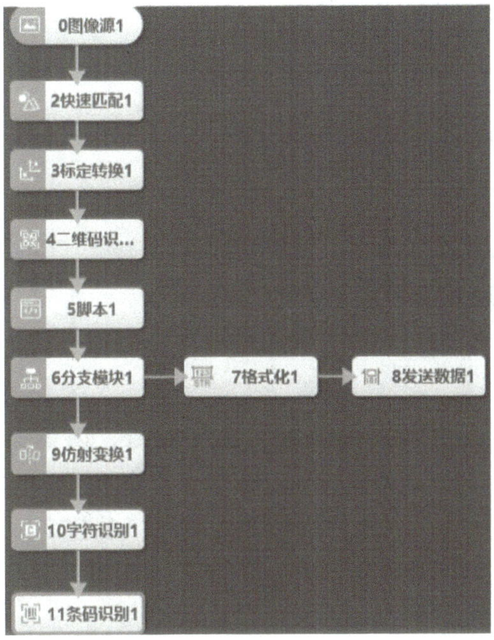

图 3-48　方案流程增加“条码识别”工具

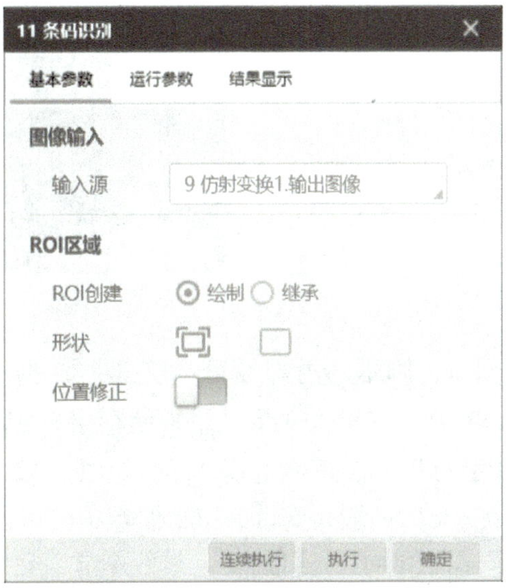

图 3-49　“11 条码识别”基本参数设置

图 3-50　查看条码识别结果

步骤 3：方案流程中增加“脚本”工具。将“逻辑工具”子工具箱中的“脚本”工具拖拽到流程编辑区，并与“11 条码识别 1”相连接，如图 3-51 所示。

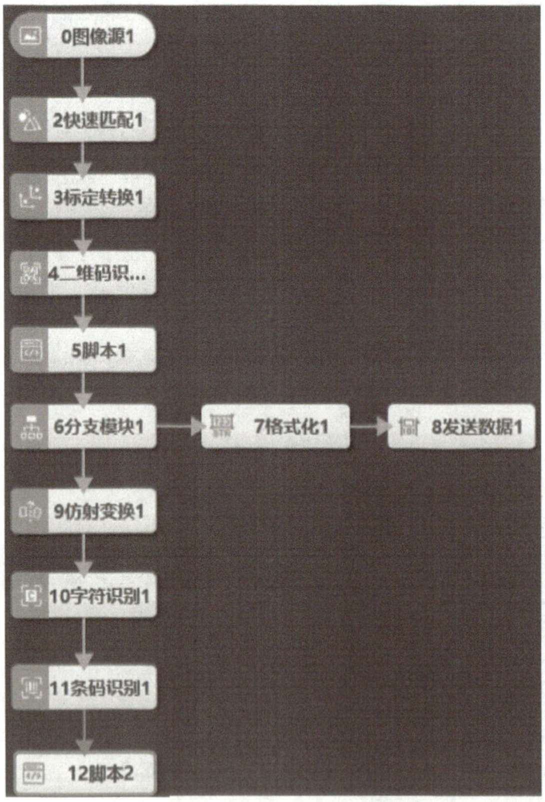

图 3-51　方案流程增加“脚本”工具

步骤 4：脚本的内容编辑。双击“12 脚本 2”，单击输入变量右侧的“✎”符号，创建变量名为“strOCR”的输入变量，用来储存字符识别的识别结果，类型为“string”字符串类型，初始值为“10 字符识别 1. 字符信息 []”，如图 3-52 所示；单击“+”按钮继续添加变量，创建变量名为“strBarCode”的输入变量，用来储存条码识别的识别结果，类型为“string”字符串类型，初始值为“11 条码识别 1. 编码信息 []”，最后单击“完成”按钮，如图 3-53 所示。

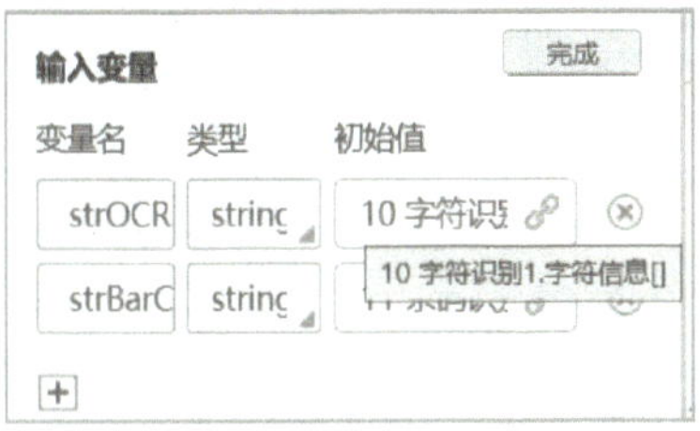

图 3-52　创建输入变量 strOCR

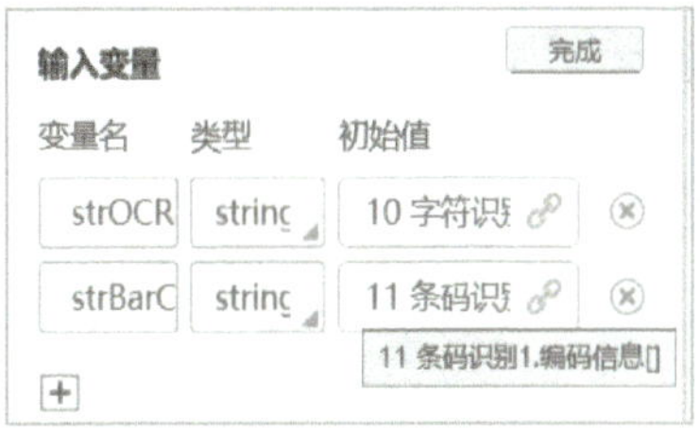

图 3-53　创建输入变量 strBarCode

创建输出变量。单击输出变量右侧的“✎”符号，创建变量名为“iResult”的变量，用以输出条码的识别结果，类型为“int”整数类型，如图 3-54 所示。当输出结果为“1”时，说明条码识别成功；输出为“0”时，则为失败。

图 3-54　创建输出变量

编写脚本的内容，脚本内容如图 3-55 所示。

```
using System;
using System.Text;
using System.Windows.Forms;
using Script.Methods;
public partial class UserScript:ScriptMethods,IProcessMethods
{
    //the count of process
    int Result;                     //用以储存判断结果
    string  strOcr,strBarcode;      //用以储存字符和条码识别结果
    // Initialize the field's value when compiling
    public void Init()              //初始化变量
    {
        //You can add other global fields here
       strOcr="";
       strBarcode="";
       Result = 0;
    }

    //Enter the process function when running code once
    public bool Process()
    {
        // You can add your codes here, for realizing your desired function
        GetStringValue("strOCR",ref strOcr);                //把strOCR变量的值传递到strOcr变量中
        GetStringValue("strBarCode",ref strBarcode);        //把strBarCode变量的值传递到strBarcode变量中
        if(strOcr == strBarcode)                            //判断strOcr的值和strBarcode的值是否一致
        {
            Result = 1; //成功
        }
        else
        {
            Result = 0; //失败
        }
        SetIntValue("iResult",Result);             //输出iResult的结果
        return true;
    }
}
```

图 3-55　脚本内容

查看“12 脚本”运行结果。单击“执行”按钮，再单击左侧 3 个变量左边的“>”，查看变量的值，条码与字符匹配 / 不匹配时的结果分别如图 3-56 和图 3-57 所示。

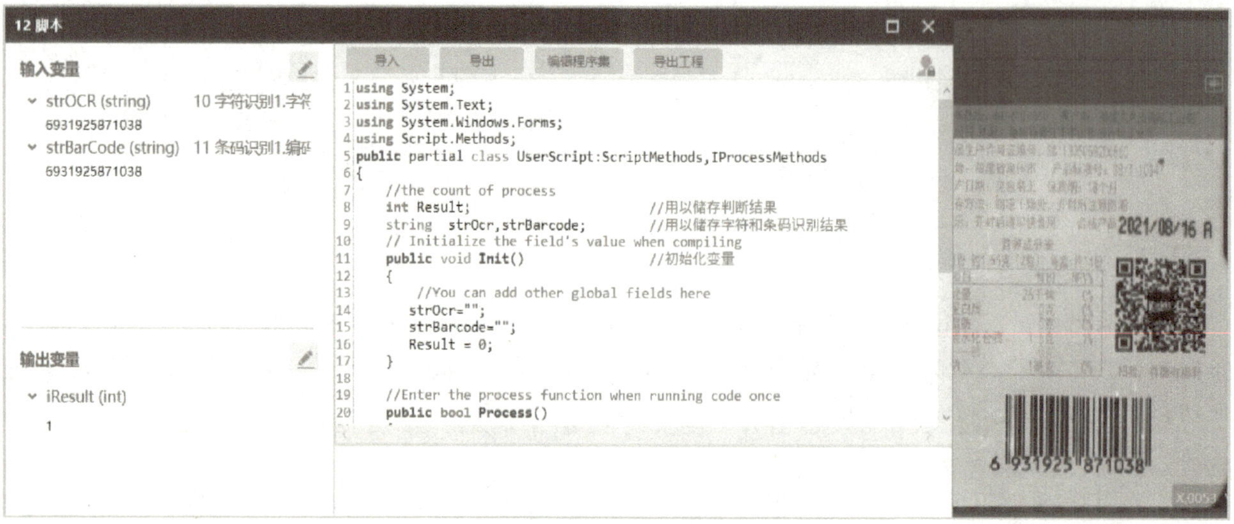

图 3-56　条码与字符匹配时的结果

图 3-57　条码与字符不匹配时的结果

（7）条码和字符比对结果处理

步骤 1：方案流程中增加“分支模块”工具。将“逻辑工具”子工具箱中的“分支模块”工具拖拽到流程编辑区，并与“12 脚本 2”相连接，如图 3-58 所示。

步骤 2：两条分支的工具创建和连接。从“13 分支模块 2”右侧拖出一根箭头与“7 格式化 1”相连接。将“逻辑工具”子工具箱中的“格式化”工具拖拽到流程编辑区，并与“13 分支模块 2”相连接；将“通信”子工具箱中的“发送数据”工具拖拽到流程编辑区，并与“14 格式化 2”相连接，完整的视觉方案流程如图 3-59 所示。

步骤 3：“13 分支模块”参数设置。双击“13 分支模块 2”，“条件输入”选择“12 脚本 2.iResult[]”，“模块 ID:14”的“条件输入值”填写“1”，“模块 ID:7”的“条件输入值”填写“0”，如图 3-60 所示。

步骤 4：“14 格式化”参数设置。双击“14 格式化 2”，在基本参数中单击“插入行”按钮 + 添加 ，单击“插入订阅”按钮 ，找到“<3 标定转换 1. 转换坐标 X（%1.3f）>[0]”的订阅内容，单击“插入文本”按钮 T ，键盘输入英文字符“,”作为分隔符。接着按照相同的操作方式插入“<3 标定转换 1. 转换坐标 Y（%1.3f）>[0]”“,”“<2 快速匹配 1. 角度（%1.3f）>[0]”“,”“OK”“,”和“888”，如图 3-61 所示。

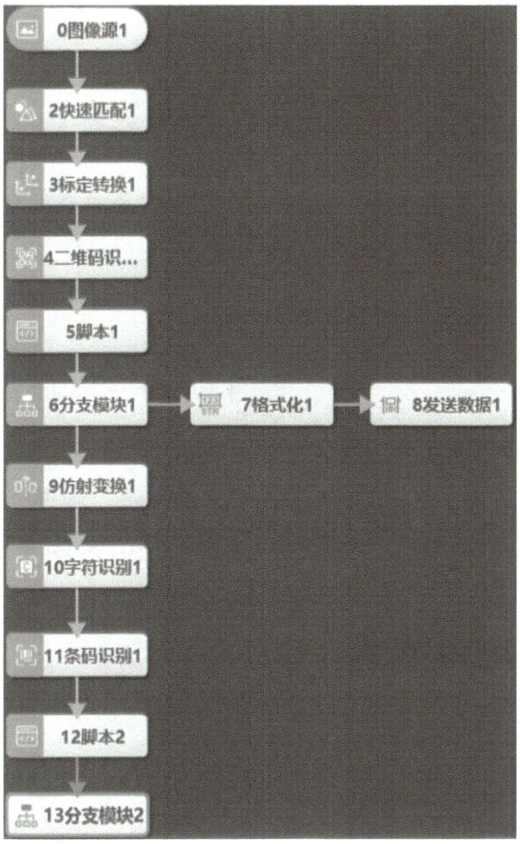

图 3-58　方案流程增加“分支模块”工具

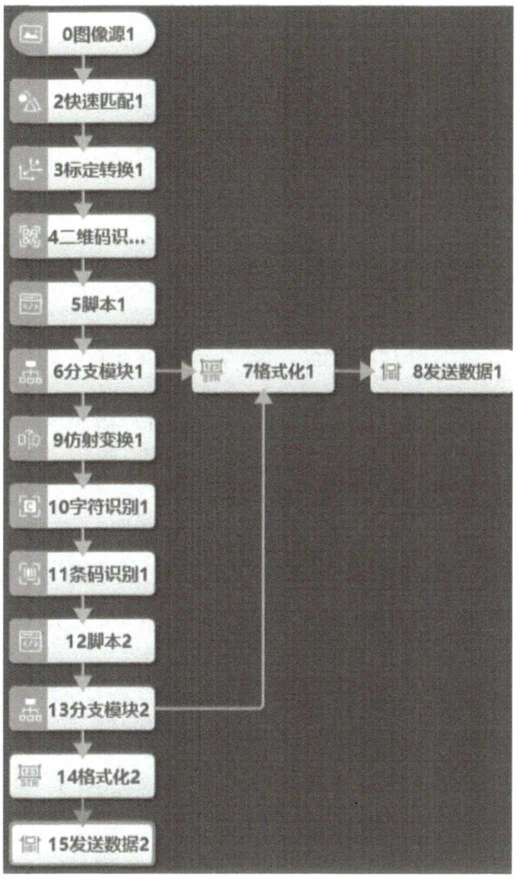

图 3-59　完整的视觉方案流程

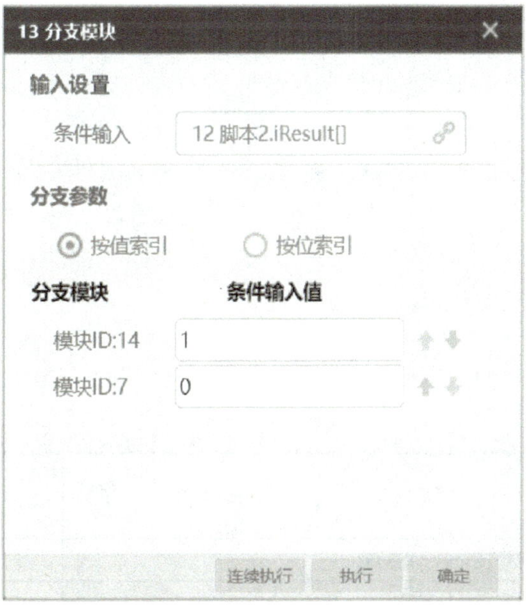

图 3-60　“13 分支模块”参数设置

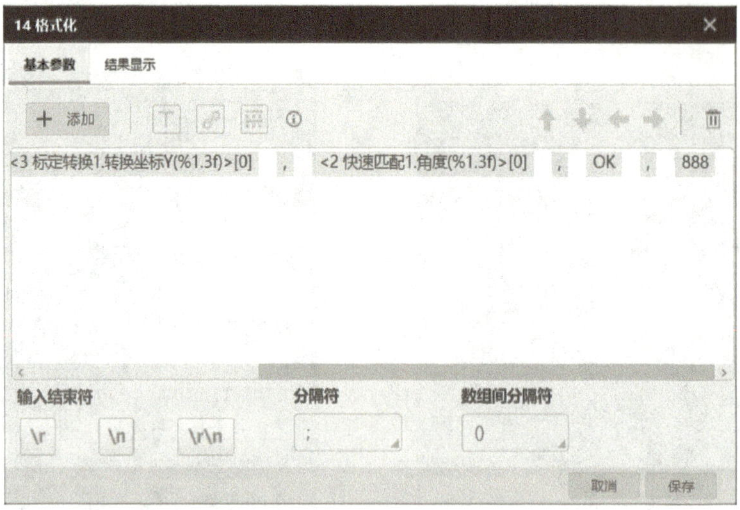

图 3-61 “14 格式化”参数设置

步骤 5：“15 发送数据”参数设置。双击“15 发送数据 1”，在输出配置栏“输出至”选择“通信设备”，“通信设备”选择“1 TCP 服务端”，“发送数据 1”选择“14 格式化 2. 格式化结果 []”。结果显示保持默认值便可，最后单击“确定”按钮，如图 3-62 所示。

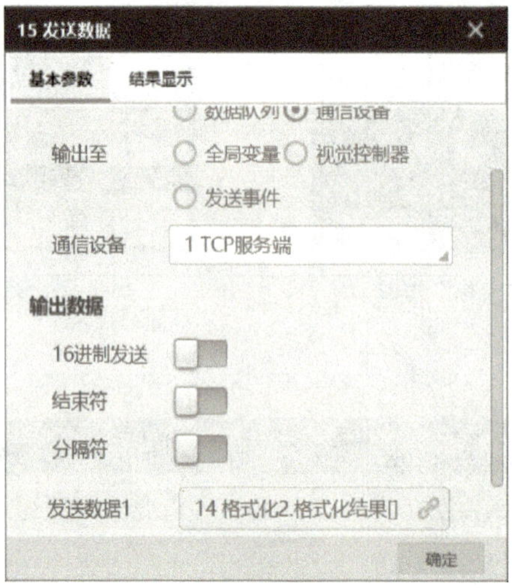

图 3-62 “15 发送数据”参数设置

评价反馈

各组代表介绍任务实施过程，并完成评价表（见表 3-12）。

表 3-12 评价表

类别	考核内容	分值	评价分数		
			自评	互评	教师
理论	了解食品包装盒识别系统中视觉单元的功能	5			
	了解食品包装盒识别视觉程序设计思路	10			
	了解手眼标定	5			
	了解二维码识别、条码识别和字符识别 3 种识别工具	10			

（续）

类别	考核内容	分值	评价分数		
			自评	互评	教师
技能	能够熟练完成手眼标定的操作	20			
	能够编写视觉程序，实现识别、定位和判断等功能	40			
素养	遵守操作规程，养成严谨科学的工作态度	2			
	根据工作岗位职责，完成小组成员的合理分工	2			
	团队合作中，各成员学会准确表达自己的观点	2			
	严格执行 6S 现场管理	2			
	养成总结训练过程和结果的习惯，为下次训练积累经验	2			
总分		100			

相关知识

1. 食品包装盒识别系统的视觉单元功能

视觉单元的功能主要是采集视觉检测区域内的图像，然后对图像中的目标进行定位与检测，最终把检测结果和目标的坐标位置等信息发送给机器人单元。

2. 食品包装盒识别系统的视觉程序设计思路

视觉单元接收到信号后开始采集图像，然后识别并检测图像中二维码的正确性、条码和字符信息的一致性，只要其中任意一项检测不通过或者全部通过则会发送信息给机器人单元。视觉程序设计思路如图 3-63 所示。

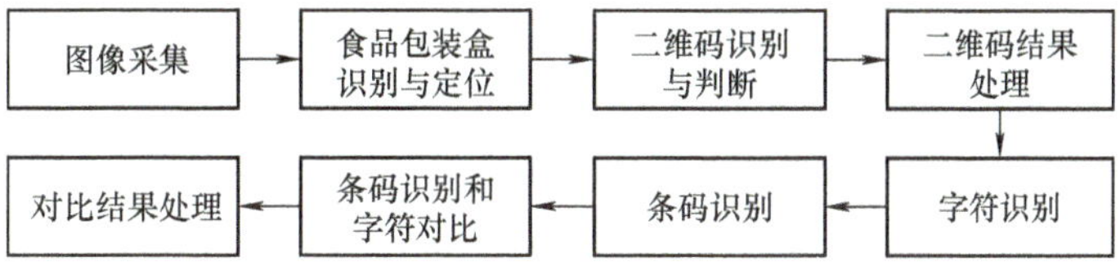

图 3-63　视觉程序设计思路

3. 手眼标定

在视觉机器人系统中，工业相机相当于系统的眼睛，工业机器人相当于系统的手臂，所以视觉机器人系统也通常被称作“手眼系统”。

机器人对工件精确定位是通过对工件像素坐标的转换实现的，因此得到像素坐标系和机器人工具坐标系的坐标转换关系至关重要，其求解过程被称为手眼标定。

手眼标定有多种标定方法。9 点标定是工业上使用较为广泛的二维手眼标定法，可以满足大多数的工业应用场景。在手眼标定的标定方式中，点数越多，标定的结果就越精确，但是也不是越多越好。因为标定的点数越多，标定过程就会越复杂，系统的计算时间就会更长，所以一般选取 9 个标定点即可。

4. DobotVisionStudio 识别工具介绍

DobotVisionStudio 中识别子工具箱中有条码识别、二维码识别和字符识别 3 种算法工具，如图 3-64 所示。

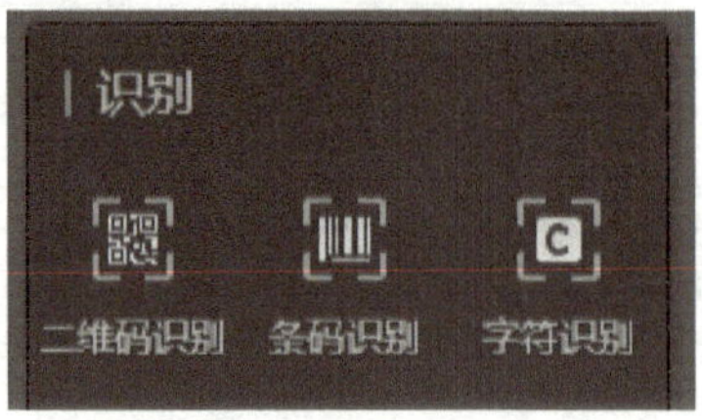

图 3-64　识别子工具箱

（1）条码识别　条码识别工具用于定位和识别指定区域内的条码，容忍目标条码以任意角度旋转以及具有一定量角度倾斜，支持 39 码、128 码、库德巴码、EAN 码、25 码以及 93 码。

（2）二维码识别　二维码识别工具用于识别目标图像中的二维码，将读取的二维码信息以字符的形式输出。一次可以高效准确地识别多个二维码，目前只支持 QR 码和 DataMatrix 码。

（3）字符识别　字符识别工具用于读取标签上的字符文本，需要进行字符训练。

任务 3.3　食品包装盒识别系统机器人程序设计

学习情境

完成了食品包装盒识别系统的视觉程序设计与编写之后，接下来要做的就是编写机器人程序，控制机器人完成包装盒的吸取与放置任务。

学习目标

知识目标

1）了解机器人单元的工作内容。

2）了解机器人程序的设计思路。

能力目标

1）示教与调试能力：能够熟练获取机器人运动所需的点位。

2）程序设计能力：能够独立完成机器人程序的设计与编写。

素养目标

1）根据工作岗位职责，完成小组成员的合理分工。

2）团队合作中，各成员学会表达自己的观点。

3）养成安全规范操作的行为习惯。

工作任务

完成食品包装盒识别系统的机器人程序设计与编写，能够控制机器人成功吸取商品包装盒并根据视觉的识别结果把包装盒放置到不同的位置。

任务分工

根据任务要求，对小组成员进行合理分工，并填写表 3-13。

表 3-13　任务分工表

<table>
<tr><td>班级</td><td></td><td>组号</td><td></td><td>指导老师</td><td></td></tr>
<tr><td>组长</td><td></td><td>学号</td><td colspan="3"></td></tr>
<tr><td rowspan="5">组员与分工</td><td>姓名</td><td>学号</td><td colspan="3">任务内容</td></tr>
<tr><td></td><td></td><td colspan="3"></td></tr>
<tr><td></td><td></td><td colspan="3"></td></tr>
<tr><td></td><td></td><td colspan="3"></td></tr>
<tr><td></td><td></td><td colspan="3"></td></tr>
</table>

获取信息

引导问题 1：简述食品包装盒识别系统的机器人单元的工作内容。

引导问题 2：分析食品包装盒识别系统的机器人程序设计思路。

工作计划

1）制定工作方案，见表 3-14。

表 3-14　工作方案

步骤	工作内容	负责人
1		
2		

2）列出工具、耗材和器件清单，见表 3-15。

表 3-15　工具、耗材和器件清单

序号	名称	型号	单位	数量
1				
2				

工作实施

机器人编程指令

食品包装盒机器人程序设计（上）

食品包装盒机器人程序设计（下）

1. 示教与调试

（1）根据编程设计思路，确定机器人程序所需点位　编写食品包装盒识别系统的机器人程序，需要示教与调试的点位共有 5 个目标点，机器人点位说明见表 3-16。

表 3-16　机器人点位说明

序号	名称	点位编号	说明
1	shuangxipan	P1	双吸盘治具点位
2	anquandian1	P2	安全点 1
3	anquandian2	P3	安全点 2
4	OKdian	P4	合格产品放置点
5	NGdian	P5	不合格产品放置点

（2）示教和调试点位

步骤 1：打开 DobotSCStudio 软件，连接机器人设备并且上使能。

步骤 2：示教双吸盘治具点 P1。在“IO 监控”的数字输出中，单击“01:0”，把双吸盘治具安装到机器人末端上；再次单击“01:0”，把双吸盘治具吸住。按压机器人小臂上的“拖拽示教”按钮，手动把机器人移动到双吸盘治具的位置，把双吸盘的位置摆放平整后，再次按压“拖拽示教”按钮，锁住机器人各个关节，双吸盘治具点 P1 如图 3-65 所示。在“点数据”中单击“＋添加”，把 P1 点的数据添加到点数据列表中，再双击 P1 点右边的空白处，输入“shuangxipan”的点位注释，最后单击“保存”，保存该点位信息，如图 3-66 所示。

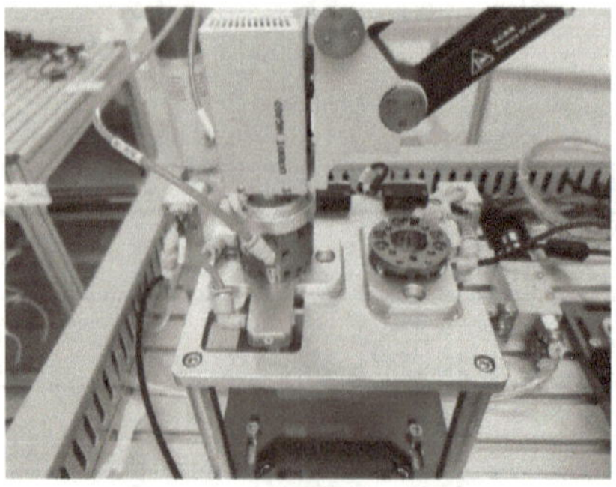

图 3-65　双吸盘治具点 P1

点数据　变量　src0

保存　定位　覆盖　+添加　×删除　撤消　重做

	No.	Alias	X	Y	Z	Rx	Ry	Rz	R	D	N	Cfg	Tool	U
1	P1	shuangxipan	-29.0138	-367.0130	-44.2939	-185.5940	0.0000	0.0000	-1	-1	-1	0	No.0	N

图 3-66　添加 P1 点数据

步骤 3：示教安全点 1（P2）。按压机器人小臂上的“拖拽示教”按钮，手动把机器人移动到如图 3-67 所示的位置，确保双吸盘治具不会与其他单元或者部件发生碰撞，再次按压“拖拽示教”按钮，锁住机器人各个关节。在“点数据”中单击“+添加”，把 P2 点的数据添加到点数据列表中，再双击 P2 点右边的空白处，输入“anquandian1”的点位注释，最后单击“保存”，保存该点位信息，如图 3-68 所示。

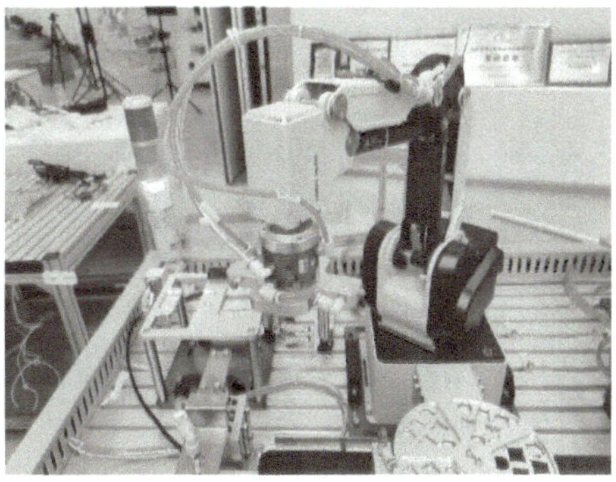

图 3-67　示教安全点 1（P2）

点数据　变量　src0

保存　定位　覆盖　+添加　×删除　撤消　重做

	No.	Alias	X	Y	Z	Rx	Ry	Rz	R	D	N	Cfg	Tool	U
1	P1	shuangxipan	-29.0138	-367.0130	-44.2939	-185.5940	0.0000	0.0000	-1	-1	-1	0	No.0	N
2	P2	anquandian1	213.6420	-185.1140	154.3250	-119.0230	0.0000	0.0000	-1	-1	-1	0	No.0	N

图 3-68　添加 P2 点数据

步骤 4：示教安全点 2（P3）。按压机器人小臂上的“拖拽示教”按钮，手动把机器人移动到如图 3-69 所示的位置，确保双吸盘治具不会与其他单元或者部件发生碰撞，再次按压“拖拽示教”按钮，锁住机器人各个关节。在“点数据”中单击“+添加”，把 P3 点的数据添加到点数据列表中，再双击 P3 点右边的空白处，输入“anquandian2”的点位注释，最后单击“保存”，保存该点位信息，如图 3-70 所示。

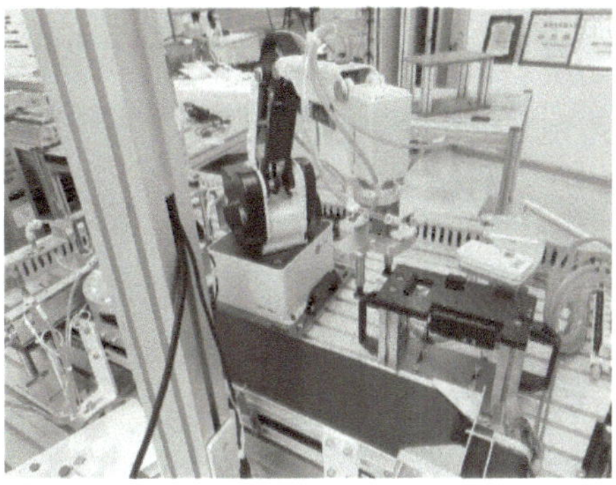

图 3-69　示教安全点 2（P3）

点数据 变量 src0

保存 定位 覆盖 ＋添加 ×删除 撤消 重做

	No.	Alias	X	Y	Z	Rx	Ry	Rz	R	D	N	Cfg	Tool	U
1	P1	shuangxipan	-29.0138	-367.0130	-44.2939	-185.5940	0.0000	0.0000	-1	-1	-1	0	No.0	N
2	P2	anquandian1	213.6420	-185.1140	154.3250	-119.0230	0.0000	0.0000	-1	-1	-1	0	No.0	N
3	P3	anquandian2	200.9800	310.9940	99.2931	-8.8949	0.0000	0.0000	-1	-1	-1	0	No.0	N

图 3-70　添加 P3 点数据

步骤 5：示教合格产品放置点 P4。在“IO 监控”的数字输出中，单击“02:0”，双吸盘开始吸气，手动把食品包装盒吸附于双吸盘上。按压机器人小臂上的“拖拽示教”按钮，手动调整双吸盘治具的角度和高度，移动到如图 3-71 所示的位置，再次按压“拖拽示教”按钮，锁住机器人各个关节。在“点数据”中单击“＋添加”，把 P4 点的数据添加到点数据列表中，再双击 P4 点右边的空白处，输入“OKdian”的点位注释，最后单击“保存”，保存该点位信息，如图 3-72 所示。

图 3-71　示教合格产品放置点 P4

点数据 变量 src0

保存 定位 覆盖 ＋添加 ×删除 撤消 重做

	No.	Alias	X	Y	Z	Rx	Ry	Rz	R	D	N	Cfg	Tool	U
1	P1	shuangxipan	-29.0138	-367.0130	-44.2939	-185.5940	0.0000	0.0000	-1	-1	-1	0	No.0	N
2	P2	anquandian1	213.6420	-185.1140	154.3250	-119.0230	0.0000	0.0000	-1	-1	-1	0	No.0	N
3	P3	anquandian2	200.9800	310.9940	99.2931	-8.8949	0.0000	0.0000	-1	-1	-1	0	No.0	N
4	P4	OKdian	96.5862	375.9650	24.4187	1.5306	0.0000	0.0000	-1	-1	-1	0	No.0	N

图 3-72　添加 P4 点数据

步骤 6：示教不合格产品放置点 P5。按压机器人小臂上的“拖拽示教”按钮，手动调整双吸盘治具的角度和高度，移动到如图 3-73 所示的位置，再次按压“拖拽示教”按钮，锁住机器人各个关节。在“点数据”中单击“＋添加”，把 P5 点的数据添加到点数据列表中，再双击 P5 点右边的空白处，输入“NGdian”的点位注释，最后单击“保存”，保存该点位信息，如图 3-74 所示。

图 3-73　示教不合格产品放置点 P5

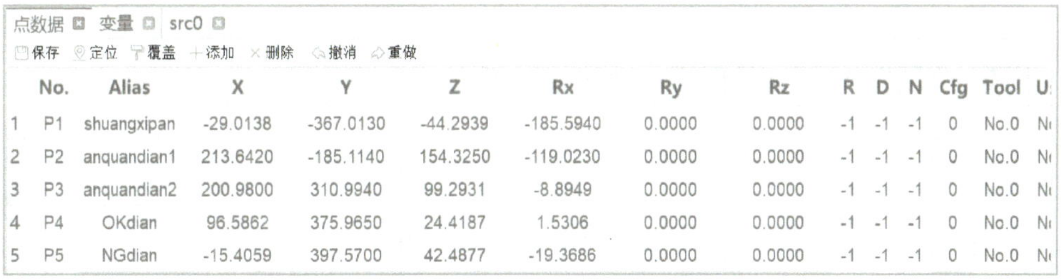

	No.	Alias	X	Y	Z	Rx	Ry	Rz	R	D	N	Cfg	Tool	U
1	P1	shuangxipan	-29.0138	-367.0130	-44.2939	-185.5940	0.0000	0.0000	-1	-1	-1	0	No.0	N
2	P2	anquandian1	213.6420	-185.1140	154.3250	-119.0230	0.0000	0.0000	-1	-1	-1	0	No.0	N
3	P3	anquandian2	200.9800	310.9940	99.2931	-8.8949	0.0000	0.0000	-1	-1	-1	0	No.0	N
4	P4	OKdian	96.5862	375.9650	24.4187	1.5306	0.0000	0.0000	-1	-1	-1	0	No.0	N
5	P5	NGdian	-15.4059	397.5700	42.4877	-19.3686	0.0000	0.0000	-1	-1	-1	0	No.0	N

图 3-74　添加 P5 点数据

2. 食品包装盒识别系统的机器人程序设计

机器人程序分为变量程序和 src0 两部分，食品包装盒识别系统的机器人程序设计如下。

（1）变量程序设计

```
---------------------------- 字符串分割函数 -----------------------------
function split(str,reps)
     local resultStrList = {}
     string.gsub(str,'[^'..reps..']+',function (w)
          table.insert(resultStrList,w)
     end)
     return resultStrList
end
----------------------------DO 保持信号函数 -----------------------------
function DOL(index)
     DO(index,1)
     Wait(100)
     DO(index,0)
end
--------------------------- 等待 DI 信号函数 -----------------------------
function WaitDI(index,stat)
     while DI(index) ~= stat do
          Sleep(100)
     end
end
----------------------------DO 信号复位函数 -----------------------------
function DOInit()
     for i=1,16 do                         -- 复位输出口
     DO(i,OFF)
     end
end
----------------------------- 移动末端函数 ------------------------------
function GOTO(safePoint,point,offset,port,stat)
     Go(safePoint,"SYNC=1")                -- 运行至附近安全点
     Go(RelPoint(point, {0,0,offset,0}),"SYNC=1")
                                           -- 运行至目标点上方 100mm
     Move(point,"SYNC=1")                  -- 直线移动到目标点
```

```
        DO(port,stat)                            --设置吸盘状态
        Move(RelPoint(point, {0,0,offset,0}),"SYNC=1")
                                                 --运行至目标点上方 100mm
        Go(safePoint,"SYNC=1")                   --返回附近安全点
end
------------------------- 视觉连接与控制函数 ----------------------------
function GetVisionData(signal)
        local ip="192.168.1.18"                  --视觉软件的 IP 地址
        local port=4001                          --视觉软件的服务端口
        local err=0                              --状态返回值
        local socket                             --套接字对象
        local msg = ""                           --接收字符串
        local coordination = {}                  --抓取位坐标信息
        local Recbuf                             --接收缓存变量
        local pos_x = 0                          --工件 X 坐标
        local pos_y = 0                          --工件 Y 坐标
        local pos_r = 0                          --工件 R 坐标
        local result = 0                         --视觉处理结果
        local GetProductPos = {}                 --工件坐标
        local statcode = 0
        err, socket = TCPCreate(false, ip, port)
        if err == 0 then
                err = TCPStart(socket,0)
                if err == 0 then
                        TCPWrite(socket, signal)
                                                 --发送视觉控制信号
                        err, Recbuf = TCPRead(socket, 0,"string")
                                                 --接收视觉返回信息
                        msg = Recbuf.buf
                        print("\r".."视觉报文："..msg.."\r")
                        coordination = split(msg,",")
                        print("报文长度："..string.len(msg).."\r")
                        coordination = split(msg,",")
                                                 --分隔字符串
                        pos_x=tonumber(coordination[1])
                                                 --提取 X 坐标
                        pos_y=tonumber(coordination[2])
                                                 --提取 Y 坐标
                        pos_r=tonumber(coordination[3])
                                                 --提取 R 坐标
                        result = coordination[4]
                                                 --提取视觉处理结果
                        statcode = tonumber(coordination[5])
```

```
                                        -- 提取视觉报文校验码
        if statcode ~= 888 or result == "404" then
                                        -- 报文异常处理
            err = 1
            do return err,result,GetProductPos end
                                        -- 返回视觉处理结果异常的信息
        else
            GetProductPos = {coordinate = {pos_x,pos_y,
            25,pos_r},tool=0,user=0}
                                        -- 定义取料点位
            TCPDestroy(socket)
        end
            do return err,result,GetProductPos end

    end
  else
    print("TCP 连接异常，请检查 ")
    return
  end
end
```

（2）src0 程序设计

```
local Check_result                      -- 定义全局变量 Check_result
------------------------------ 主函数 --------------------------------
function main()
    local err = 0
    local result = 0
    local ProductPos = {}
  -------------------------请求 PLC 出料 ------------------------------
    DOL(3)                              -- 发送出料请求
    WaitDI(4,1)                         -- 等待 PLC 返回物料到位信号
    Sleep(2000)
  -------------------- 请求执行识别、定位与吸取 --------------------------
    ::flag1::                           -- 设置程序标志点
    err,result,ProductPos = GetVisionData("begin")
                                        -- 请求视觉识别，识别信号 "begin"
    if err == 1 then
        print(" 视觉识别异常 ")          -- 视觉检测异常发送提示信息
        Sleep(1000)
        goto flag1                      -- 视觉返回异常信息，跳回程序标志点
    else
        Check_result = result           -- 将视觉识别的结果赋值给全局变量
                                           Check_result
```

```
                if (Check_result == "OK")then
                                                --判断 Check_result 是否为 OK
                     Go(RP(ProductPos, {0,0,50,0}),"SYNC=1")
                                                --运动至目标正上方
                     Move(RP(ProductPos, {0,0,5,0}),"SYNC=1")
                                                --运动至目标位置，Z 轴稍做正向偏移
                     DO(2,1)                    --吸盘吸气
                     Sleep(500)
                     GOTO(P3,P4,25,2,0)         --运动到合格产品放置位置进行放置
                     Sleep(100)
                     DOL(4)                     --位置校正，气缸夹紧
                     Sleep(2000)
                     DOL(5)                     --位置校正，气缸松开
                elseif (Check_result == "NG")then
                                                --判断 Check_result 是否为 NG
                   Go(RP(ProductPos, {0,0,50,0}),"SYNC=1")
                                                --运动至目标正上方
                   Move(RP(ProductPos, {0,0,5,0}),"SYNC=1")
                                                --运动至目标位置，Z 轴稍做正向偏移
                     DO(2,1)                    --吸盘吸气
                     Sleep(500)
                     GOTO(P3,P5,25,2,0)         --运动到不合格产品放置位置进行放置
                     Sleep(100)
                end
           end
      end
      ------------------------------ 主程序 ------------------------------------
      DOInit()                                  --复位所有输出口信号
      DO(1,1)                                   --机器人末端松开
      GOTO(P2,P1,120,1,0)                       --更换双吸盘末端
      while(true)                               --重复执行 main() 函数
      do
           main()
      end
```

评价反馈

各组代表介绍任务实施过程，并完成评价表（见表 3-17）。

表 3-17　评价表

类别	考核内容	分值	评价分数		
			自评	互评	教师
理论	了解机器人单元的工作内容	10			
	了解机器人程序的设计思路	20			

（续）

类别	考核内容	分值	评价分数		
			自评	互评	教师
技能	能够熟练获取机器人运动所需的点位	20			
	能够完成机器人变量程序的编写	20			
	能够完成机器人 src0 程序的编写	20			
素养	遵守操作规程，养成严谨科学的工作态度	2			
	根据工作岗位职责，完成小组成员的合理分工	2			
	团队合作中，各成员学会准确表达自己的观点	2			
	严格执行 6S 现场管理	2			
	养成总结训练过程和结果的习惯，为下次训练积累经验	2			
总分		100			

相关知识

食品包装盒机器人程序设计思路

1. 机器人单元的工作内容

1）更换治具。机器人运动到快换治具单元并装上双吸盘治具。

2）吸取目标。机器人运动到目标正上方吸取目标。

3）放置目标。机器人根据视觉检测结果把目标放置到不同位置。

2. 机器人程序设计思路

当系统起动并运行机器人程序后，机器人运动到快换治具单元更换双吸盘治具，向 PLC 发送出料请求，传送带起动，把食品包装盒输送到视觉检测区，机器人接收到物料到位信号后，向视觉单元发送识别请求，开始视觉识别。如果机器人接收到未识别到目标的信号，则继续向视觉单元发送识别请求。如果成功识别到目标，则对信号的内容进行判断。如果信号的内容为“OK”，则机器人运动到目标上方吸取目标，并放置于合格产品放置区。如果信号的内容为“NG”，则机器人运动到目标上方吸取目标，并放置于不合格产品放置区。机器人程序设计思路如图 3-75 所示。

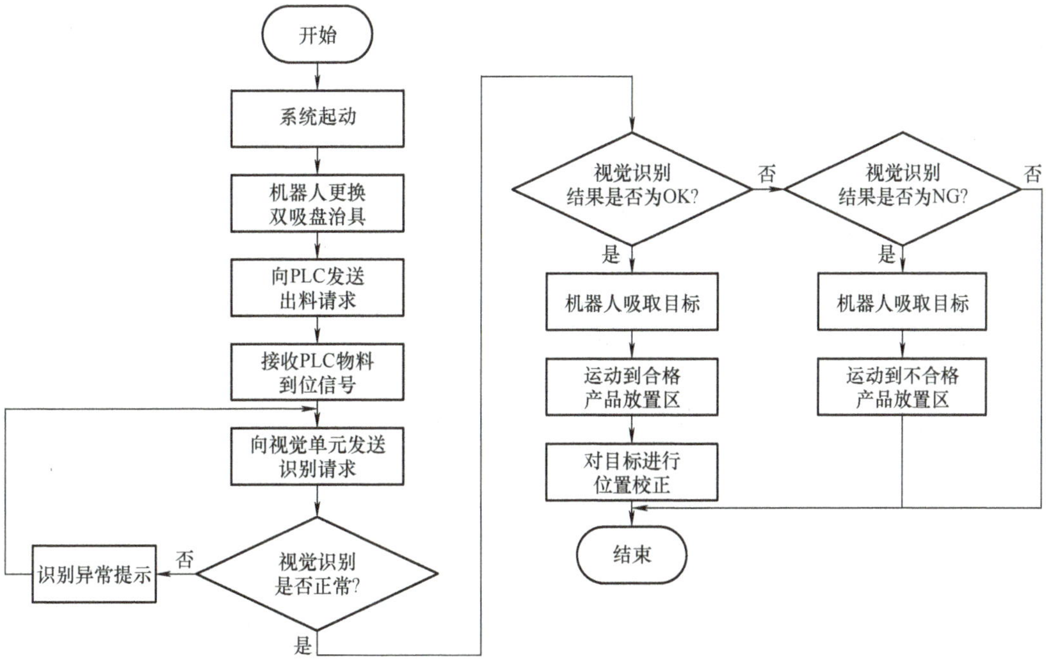

图 3-75 机器人程序设计思路

任务 3.4　食品包装盒识别系统联调

学习情境

完成了食品包装盒识别系统的视觉和机器人程序设计和编写后，接下来要做的就是系统的 PLC 程序设计和联调，确保整个系统各项功能正常。

学习目标

知识目标

1）了解食品包装盒识别系统的 PLC 程序设计思路。
2）了解食品包装盒识别系统的联调步骤。

能力目标

1）程序设计能力：能够编写食品包装盒识别系统的 PLC 程序。
2）调试能力：能够建立机器人单元与视觉单元的通信，完成系统的联调工作。

素养目标

1）根据工作岗位职责，完成小组成员的合理分工。
2）团队合作中，各成员学会表达自己的观点。
3）养成安全规范操作的行为习惯。

工作任务

完成食品包装盒识别系统的 PLC 程序设计与编写，并通过联调让整个系统的各项功能正常运行。

任务分工

根据任务要求，对小组成员进行合理分工，并填写表 3-18。

表 3-18　任务分工表

班级		组号		指导老师	
组长		学号			
组员与分工	姓名	学号	任务内容		

获取信息

引导问题 1：SIMATIC S7-1200 PLC 的功能是什么？

引导问题 2：SIMATIC S7-1200 PLC 程序块可以分为哪几种？

引导问题 3：简述食品包装盒识别系统的联调步骤？

工作计划

1）制定工作方案，见表 3-19。

表 3-19　工作方案

步骤	工作内容	负责人
1		
2		

2）列出工具、耗材和器件清单，见表 3-20。

表 3-20　工具、耗材和器件清单

序号	名称	型号	单位	数量
1				
2				

工作实施

1. 食品包装盒识别系统 PLC 程序设计

食品包装盒识别系统 PLC 程序主要包括系统起动、停止、急停、复位控制，三色灯控制，入料传送带控制和定位平台控制。

（1）组织块（OB）程序设计　Main[OB1] 程序如图 3-76 所示。

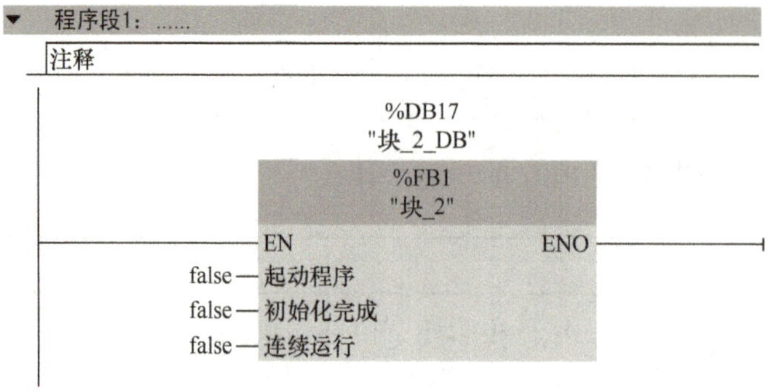

a) 程序段1

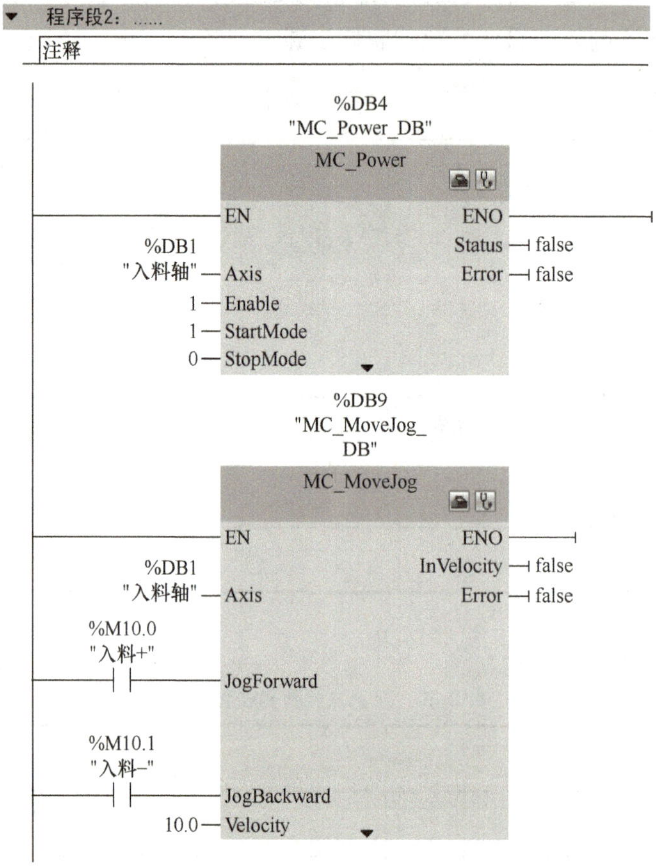

b) 程序段2

图 3-76　Main[OB1] 程序

（2）函数块（FB）程序设计　块 _2[FB1] 程序如图 3-77 所示。

（3）数据块（DB）程序设计　块 _2_DB 程序如图 3-78 所示。

2. 程序下载

将食品包装盒识别系统的 PLC 程序下载到 PLC 中；将视觉程序复制到设备自带的计算机上，并用 DobotVisionStudio 软件打开程序；将机器人程序复制到设备自带的计算机上，并用 DobotSCStudio 软件打开程序。

PLC 下载

3. 建立机器人单元与视觉单元的通信

（1）确保计算机 IP 地址与视觉程序中视觉的 IP 地址一致

步骤 1：将计算机 IP 地址修改为“192.168.1.18”。

食品包装盒机器人程序联调

步骤 2：打开视觉程序，单击“通信管理”按钮，进入通信管理。本机 IP 设置为“192.168.1.18”，端口号设置为“4001”，再在视觉程序中的设备列表单击 TCP 服务端旁边的开关，打开开关，设置如图 3-79 所示。

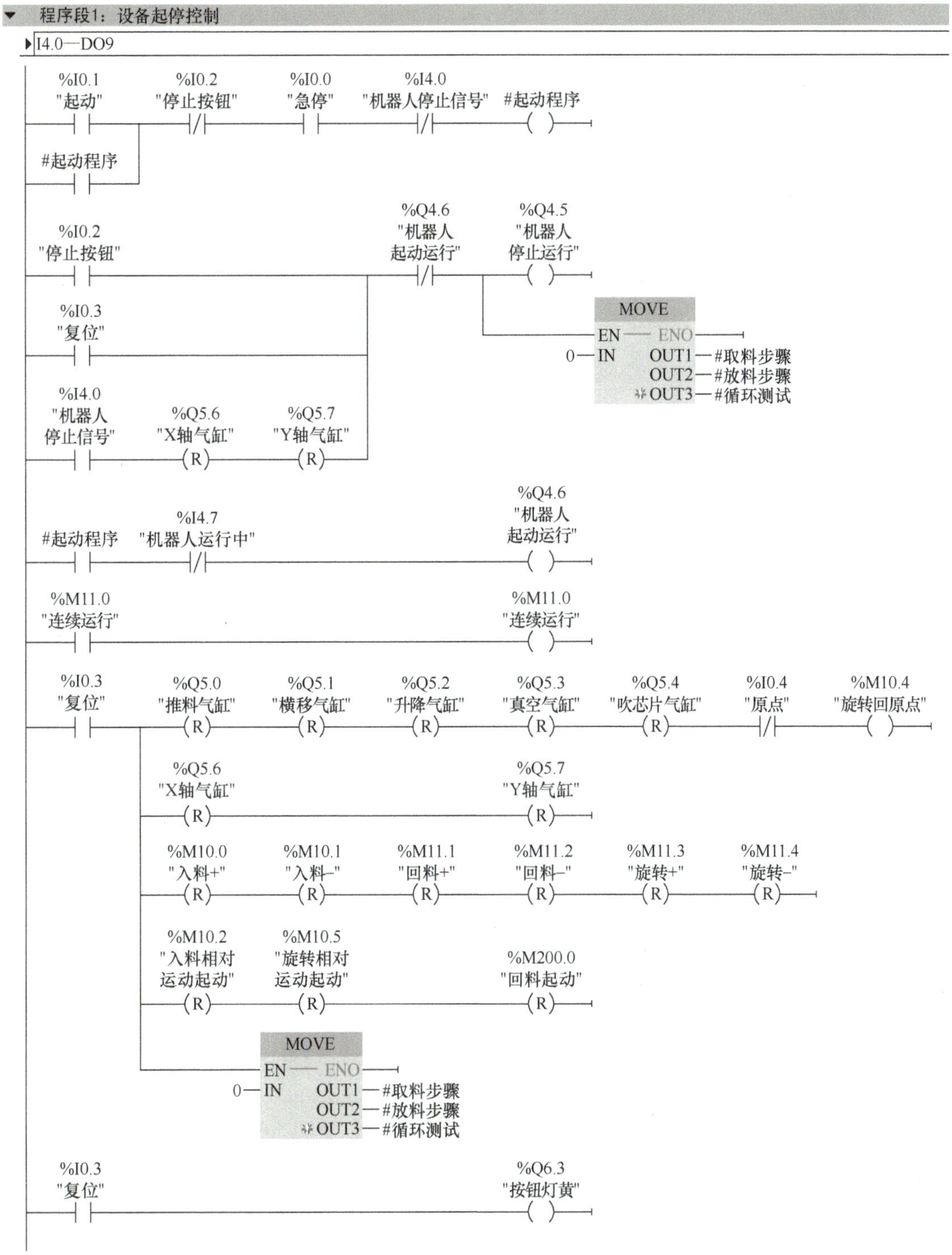

a) 设备起停控制程序

图 3-77 块 _2[FB1] 程序

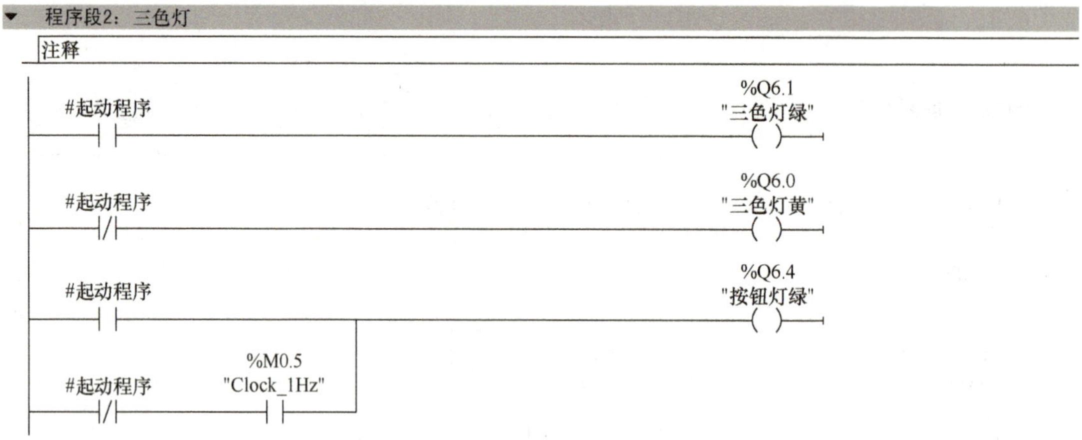

b) 三色灯程序

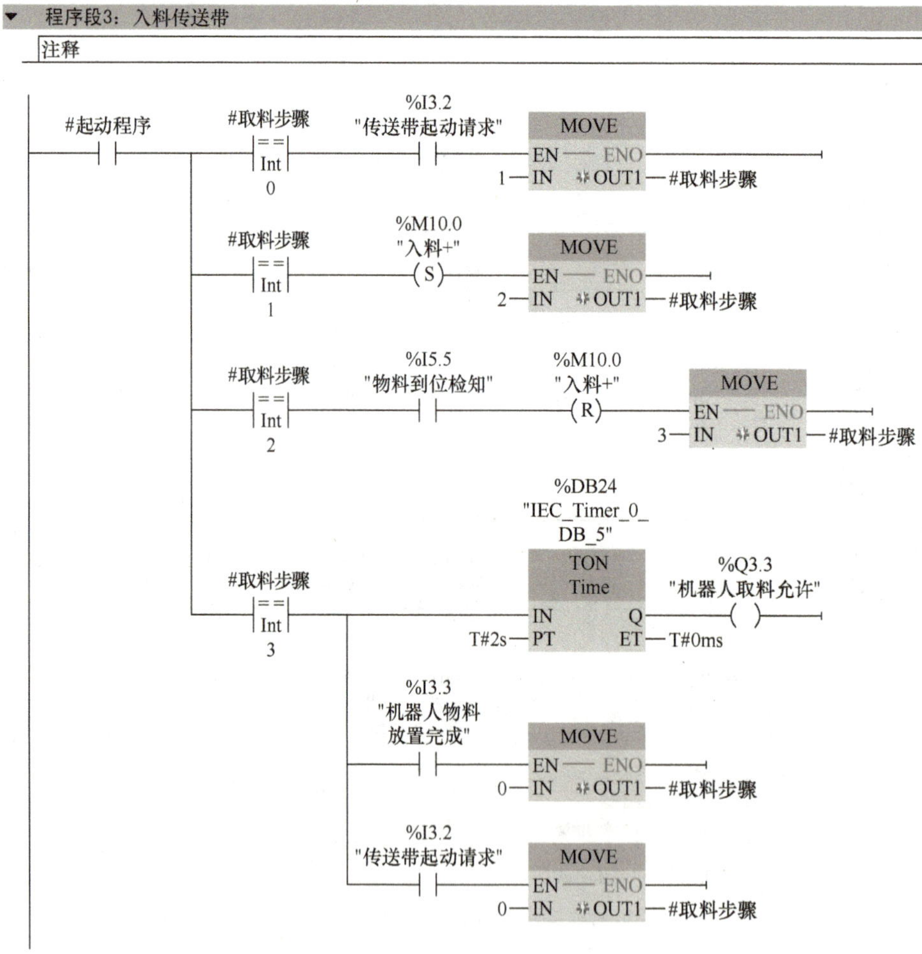

c) 入料传送带程序

图 3-77　块 _2[FB1] 程序（续）

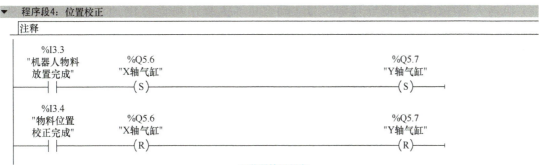

d) 位置校正程序

图 3-77　块 _2[FB1] 程序（续）

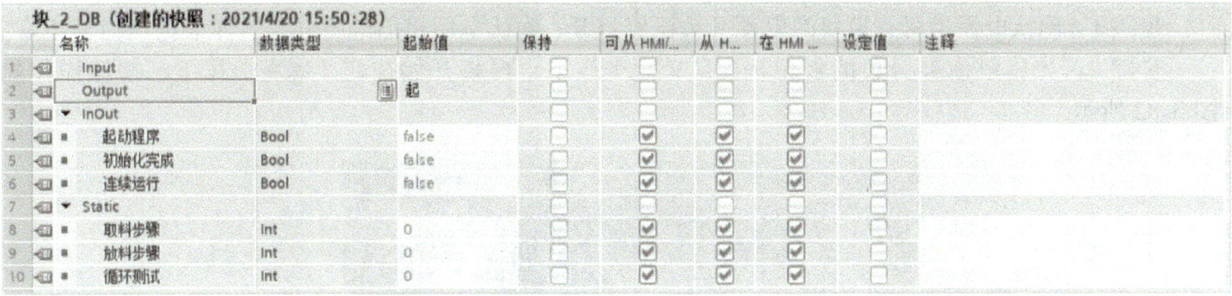
块_2_DB（创建的快照：2021/4/20 15:50:28）

	名称	数据类型	起始值	保持	可从 HMI/...	从 H...	在 HMI ...	设定值	注释
1	Input			☐	☐	☐	☐	☐	
2	Output		起	☐	☐	☐	☐	☐	
3	InOut			☐	☐	☐	☐	☐	
4	起动程序	Bool	false	☐	☑	☑	☑	☐	
5	初始化完成	Bool	false	☐	☑	☑	☑	☐	
6	连续运行	Bool	false	☐	☑	☑	☑	☐	
7	Static			☐	☐	☐	☐	☐	
8	取料步骤	Int	0	☐	☑	☑	☑	☐	
9	放料步骤	Int	0	☐	☑	☑	☑	☐	
10	循环测试	Int	0	☐	☑	☑	☑	☐	

图 3-78　块 _2_DB 程序

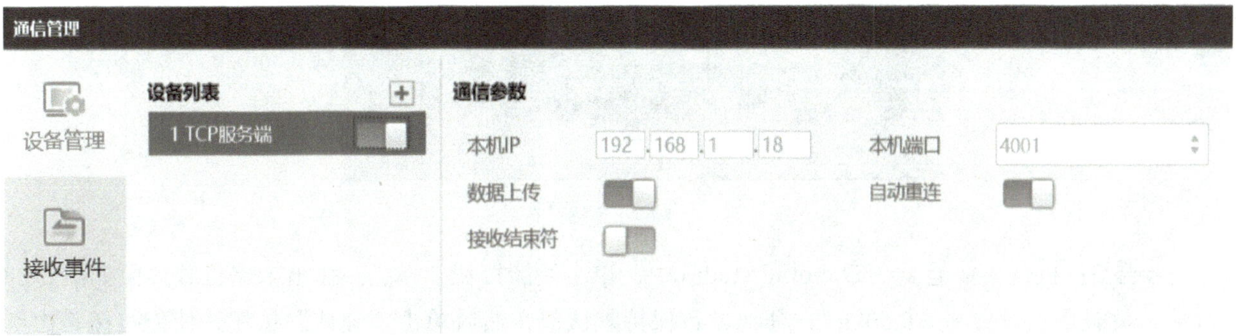

图 3-79　通信管理设置

（2）全局触发设置　在快捷工具栏中，单击“ ”打开全局触发设置窗口，在字符串触发界面，单击“ ”添加字符串触发，然后将匹配模式设置为“不匹配”，触发配置设置为“流程 1”，如图 3-80 所示。

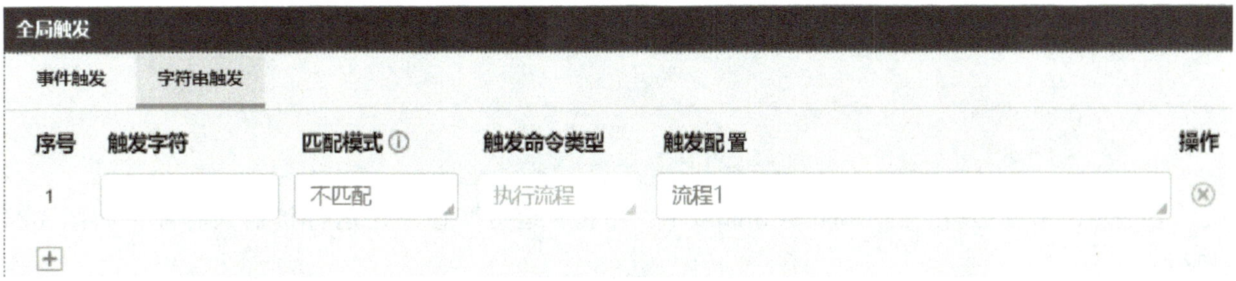

图 3-80　全局触发设置

（3）机器人程序中的 IP 地址与端口号　确保机器人程序视觉的 IP 地址、端口号与视觉通信设置中的本机 IP 地址、端口号一致。将机器人变量程序中的 IP 地址设置为计算机的 IP 地址，即“192.168.1.18”，端口号设置为“4001”，如图 3-81 所示。

```
function GetVisionData(signal)
    local ip="192.168.1.18"              --视觉软件的IP地址
    local port=4001                      --视觉软件的服务端口
    local err=0                          --状态返回值
    local socket                         --套接字对象
    local msg = ""                       --接收字符串
    local coordination = {}              --抓取位坐标信息
```

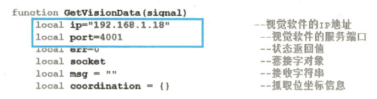

图 3-81　机器人程序中的 IP 地址与端口号

4. 系统运行

步骤 1：确认电控柜所有模块的电源开关已经打开；确认空压机已经打开，气压表的压力值正常。

步骤 2：先将触摸屏旁边的复位按钮（黄色）按下，再将开始按钮（绿色）按下，按钮操作如图 3-82 所示。

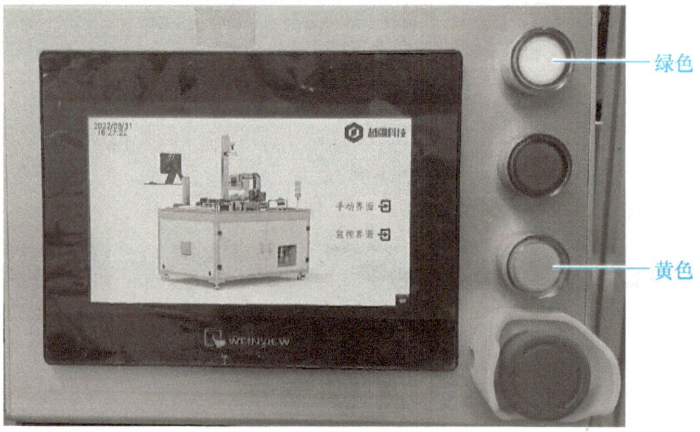

图 3-82　按钮操作

步骤 3：机器人使能。在 DobotSCStudio 中，单击使能按钮“”，弹出末端负载界面如图 3-83 所示，负载重量设置为“0.50kg”，其他参数保持默认值，然后单击“确认”按钮，使能按钮将由红色变成绿色。

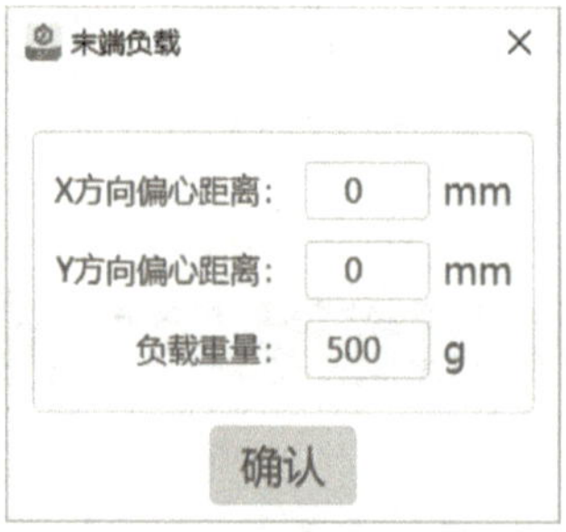

图 3-83　末端负载界面

步骤 4：系统运行。在 DobotSCStudio 中，单击“运行”按钮，运行机器人程序，如图 3-84 所示。

图 3-84 运行机器人程序

系统起动，观察系统运行状况，机器人会根据视觉的识别结果把物料放置到不同的位置。

备注：运行过程中如发现问题，需及时停止系统运行，解决相关问题后，再重新运行系统（例如发现点位不准，可以单击停止按钮，再用点动面板或者手持示教的方式重新获取并且保存好点位之后再次运行程序）。

评价反馈

各组代表介绍任务实施过程，并完成评价表（见表 3-21）。

表 3-21 评价表

类别	考核内容	分值	评价分数		
			自评	互评	教师
理论	了解食品包装盒识别系统的 PLC 程序设计思路	10			
	了解食品包装盒识别系统的联调步骤	20			
技能	能够编写食品包装盒识别系统的 PLC 程序	20			
	能够建立机器人单元与视觉单元的通信，完成系统的联调工作	40			
素养	遵守操作规程，养成严谨科学的工作态度	2			
	根据工作岗位职责，完成小组成员的合理分工	2			
	团队合作中，各成员学会准确表达自己的观点	2			
	严格执行 6S 现场管理	2			
	养成总结训练过程和结果的习惯，为下次训练积累经验	2			
总分		100			

相关知识

1. SIMATIC S7-1200 PLC 介绍

SIMATIC S7-1200 PLC 是一款紧凑型、模块化的 PLC，可完成简单逻辑控制、高级逻辑控制、HMI 和网络通信等任务。

S7-1200 PLC 的用户数据结构采用模块化编程结构，其目的是将复杂的自动化任务划分为对应生产过的技术功能较小的子任务，这样一个子任务就对应于一个称之为“块”的子程序。块与块之间可以相互调用来组织程序，这样有利于修改与调试。

S7-1200 PLC 的程序结构可以分为 OB（组织块）、FB（函数块）、FC（函数）以及 DB（数据块），各个部分的作用和功能如下。

OB：OB 是 CPU 操作系统与用户程序的接口，决定了用户的程序结构。

FB：FB 是用户编写的包含经常使用的功能的子程序，其含有专用的背景数据块。

FC：FC 也是用户编写的包含经常使用功能的子程序，与 FB 的区别是 FC 无专用的背景数据块。

DB：用于保存 FB 的输入变量、输出变量和静态变量，其数据在编译时自动生成。

2. PLC 程序设计思路

食品包装盒识别系统 PLC 程序主要包括系统起动、停止、急停，复位控制、三色灯控制、入料传送带控制和定位平台控制。

3. 联调流程

下载 PLC 程序→打开软件及对应工程文件→建立机器人单元与视觉单元的通信→起动系统→运行程序→观察系统运行情况。

项目总结

本项目讲解了食品包装盒识别系统应用的相关知识，包括认识食品包装盒识别系统、视觉程序设计、机器人程序设计、PLC 程序设计以及系统联调。通过本项目的学习，可以掌握机器视觉在识别系统中的应用。

拓展阅读

汉信码

2003 年，中国物品编码中心为了解决国际二维码垄断问题，申请国家“十五”重要技术标准研究课题，立志要做出中国人自己的二维码。2007 年，由中国物品编码中心牵头研发的我国第一个拥有完全自主知识产权的国家二维码标准——《汉信码》正式发布（已被 GB/T 21049—2022 替代），如图 3-85 所示。从我国国家标准到国际标准，汉信码的研发历程浓缩了我国技术崛起的历史。该国际标准是中国提出并主导制定的第一个二维码码制国际标准，是我国自动识别与数据采集技术发展的重大突破，填补了我国国际标准制修订领域的空白，彻底解决了我国二维码技术“卡脖子”的难题。

中文Abc123!@#

图 3-85　汉信码

2011 年，汉信码更进一步，成为国际自动识别制造商协会（AIM Global）正式的码制标准。汉信码 AIM 国际标准的制定和发布，标志着汉信码（Han Xin code）正式获得了国际自动识别技术产业界和主要自动识别技术企业的认可和支持，成为国际主流码制之一。

汉信码是拥有完全自主知识产权的二维码码制，具有知识产权免费、支持任意语言编码、汉字信息编码能力强、抗污损和抗畸变识读能力强、识读速度快、信息密度高、信息容量大及纠错能力强等突出特点，达到国际领先水平。汉信码实现了我国二维码底层技术的后来居上，可在我国多个领域行业实现规模化应用，为我国应用二维码技术提供了可靠的核心技术支撑。

项目 4 机械工件尺寸测量系统应用

04

项目引入

传统的产品尺寸测量方法是人为利用测量工具对工件上某个参数进行多次测量后取平均值，这种测量方法不仅效率低，而且测量精度不高。基于机器视觉的工件尺寸测量相较人工手动测量的方法具有精度高、成本低和效率高等优点，目前被广泛应用在自动化加工行业。

本项目以机械工件尺寸测量系统为例来讲解机器视觉测量的相关知识，该系统能够对传送带上的机械工件进行尺寸（如工件的边长、圆的直径、角度和圆弧半径）测量，测量完成之后，控制机器人将工件搬运至放置区。

知识图谱

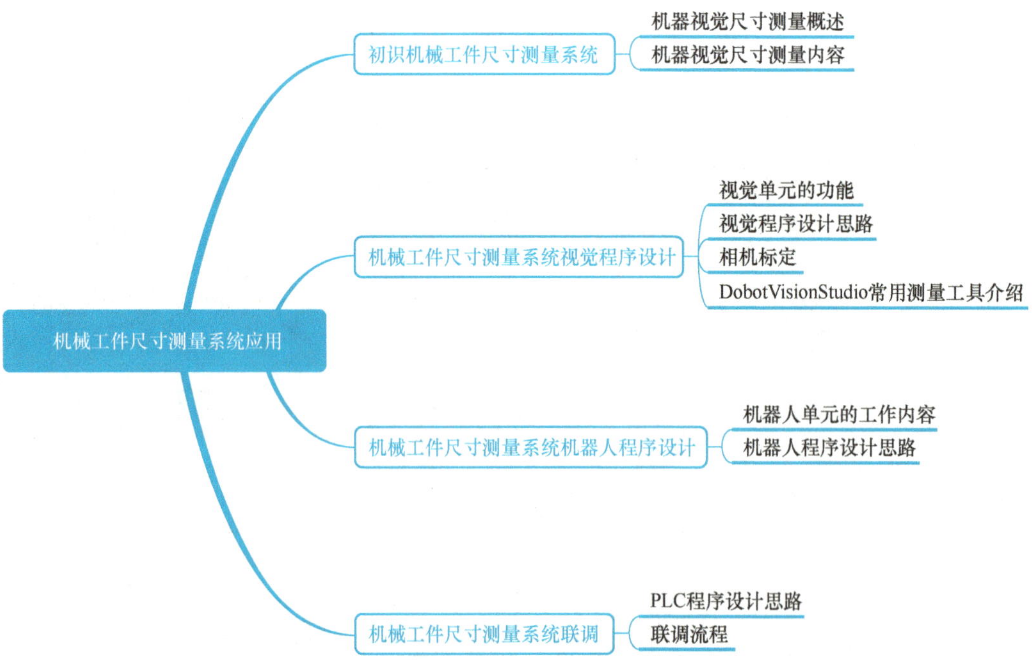

任务 4.1 初识机械工件尺寸测量系统

学习情境

机械工件尺寸测量系统可以对传送带上的机械工件进行边长、圆的直径、角度和圆弧半径等的测量，测量完成之后，控制机器人将机械工件搬运至放置区。机械工件尺寸测量系统的布局是怎样的，是如何工作的呢？

学习目标

知识目标

1）认识机器视觉尺寸测量技术。

2）了解机器视觉尺寸测量的内容。

能力目标

1）能够描述机械工件尺寸测量系统的布局以及各部分的功能。

2）能够描述机械工件尺寸测量系统的工作过程。

素养目标

1）根据工作岗位职责，完成小组成员的合理分工。

2）团队合作中，各成员学会表达自己的观点。

3）养成安全规范操作的行为习惯。

工作任务

通过了解机器视觉尺寸测量技术的相关知识，了解机械工件尺寸测量系统的布局、各个模块的功能，绘制出整个系统的工作流程图，为后续的程序设计做准备。

任务分工

根据任务要求，对小组成员进行合理分工，并填写表 4-1。

表 4-1 任务分工表

班级		组号		指导老师	
组长		学号			
组员与分工	姓名	学号	任务内容		

获取信息

引导问题 1：什么是机器视觉尺寸测量技术？

____

____

引导问题 2：在机器视觉尺寸测量中，通常涉及哪些尺寸参数的测量？

____

引导问题 3：长度测量可分为________和________两种方式。

工作计划

1）制定工作方案，见表 4-2。

表 4-2　工作方案

步骤	工作内容	负责人
1		
2		

2）列出核心物料清单，见表 4-3。

表 4-3　核心物料清单

序号	名称	型号 / 规格	单位	数量
1				
2				

工作实施

1. 认识中级机器视觉系统应用实训平台（机械工件尺寸测量系统）结构布局及各结构功能

步骤 1：认识机械工件尺寸测量系统的结构布局。

机械工件尺寸测量系统主要由机器人单元、视觉单元、快换治具单元、传送带单元、总控单元、工件料仓和测量完成区等组成，如图 4-1 所示。

步骤 2：描述各结构的功能。

1）快换治具单元：由两个不同的治具组成，分别为单吸盘治具和双吸盘治具，可根据执行功能的不同进行自由更换。

2）传送带单元：由传送带、推料气缸和传感器组成，主要用于物料的输送与物料到位检测。

3）工件料仓：用于放置待检工件。

4）测量完成区：用于放置完成尺寸测量的工件。

机器人单元、总控单元和视觉单元的功能同任务 3.1 中食品包装盒识别系统。

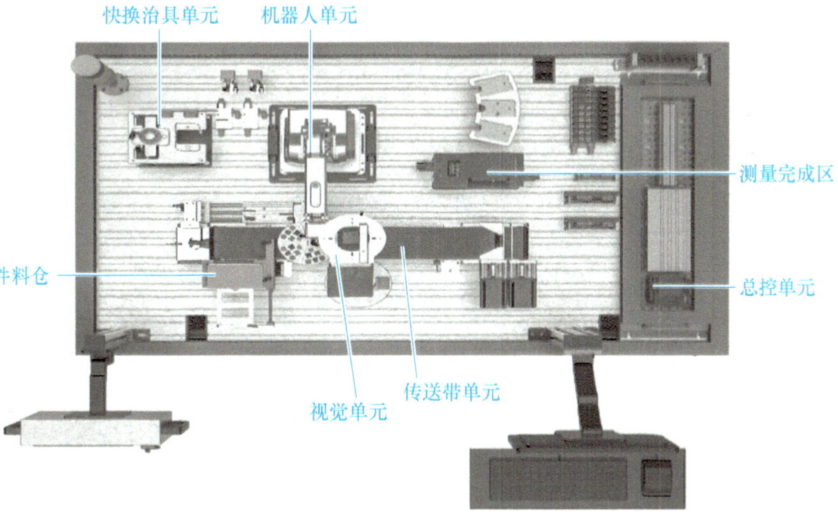

图 4-1　机械工件尺寸测量系统

2. 绘制机械工件尺寸测量系统的工作流程图

步骤 1：观看机械工件尺寸测量系统的工作过程演示。

步骤 2：描述机械工件尺寸测量系统的工作流程。

系统起动，推料气缸将工件料仓内的工件推送到传送带上，物料跟随传送带运动，当传感器检测到物料到达视觉检测区域后停止传送带。机器视觉尺寸测量系统对机械工件进行尺寸测量，输出测量结果。机器人运动到工件上方吸取工件，并将其放置到测量完成区。

步骤 3：绘制机械工件尺寸测量系统工作流程图，如图 4-2 所示。

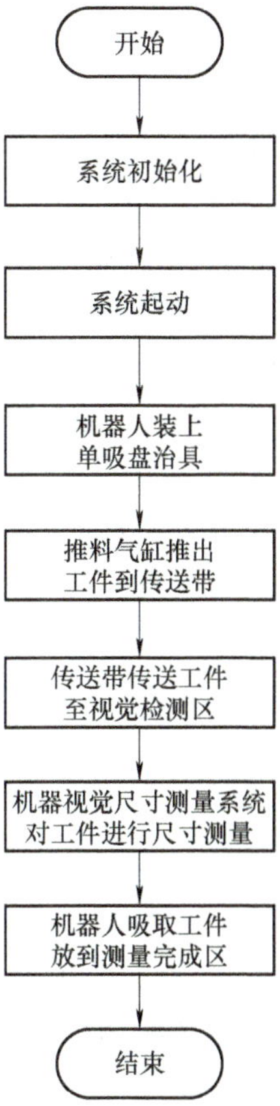

图 4-2　机械工件尺寸测量系统工作流程图

评价反馈

各组代表介绍任务完成过程，并完成评价表（见表 4-4）。

表 4-4　评价表

类别	考核内容	分值	评价分数		
			自评	互评	教师
理论	认识机器视觉尺寸测量技术	10			
	了解机器视觉尺寸测量内容	20			
技能	能够描述出机械工件尺寸测量系统的结构布局	20			
	能够描述出机械工件尺寸测量系统各个部分的功能	20			
	绘制出机械工件尺寸测量系统的工作流程图	20			
素养	遵守操作规程，养成严谨科学的工作态度	2			
	根据工作岗位职责，完成小组成员的合理分工	2			
	团队合作中，各成员学会准确表达自己的观点	2			
	严格执行 6S 现场管理	2			
	养成总结训练过程和结果的习惯，为下次训练积累经验	2			
总分		100			

相关知识

机器视觉尺寸测量

1. 机器视觉尺寸测量概述

在传统的工业零部件尺寸测量中，主要采用游标卡尺、钢尺、千分尺以及专用辅助接触式测量工具等，但由于测量设备和人工测量方法存在效率低、可重复性差和测量精度低等问题，无法满足大规模自动化生产的需要。基于机器视觉技术的尺寸测量具有成本低、精度高、安装简易、非接触性、实时性、灵活性和精确性等特点，可以有效解决传统检测方法中存在的问题。在自动化制造行业中，经常使用机器视觉技术测量工件以及各类产品的尺寸，比如测量工件的长度、圆、角度、弧线和区域等，能够大大提升产品良率和提高生产效率。

机器视觉测量主要是由计算机获取包含被测物体的图像信息，利用图像信息与物方空间内几何信息“精确映射”实现测量，得到被测物体所需要的测量尺寸，主要用于测量零部件以及各类产品的尺寸是否合格。

2. 机器视觉尺寸测量内容

机器视觉尺寸测量内容包括测量工件的长度、圆、线弧和角度等，这些都是工件典型的几何尺寸参数。

（1）长度测量　直线是图像的基本特征之一，因此长度测量是尺寸测量技术中最普遍的测量方式。长度测量可分为直线间距离测量和线段长度测量两种方式。

直线间距离测量是对定位距离的两条直线进行识别和拟合，在得到直线方程后，可根据数学方法计算得到两条直线之间的距离。因此，距离测量的关键是对定位距离的直线拟合，最经典的直线拟合方法是最小二乘法和 Hough（霍夫）变换法。

在工件测量中，一般都会对多边形的边长进行测量，线段长度测量即测量某条边两个端点间的线段长度。线段长度测量最重要的步骤是找到工件图像中线段的首尾两个端点，端点一般为图像的角点。因此，线段测量的重点是把工件图像中的角点找出来。常用的方法是 Harris 角点检测的线段测量方法，其基本流程是对采集到的工件图像采用 Harris 角点检测的方法进行角点提取，然后提取工件图像的轮廓，再利用轮廓信息定位角点位置，最后根据检测到的角点计算角点之间的线段长度。

（2）圆测量　除了长度测量，圆测量也是尺寸测量中引用较为广泛的测量方式。圆测量中最常见的是正圆测量，因此一般将正圆测量称为圆测量。

圆测量的过程：首先对圆的外形轮廓进行识别和拟合，在获得圆的方程后，利用数学方法得到相关的参数。关于圆拟合的经典算法有 Hough 变换法和最小二乘法，这两种方法适合简单背景下的圆测量。对于复杂背景，比如背景中含有多边形等其他非正圆图形时，可以利用曲率识别的方法分离出正圆图形，进而求解出目标圆的参数。

任务 4.2　机械工件尺寸测量系统视觉程序设计

学习情境

在了解了机械工件尺寸测量系统的构成和机器视觉尺寸测量的工作流程后，本任务完成机械工件尺寸测量系统的视觉程序编写。

学习目标

知识目标

1）了解机械工件尺寸测量系统中视觉单元的功能。

2）了解机械工件尺寸测量系统视觉程序设计思路。

3）了解常用的视觉测量工具。

能力目标

1）工具选用能力：能够熟练使用线圆测量、线线测量等工具。

2）程序设计与调试能力：能够编写视觉程序，实现识别、定位和测量等功能。

素养目标

1）根据工作岗位职责，完成小组成员的合理分工。

2）团队合作中，各成员学会表达自己的观点。

3）养成安全规范操作的行为习惯。

工作任务

完成工件尺寸的测量，标注图如图 4-3 所示，具体测量内容有：①圆直径，如标记 h、j。②角度，如标记 e、f、g。③长度，如标记 a、b、c、d。④圆心到线的距离，如标记 i。⑤两个圆心间的距离，如标记 k。

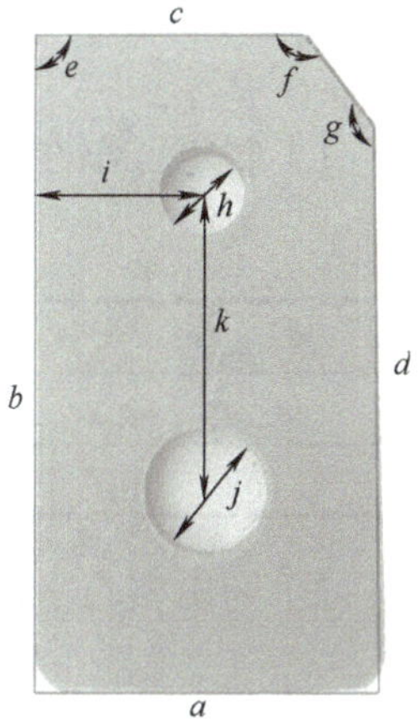

图 4-3　工件尺寸测量标注图

任务分工

根据任务要求，对小组成员进行合理分工，并填写表 4-5。

表 4-5　任务分工表

班级		组号		指导老师	
组长		学号			
组员与分工	姓名	学号	任务内容		

获取信息

引导问题 1：简述机械工件尺寸测量系统中视觉单元的功能。

____

____

引导问题 2：简述机械工件尺寸测量系统的视觉程序设计思路。

____

____

引导问题 3：简述什么是相机标定。

____

____

工作计划

1）制定工作方案，见表 4-6。

表 4-6　工作方案

步骤	工作内容	负责人
1		
2		

2）列出核心物料清单，见表 4-7。

表 4-7　核心物料清单

序号	名称	型号 / 规格	单位	数量
1				
2				

工作实施

相机标定

1. 视觉系统标定

（1）相机标定

步骤 1：将标定板放到传送带上，且在相机检测视场内，标定板 AC、BD 两侧与传送带边缘对齐，放置位置如图 4-4 所示。

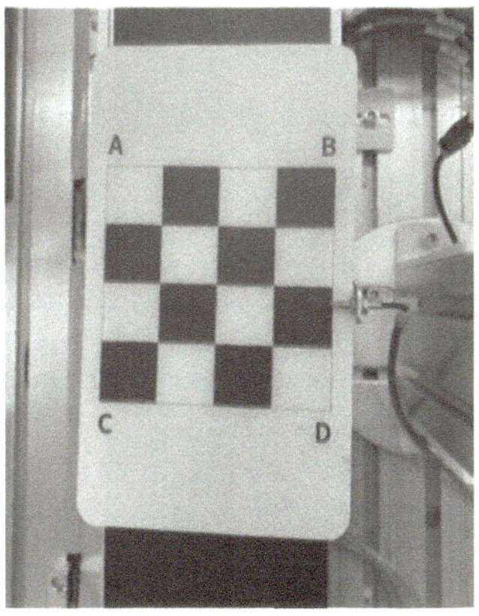

图 4-4　标定板放置位置

步骤 2：打开 DobotVisionStudio 软件，选择通用方案。

步骤 3：建立方案流程。将“采集”子工具箱中的“图像源”工具拖拽到流程编辑区。

步骤 4：“0 图像源”参数设置与调整。按照任务 2.3 讲解的方式，对图像源的参数进行设置与调整。

步骤 5：单击“单次执行”按钮，查看结果。图像采集到的标定板图像如图 4-5 所示。

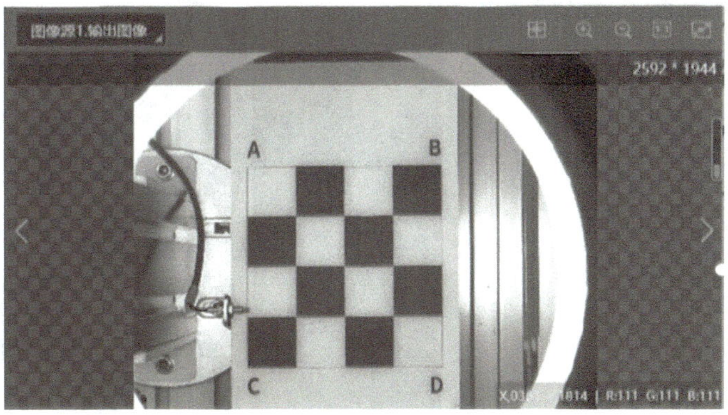

图 4-5　图像采集到的标定板图像

步骤 6：方案流程中增加“标定板标定”工具。将“标定”子工具箱中的“标定板标定”工具拖拽到流程编辑区，并与“0 图像源 1”相连接，如图 4-6 所示。

图 4-6　方案流程增加“标定板标定”工具

步骤 7：“2 标定板标定”运行参数设置。双击“2 标定板标定 1”进行参数设置，在“运行参数”中的“物理尺寸”处，填入数字“25.00”，即标定板每个格子的边长尺寸，其他参数保持默认，如图 4-7 所示。

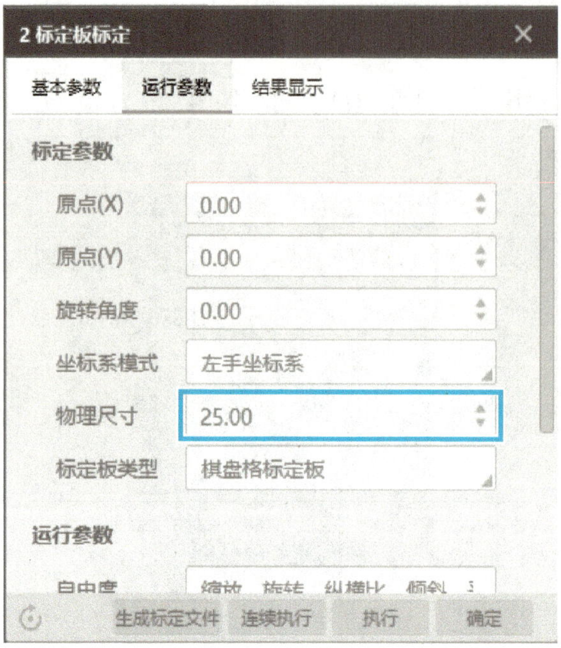

图 4-7 “2 标定板标定”运行参数设置

步骤 8：生成标定文件。单击“执行”按钮，图像显示区域出现文字（绿色），结果显示区域出现结果，标定结果如图 4-8 所示。再单击运行参数界面的“生成标定文件”按钮保存标定文件，文件名重命名为“物理标定”，存储到计算机的指定位置，如图 4-9 所示。

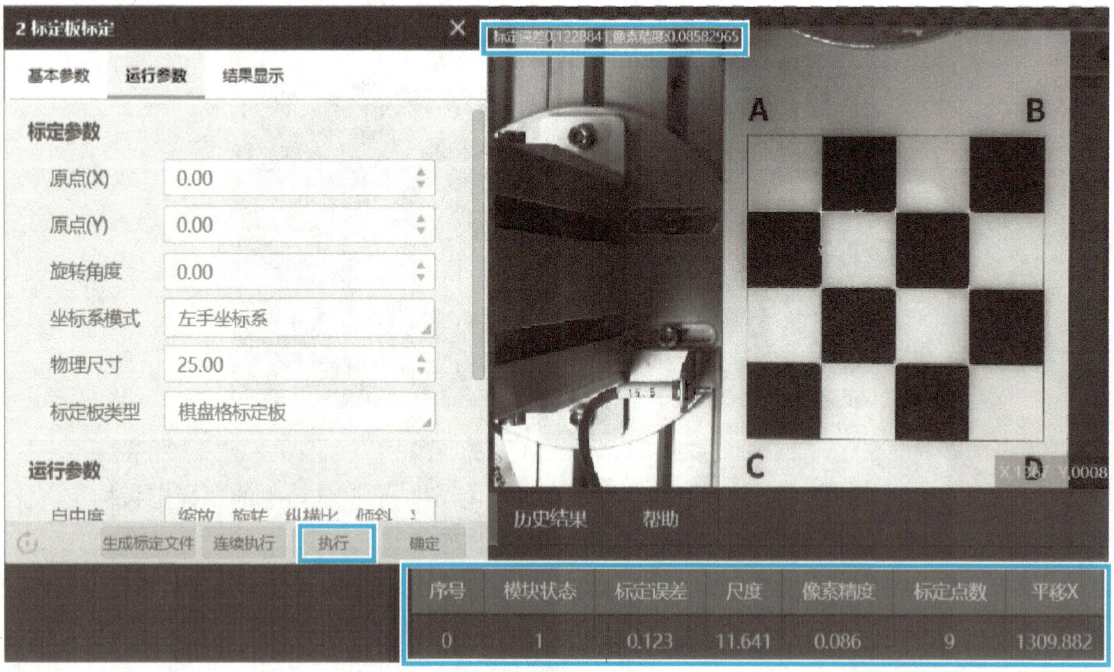

图 4-8 标定结果

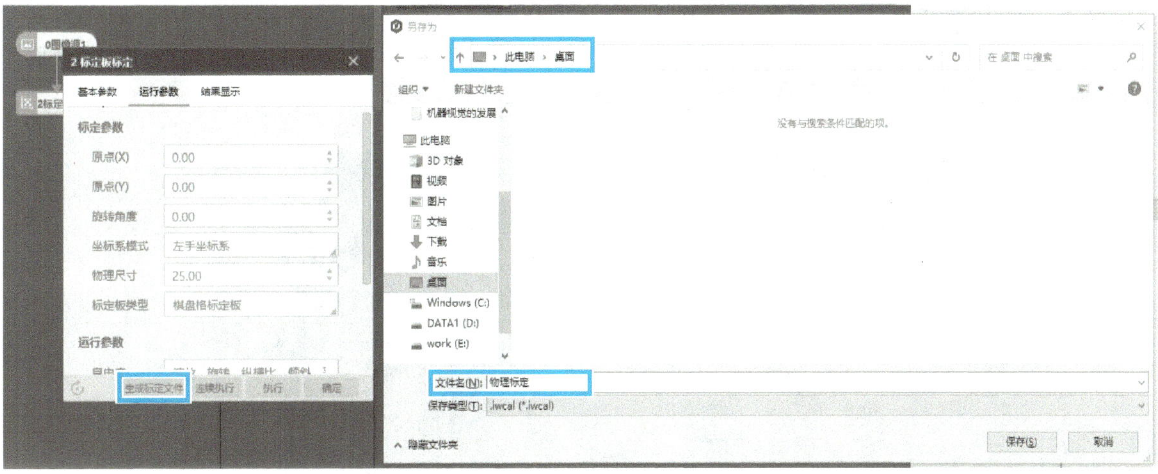

图 4-9　生成标定文件

（2）9 点标定　按照任务 3.2 讲解的方式进行 9 点标定，并生成标定文件。

2. 机械工件尺寸测量系统的视觉程序设计

机械工件尺寸测量视觉程序设计（1）

机械工件尺寸测量视觉程序设计（2）

机械工件尺寸测量视觉程序设计（3）

机械工件尺寸测量视觉程序设计（4）

（1）采集机械工件图像

步骤 1：将工件放置于视觉检测区域内。

步骤 2：打开 DobotVisionStudio 软件，选择通用方案。

步骤 3：将“采集”子工具箱中的“图像源”工具拖拽到流程编辑区。

步骤 4：“0 图像源”参数设置。同相机标定的步骤 4。

步骤 5：单击“执行”按钮，查看结果。相机采集到的图像如图 4-10 所示。

图 4-10　相机采集到的图像

（2）建立快速特征匹配模板

步骤 1：方案流程中增加“快速匹配”工具。将“定位”子工具箱中的“快速匹配”工具拖拽到流程编辑区，并与“0 图像源 1”相连接，如图 4-11 所示。

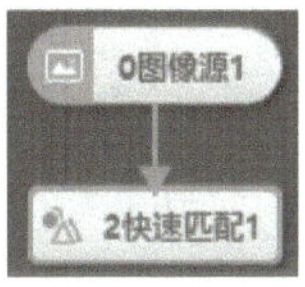

图 4-11　方案流程增加“快速匹配”工具

步骤 2："2 快速匹配"基本参数设置。双击"2 快速匹配 1"，设置快速匹配参数，ROI 区域栏"ROI 创建"选择"绘制"，形状选择"□"，然后在图像显示区域绘制一个矩形的 ROI 区域，如图 4-12 所示。

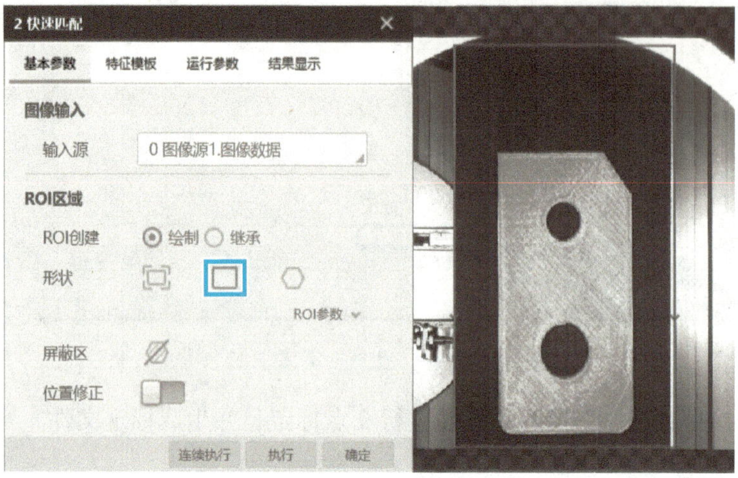

图 4-12 "2 快速匹配"基本参数设置

步骤 3：创建新的特征模板。在"特征模板"栏中，单击"创建"按钮创建特征模板，如图 4-13 所示。

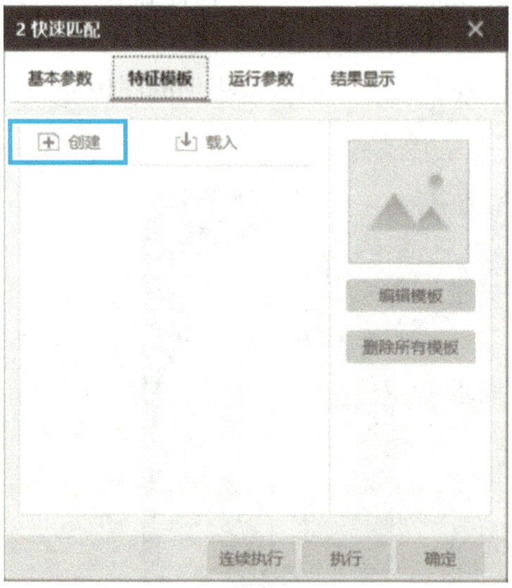

图 4-13 创建特征模板

步骤 4：模板配置。在模板配置界面，单击"创建矩形掩模"按钮，拖动生成矩形掩模覆盖机械工件。在右下角配置参数中设置适当的特征尺度和对比度阈值，单击"生成模型"按钮生成特征模型，如图 4-14 所示。

完成模板配置后，单击"确定"按钮，可以在"特征模板"界面中看到新建的模板，如图 4-15 所示。

（3）抠出机械工件的图像

步骤 1：方案流程中增加"仿射变换"工具。将"图像处理"子工具箱中的"仿射变换"工具拖拽到流程编辑区，并与"2 快速匹配 1"相连，如图 4-16 所示。

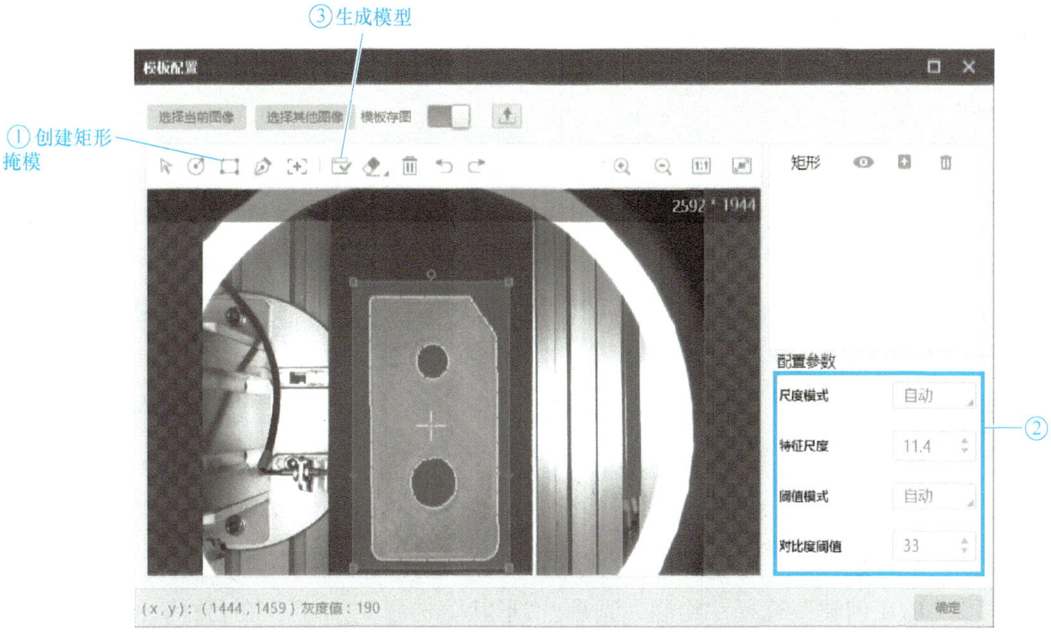

图 4-14　模板配置

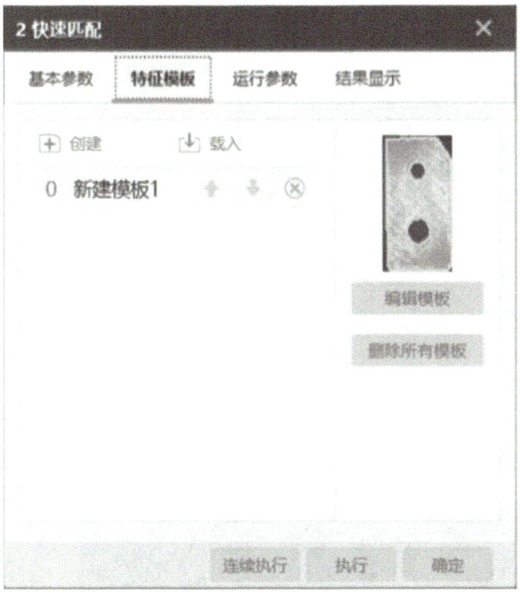

图 4-15　特征模板

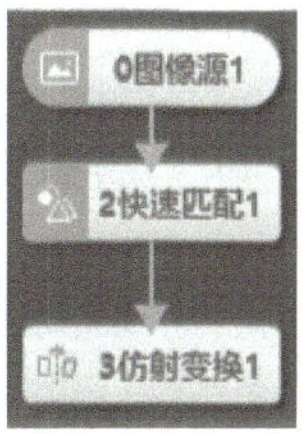

图 4-16　方案流程增加“仿射变换”工具

步骤 2：“3 仿射变换”基本参数设置如图 4-17 所示。双击“3 仿射变换 1”，在基本参数中 ROI 区域栏的“ROI 创建”选择“绘制”，“区域”选择“2 快速匹配 1. 匹配框 []”，单击“执行”按钮，机械工件的图就被抠出来了。

（4）工件的边长测量　找出工件外围直线（如图 4-3 所示的边 a、b、c、d），然后计算上下两边以及左右两边之间的直线距离（边 a 与边 c 之间的距离、边 b 与边 d 之间的距离），最后经过单位转换成实际物理尺寸。

1）工件外围直线查找步骤如下。

步骤 1：方案流程中增加“直线查找”工具。将“定位”子工具箱的“直线查找”工具拖拽到流程编辑区，并与“3 仿射变换 1”相连，如图 4-18 所示。

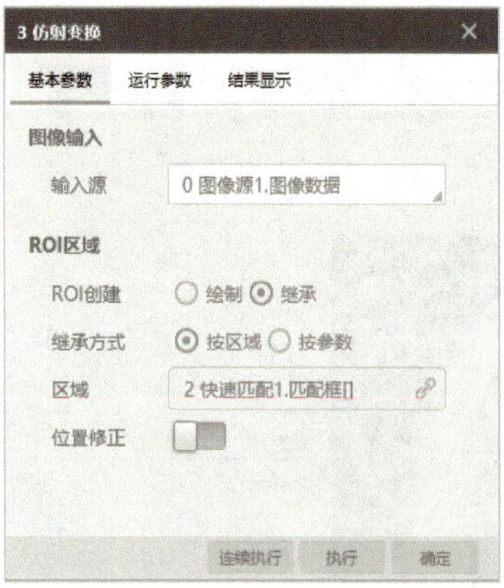

图 4-17 “3 仿射变换”基本参数设置

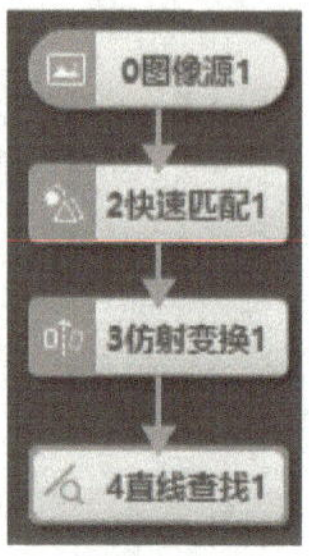

图 4-18 方案流程增加“直线查找”工具

“4 直线查找”参数设置。双击“4 直线查找 1”，在基本参数界面，“输入源”选择“3 仿射变换 1. 输出图像”，“ROI 创建”选择“绘制”选项，“形状”选择“”，在目标直线位置（边长 c）按住鼠标左键拖动出一条直线，通过拖动把目标直线框住，如图 4-19 所示。运行参数保持默认。

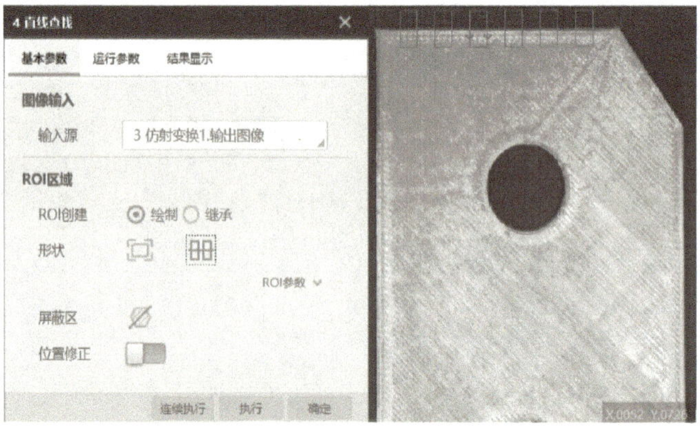

图 4-19 “4 直线查找”参数设置

单击“执行”按钮，查看“4 直线查找”结果，如图 4-20 所示。

图 4-20 “4 直线查找”结果

步骤 2：用步骤 1 的方法找出其他边，方案流程、参数设置以及运行结果如图 4-21 ～图 4-23 所示。

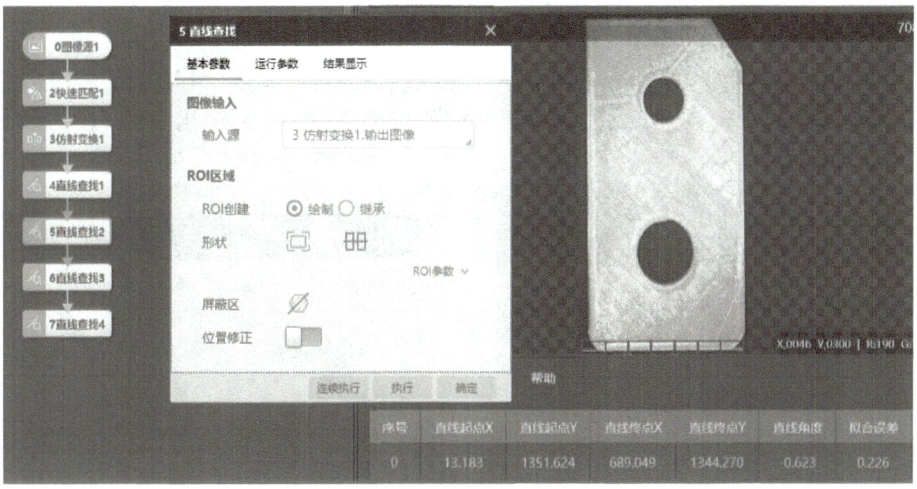

图 4-21　“5 直线查找”方案流程、参数设置以及运行结果

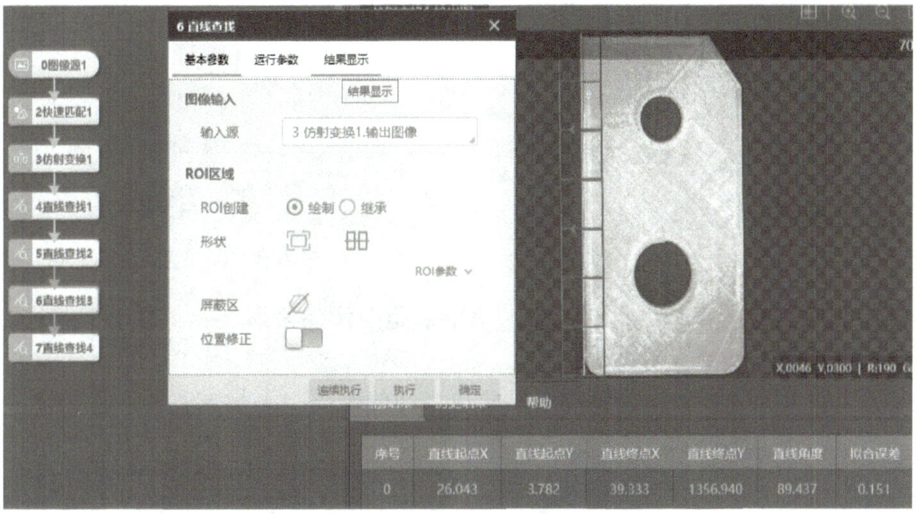

图 4-22　“6 直线查找”方案流程、参数设置以及运行结果

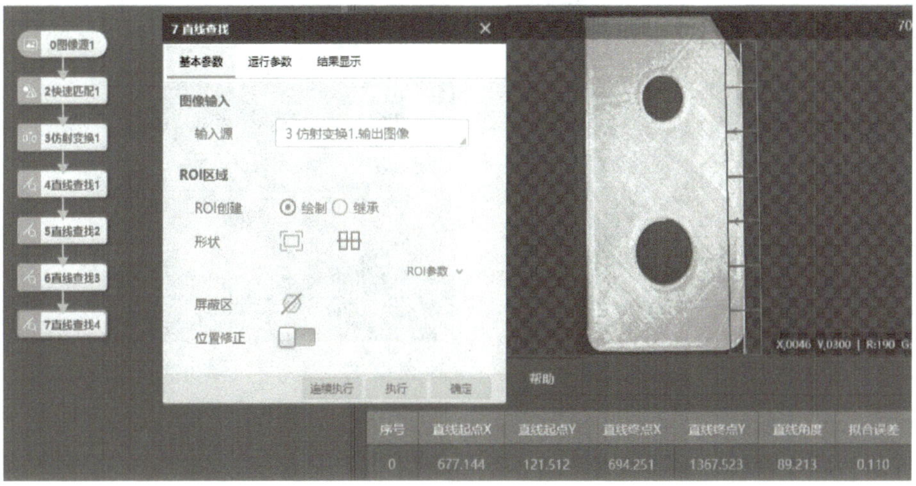

图 4-23　“7 直线查找”方案流程、参数设置以及运行结果

2）直线距离测量步骤如下。

步骤 1：方案流程中增加“线线测量”工具。将“测量”子工具箱中的“线线测量”工具拖拽到流程编辑区，并与“7 直线查找 4”相连，如图 4-24 所示。

“8 线线测量”参数设置。双击“8 线线测量 1”，在基本参数界面，“数据来源”栏“来源选择”设为“订阅”；“线输入 1”栏“输入方式”选择“按线”，“线”选择“4 直线查找 1. 输出直线 []”；“线输入 2”栏“输入方式”选择“按线”，“线”选择“5 直线查找 2. 输出直线 []”，如图 4-25 所示。运行参数保持默认即可。

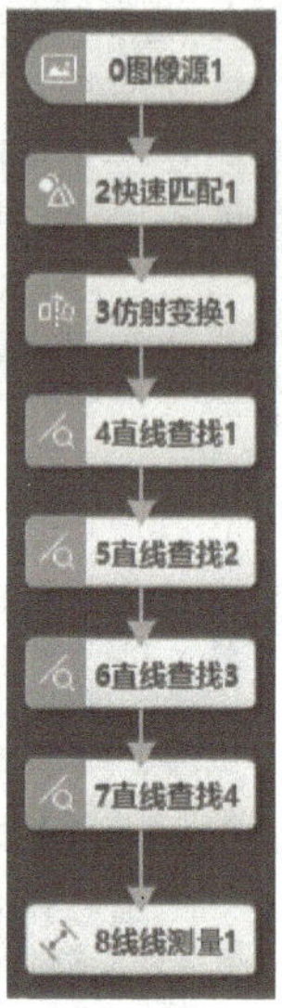

图 4-24　方案流程增加“线线测量”工具

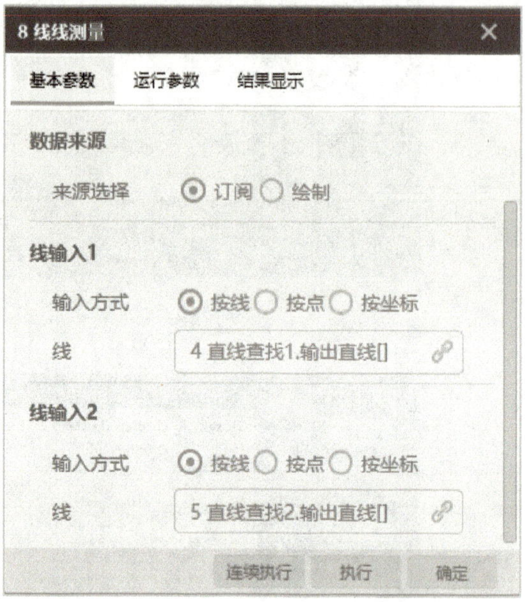

图 4-25　“8 线线测量”参数设置

单击“执行”按钮，查看直线测量的结果，该结果是图像像素尺寸，工件上下两边之间的距离测量结果如图 4-26 所示。

步骤 2：按照步骤 1 的方法，测量工件左右两边之间的距离，测量方案及结果如图 4-27 所示。

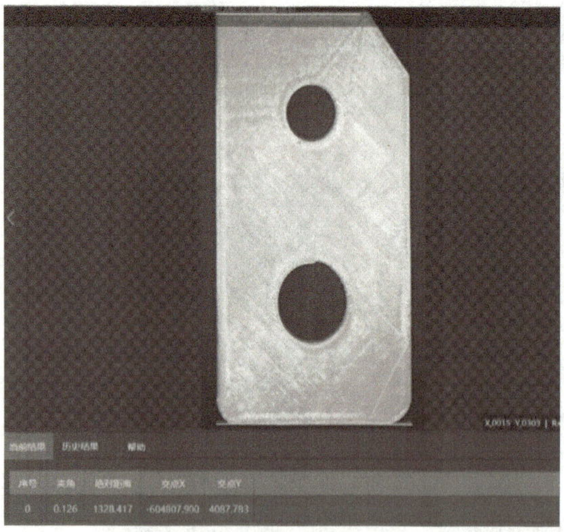

图 4-26　工件上下两边之间的距离测量结果

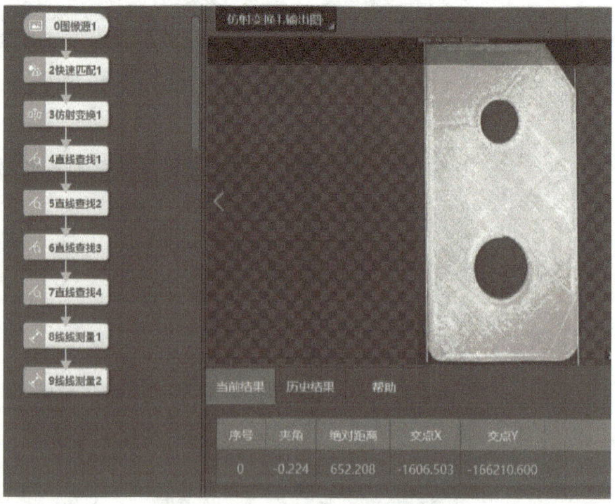

图 4-27　工件左右两边之间的距离测量方案及结果

3）将图像尺寸转化为工件的实际物理尺寸步骤如下。

步骤 1：方案流程中增加“单位转换”工具。将“运算”子工具箱的“单位转换”工具拖拽到流程编辑区，并与“9 线线测量 2”连接，如图 4-28 所示。

“10 单位转换”参数设置。双击“10 单位转换 1”，把像素间距设置为“8 线线测量 1. 绝对距离 []”。加载标定文件选择已经保存好的“物理标定 .iwcal”文件，如图 4-29 所示。

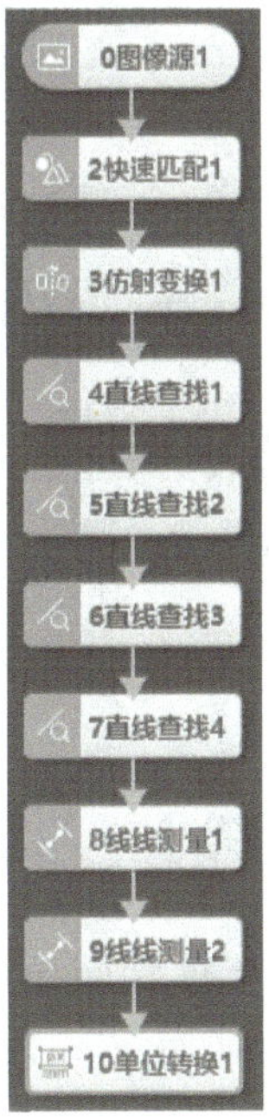

图 4-28　方案流程增加“单位转换”工具

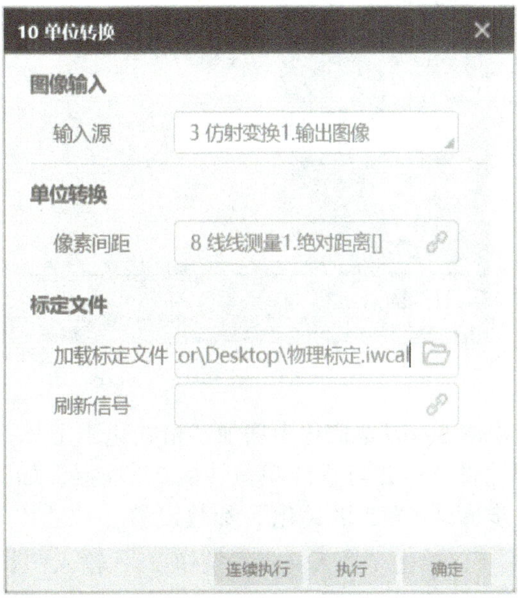

图 4-29　“10 单位转换”参数设置

单击“执行”按钮，即可在结果显示区域查看到转换的结果，也就是工件上下两边之间的实际距离尺寸，图像尺寸单位转换如图 4-30 所示。

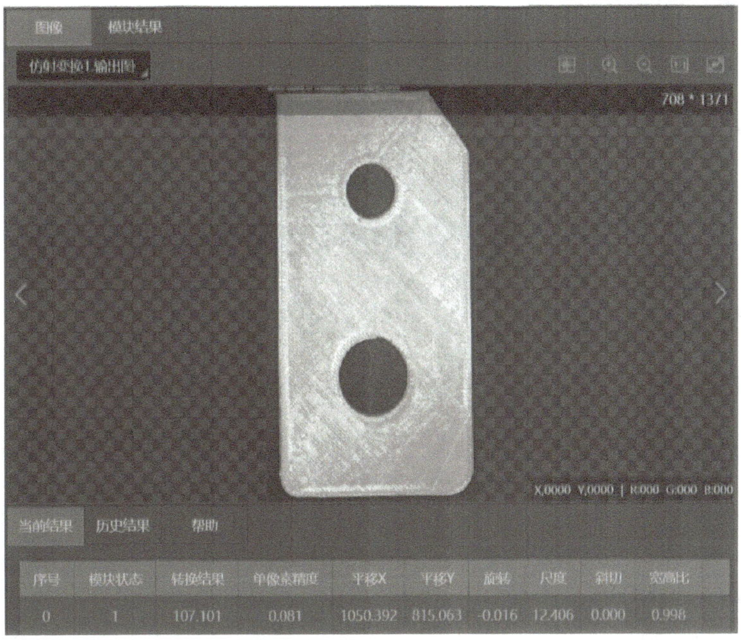

图 4-30　工件上下两边的图像尺寸单位转换

步骤 2：按照步骤 1 的方法，进行工件左右两边的图像尺寸单位转换，方案流程及结果如图 4-31 所示。

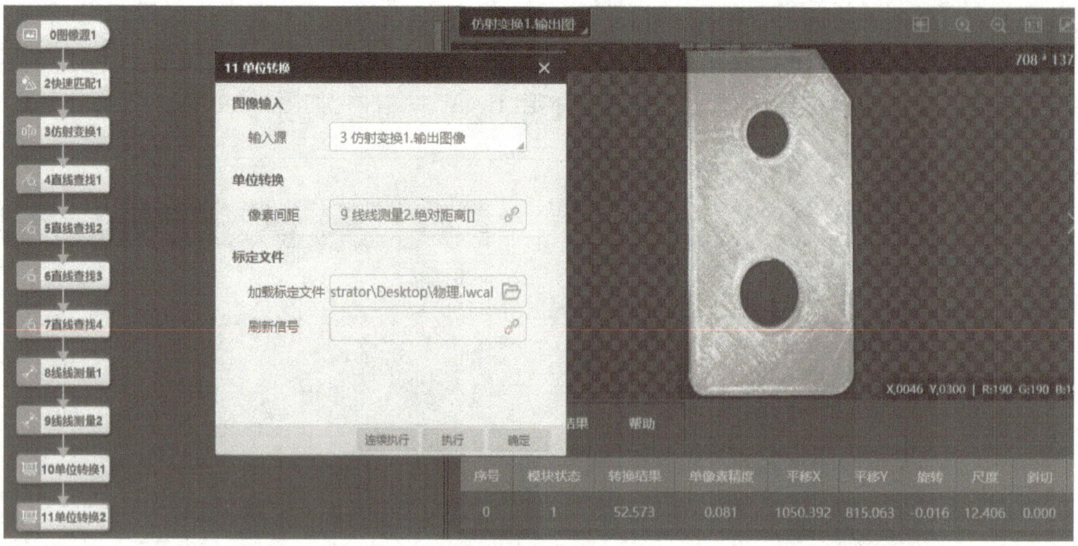

图 4-31　工件左右两边的图像尺寸单位转换方案流程及结果

步骤 3：方案流程中增加“格式化”工具。将“逻辑工具”子工具箱中的“格式化”工具拖拽到流程编辑区，并与“11 单位转换 2”连接，如图 4-32 所示。

步骤 4：“12 格式化”参数设置。双击“12 格式化 1”，在基本参数界面单击“插入行”按钮 ＋ 添加 ，单击“插入文本”按钮 T ，输入“长:”，单击“插入订阅”按钮 ，找到“<10 单位转换 1. 转换结果（%1.3f）>[0]”的订阅内容，然后单击输入结束符中的“\n”。接着按照相同的操作方式插入“宽:”“<11 单位转换 2. 转换结果（%1.3f）>[0]”，如图 4-33 所示。

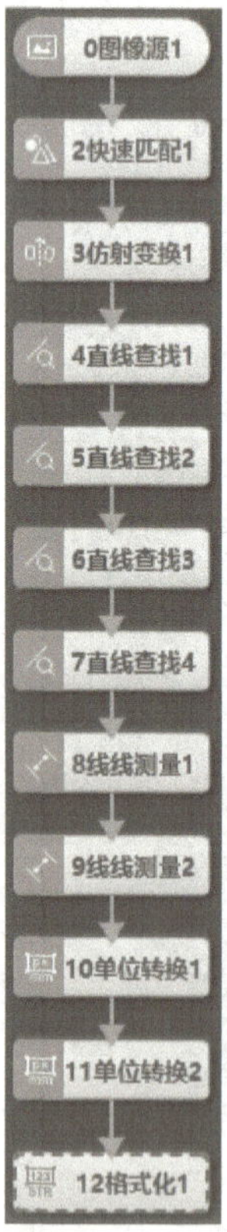

图 4-32　方案流程增加“格式化”工具

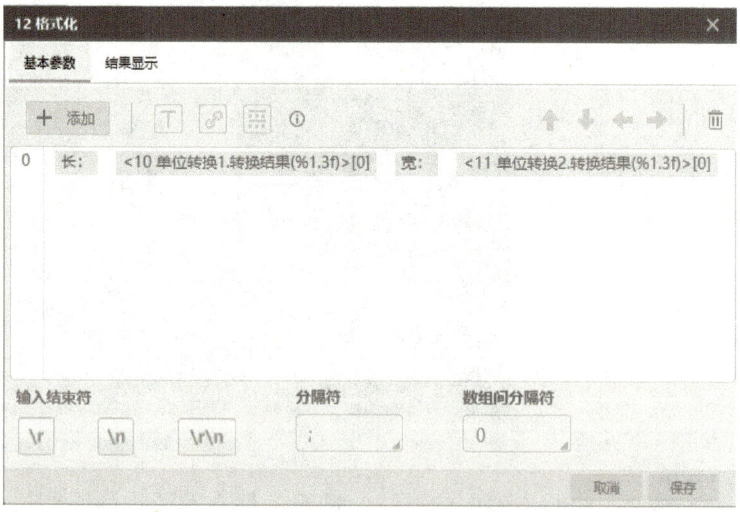

图 4-33　“12 格式化”参数设置

（5）工件的角度测量

步骤 1：方案流程中增加“边缘交点”工具。将“定位”子工具箱中的“边缘交点”工具拖拽到流程编辑区，并与“3 仿射变换 1”相连接，如图 4-34 所示。

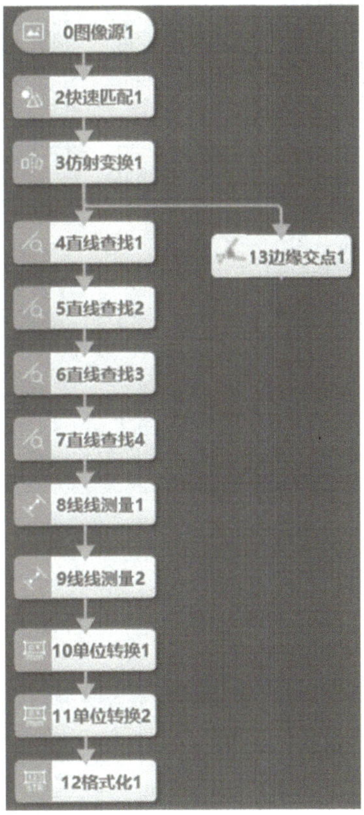

图 4-34　方案流程增加“边缘交点”工具

“13 边缘交点”参数设置。双击“13 边缘交点 1”，在基本参数界面，“ROI 创建”选择“绘制”选项，“形状”选择“□”，然后在图像显示区域，拖动鼠标框选择第一个角度的识别区域，如图 4-35 所示。运行参数保持默认。

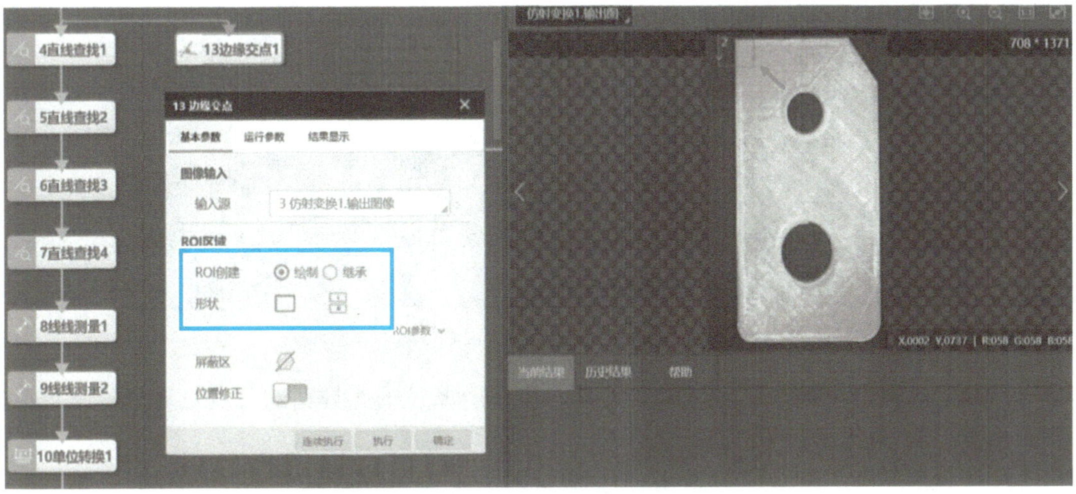

图 4-35　“13 边缘交点”参数设置

单击“执行”按钮查看边缘交点识别结果，如图 4-36 所示。

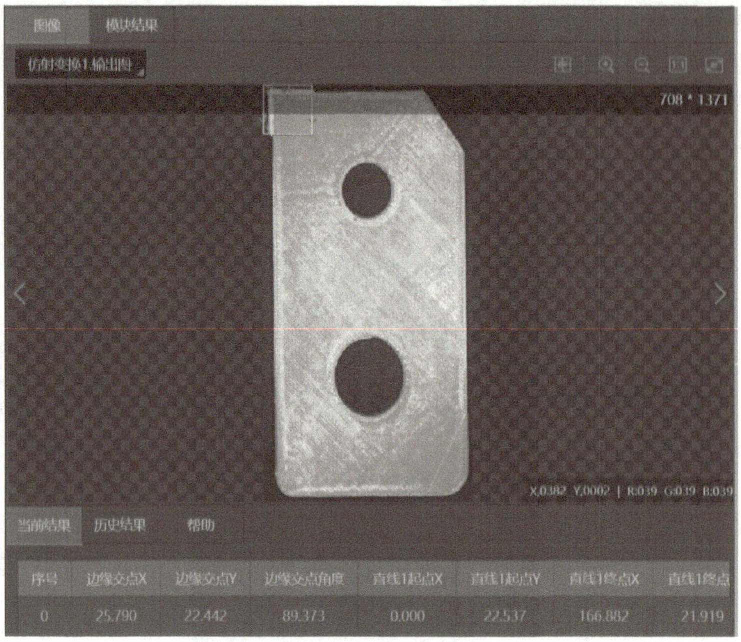

图 4-36　边缘交点识别结果

步骤 2：按照步骤 1 的方法，查找出其他两个角。这两个角对应的边缘交点工具为“14 边缘交点 2”和“15 边缘交点 3”，方案流程和查找结果如图 4-37、图 4-38 所示。

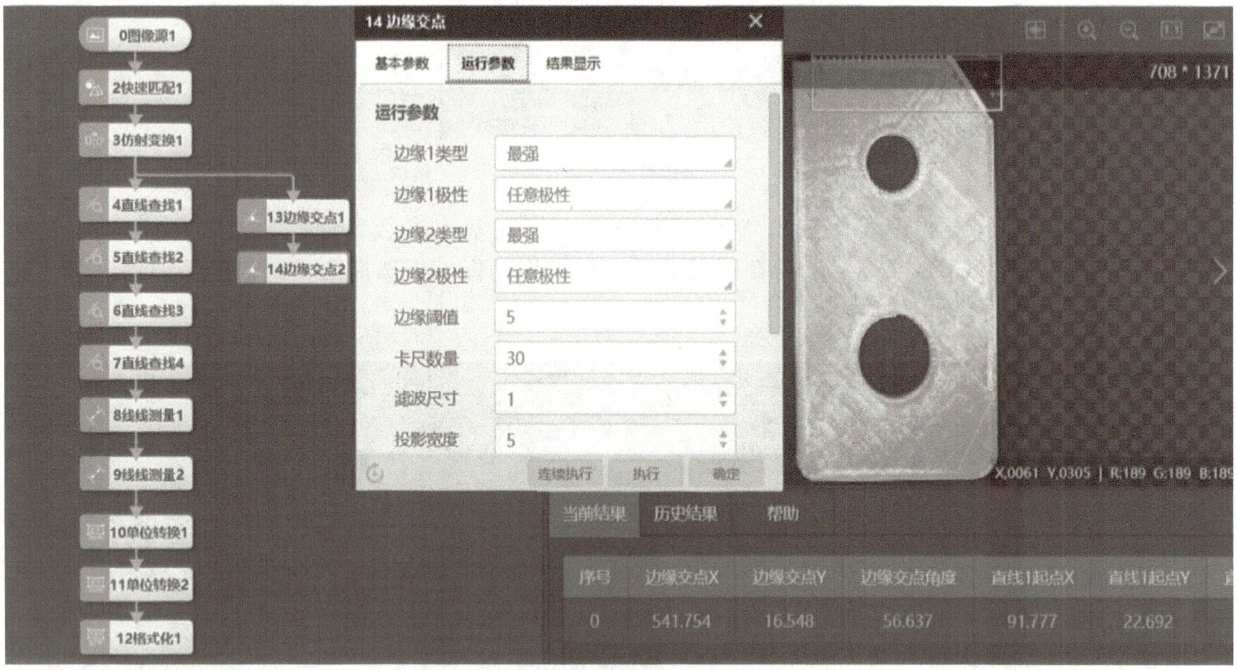

图 4-37　“14 边缘交点 2”方案流程和查找结果

步骤 3：方案流程中增加“变量计算”工具。将“运算”子工具箱的“变量计算”工具拖拽到流程编辑区，并与“15 边缘交点 3”连接，如图 4-39 所示。

“16 变量计算”基本参数设置。双击“16 变量计算 1”，在基本参数界面，对第一个角度进行补角的计算。名称为“角度 1”，单击“▦”，输入表达式“180−<13 边缘交点 1. 边缘交点角度 >[0]”，如图 4-40 所示。

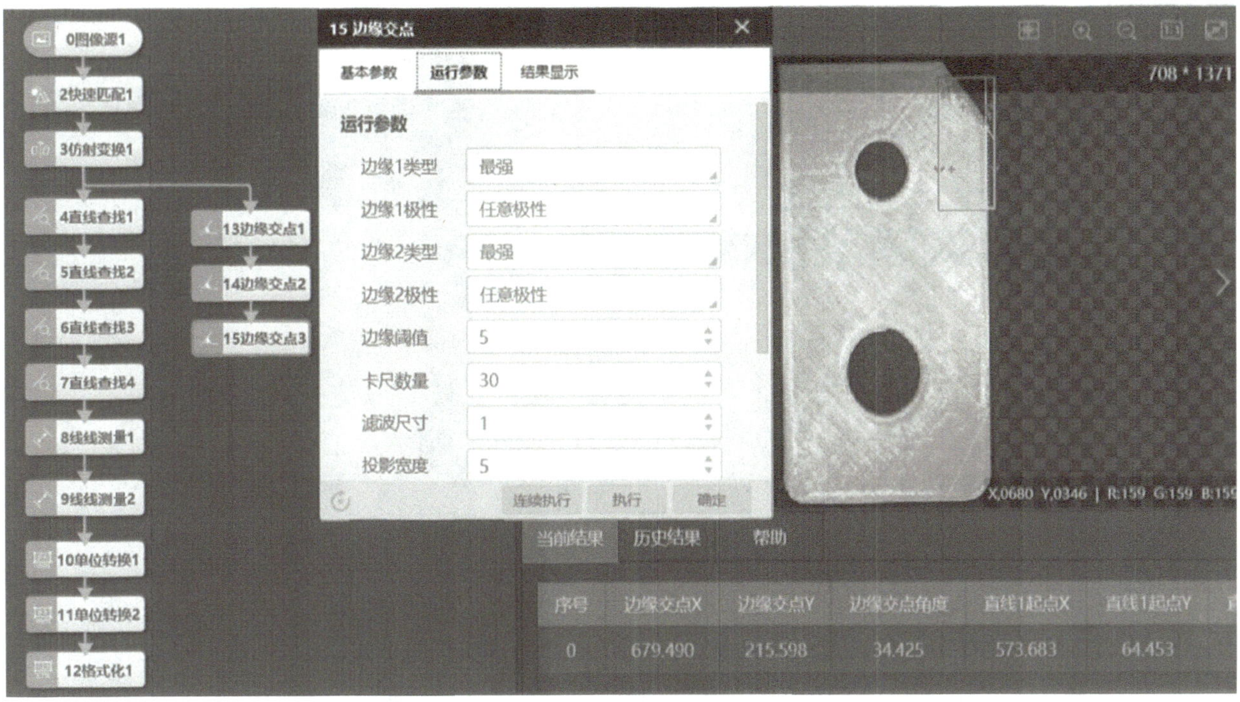

图 4-38　“15 边缘交点 3”方案流程和查找结果

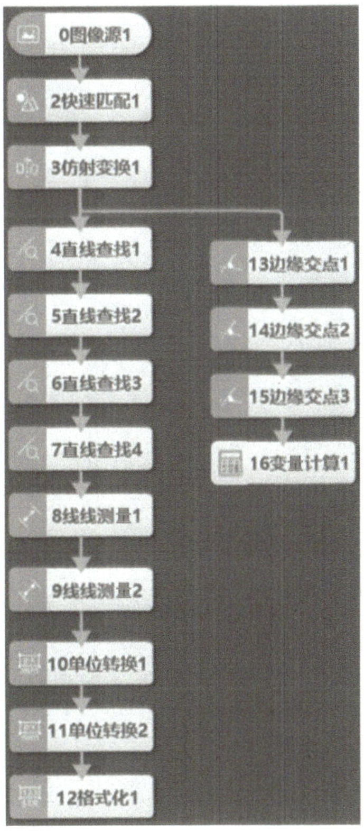

图 4-39　方案流程增加“变量计算”工具

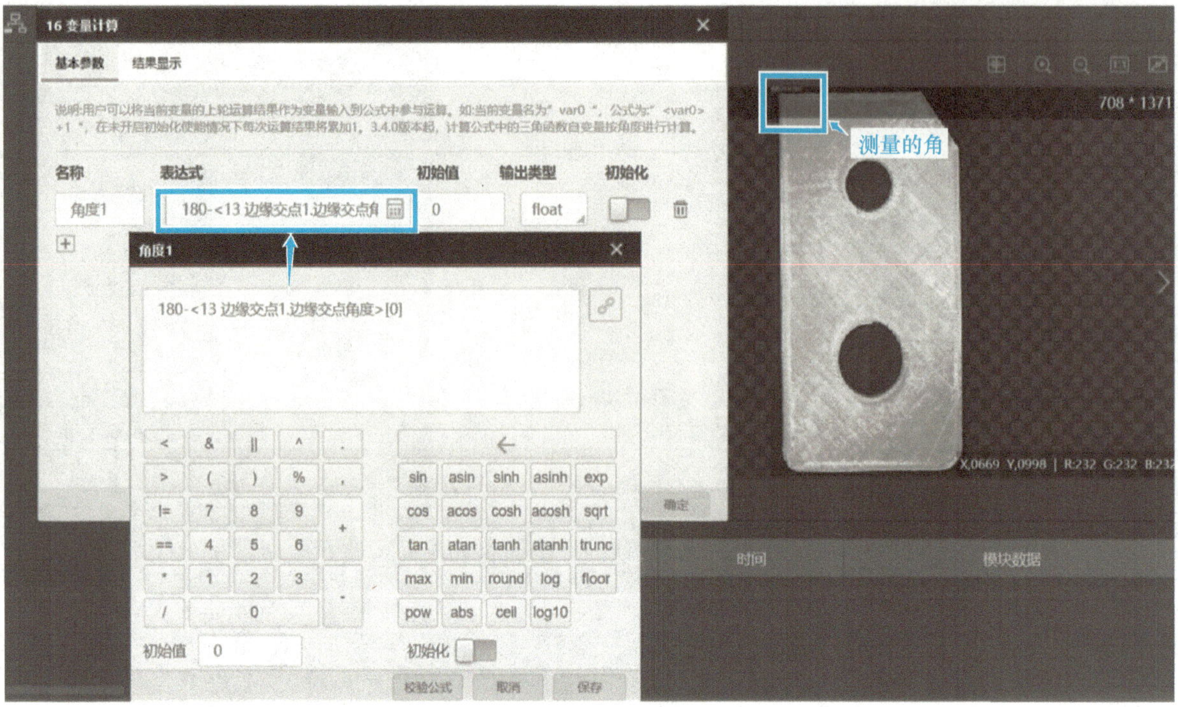

图 4-40 “16 变量计算”基本参数设置

单击“执行”按钮，即可看到角度数据，如图 4-41 所示。

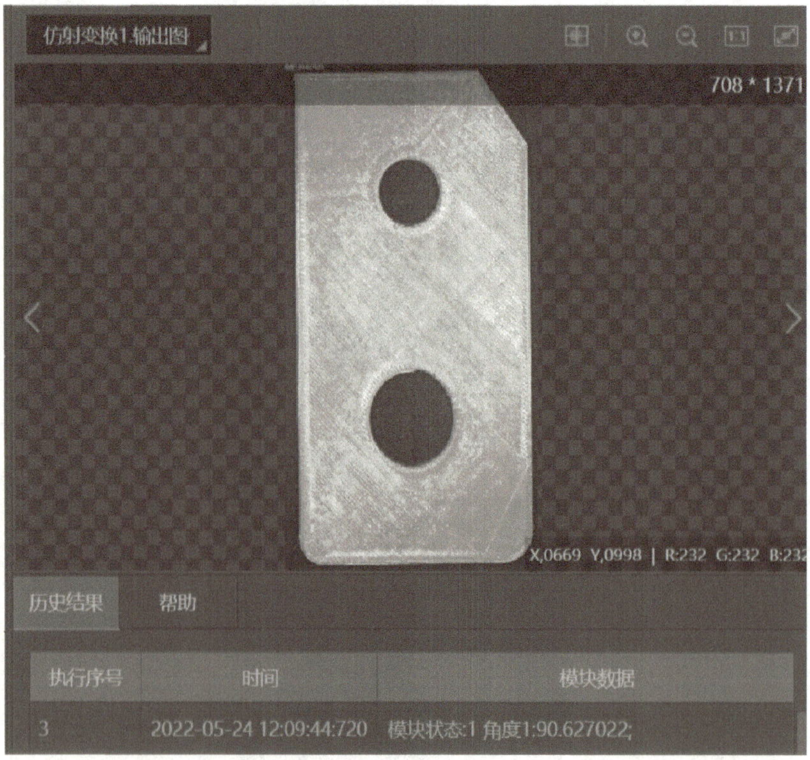

图 4-41 角度数据

步骤 4：按照步骤 3 的方法计算出其他两个角度数据。这两个角对应的计算工具为“17 变量计算 2”和“18 变量计算 3”，方案流程及计算结果分别如图 4-42、图 4-43 所示。

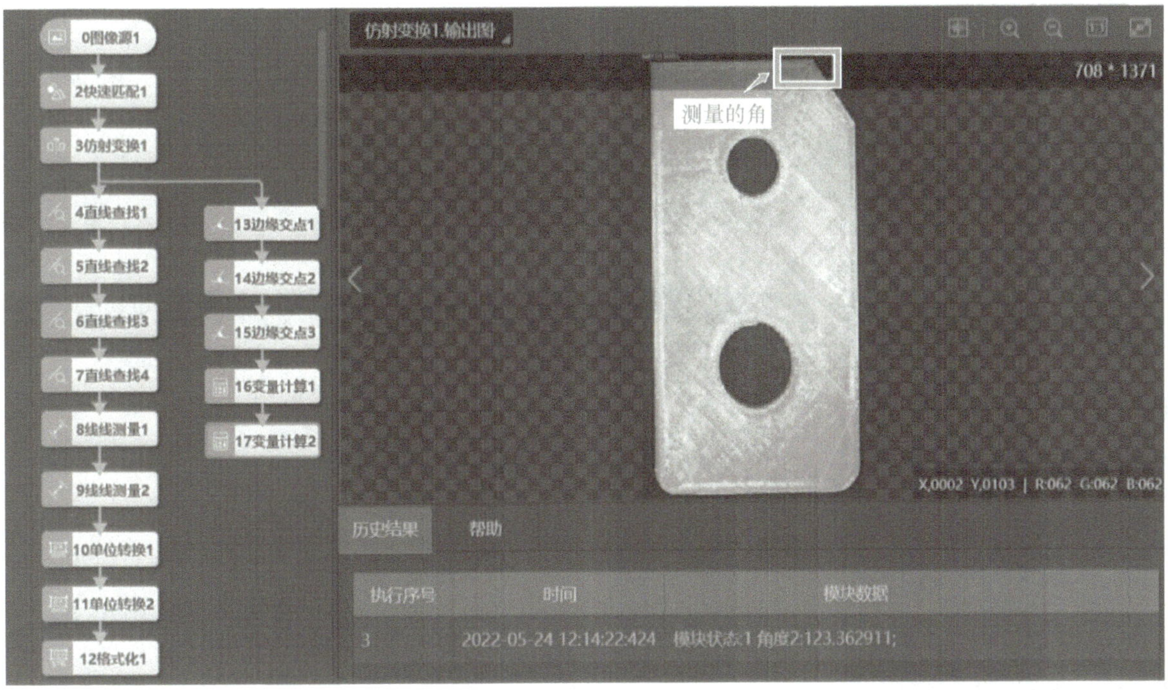

图 4-42　“17 变量计算 2”方案流程及计算结果

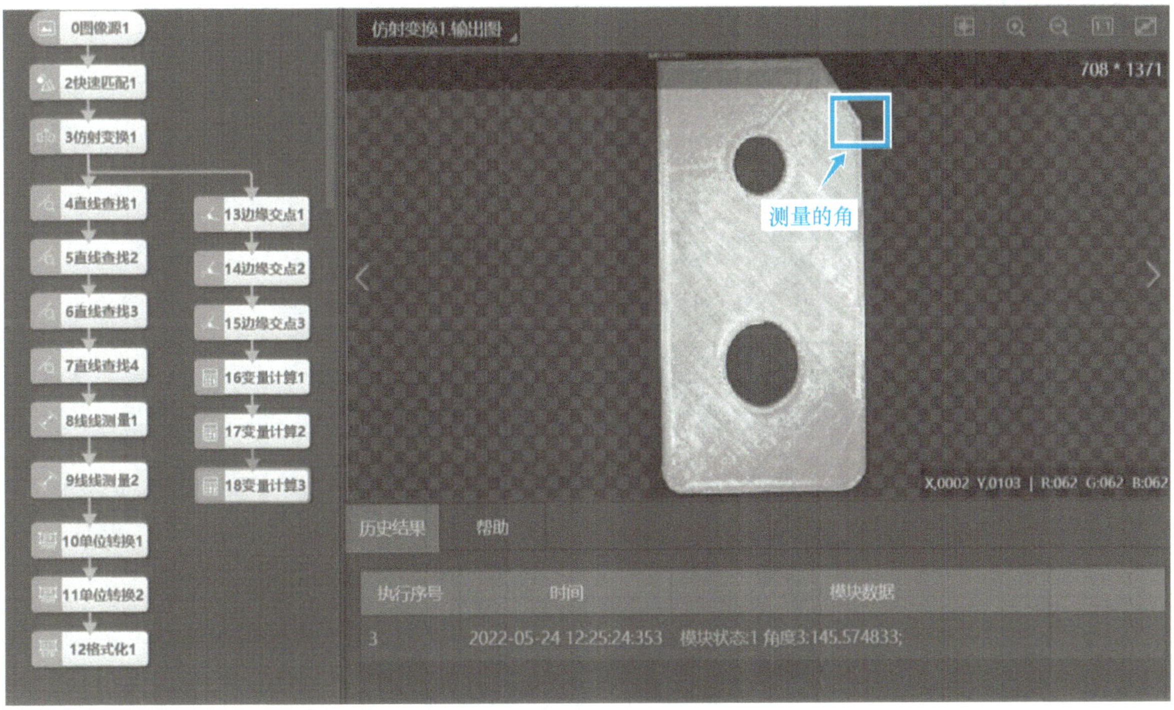

图 4-43　“18 变量计算 3”方案流程及计算结果

步骤 5：方案流程中增加“格式化”工具。将“逻辑工具”子工具箱中的“格式化”工具拖拽到流程编辑区，并与“18 变量计算 3”相连接，如图 4-44 所示。

“19 格式化”基本参数设置如图 4-45 所示。双击“19 格式化 2”进行参数设置，输出文本为“角度 1:”“<16 变量计算 1. 角度 1 (%1.3f) >[0]”“\n”“角度 2:”“<17 变量计算 2. 角度 2 (%1.3f) >[0]”“\n”“角度 3:”“<18 变量计算 3. 角度 3 (%1.3f) >[0]”。

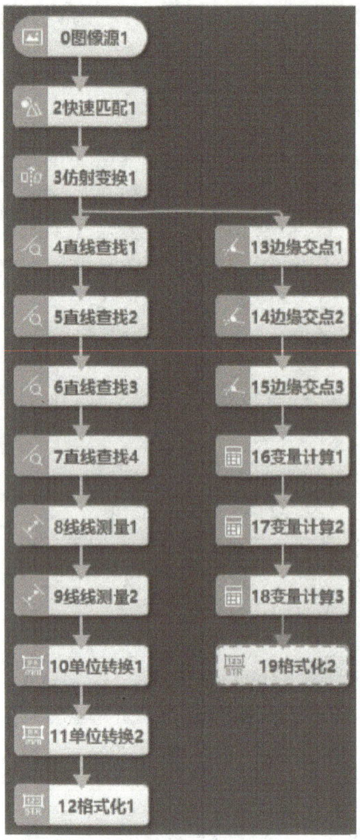

图 4-44　方案流程增加“格式化”工具

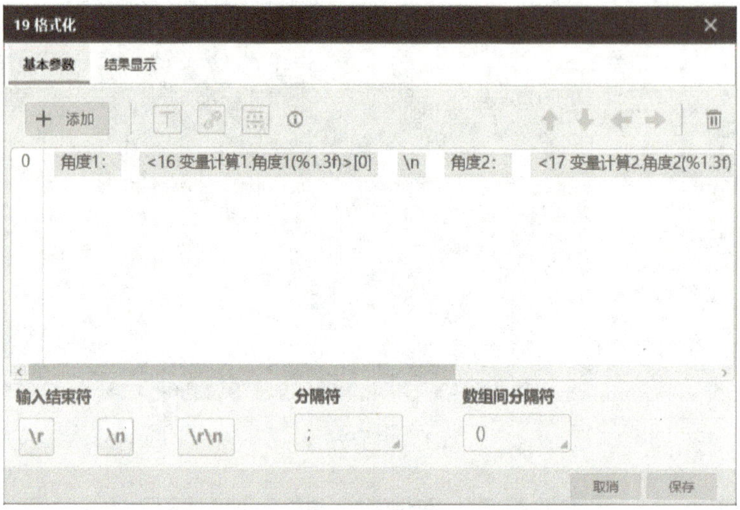

图 4-45　“19 格式化”基本参数设置

（6）工件的圆测量

步骤 1：方案流程中增加“圆查找”工具。将“定位”子工具箱中的“圆查找”工具拖拽到流程编辑区，并与“3 仿射变换 1”相连接，如图 4-46 所示。

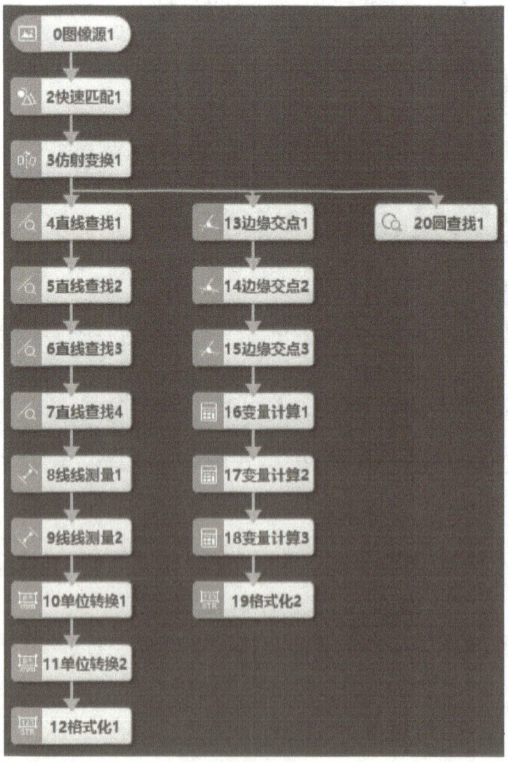

图 4-46　方案流程添加“圆查找”工具

“20 圆查找”参数设置。双击“20 圆查找 1”，在基本参数界面，“ROI 创建”选择“绘制”选项，“形状”选择“”，在图像显示区域的图像中的第一个目标圆内按住鼠标左键拖出一个圆，然后通过拖拽调整该圆形把目标圆覆盖住，如图 4-47 所示。在运行参数界面，根据实际情况设置扇环半径范围，这里设置为“83 ~ 116”，边缘类型设置为“最强”，边缘极性设置为“从黑到白”，其他保持默认，如图 4-48 所示。

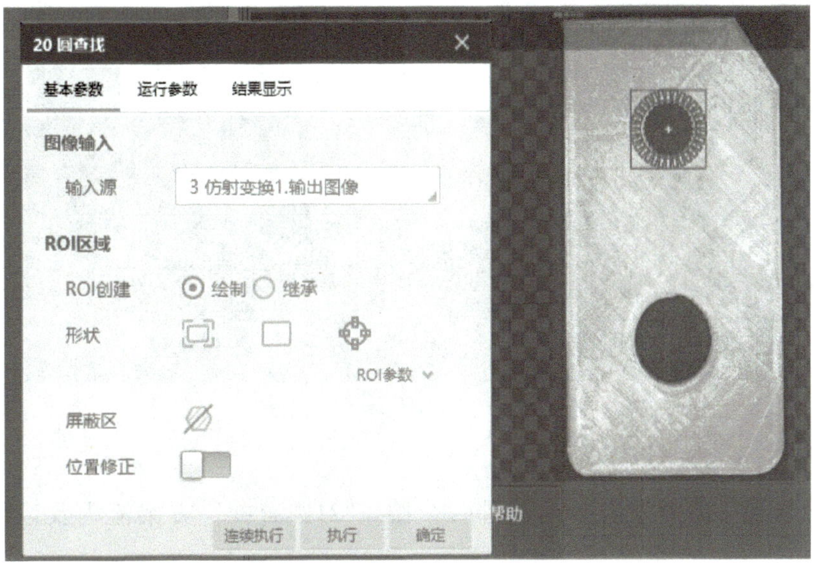

图 4-47　调整选框覆盖目标圆

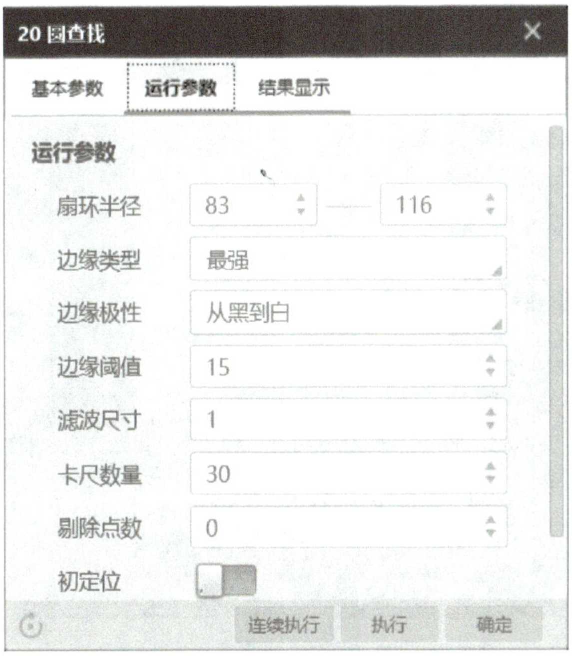

图 4-48　调整运行参数识别出第一个目标圆

单击“执行”按钮，查看“20 圆查找”的结果，如图 4-49 所示。

图 4-49 “20 圆查找”的结果

步骤 2：按照步骤 1 的方法查找出另外一个圆。“21圆查找”方案流程及运行结果如图 4-50 所示。

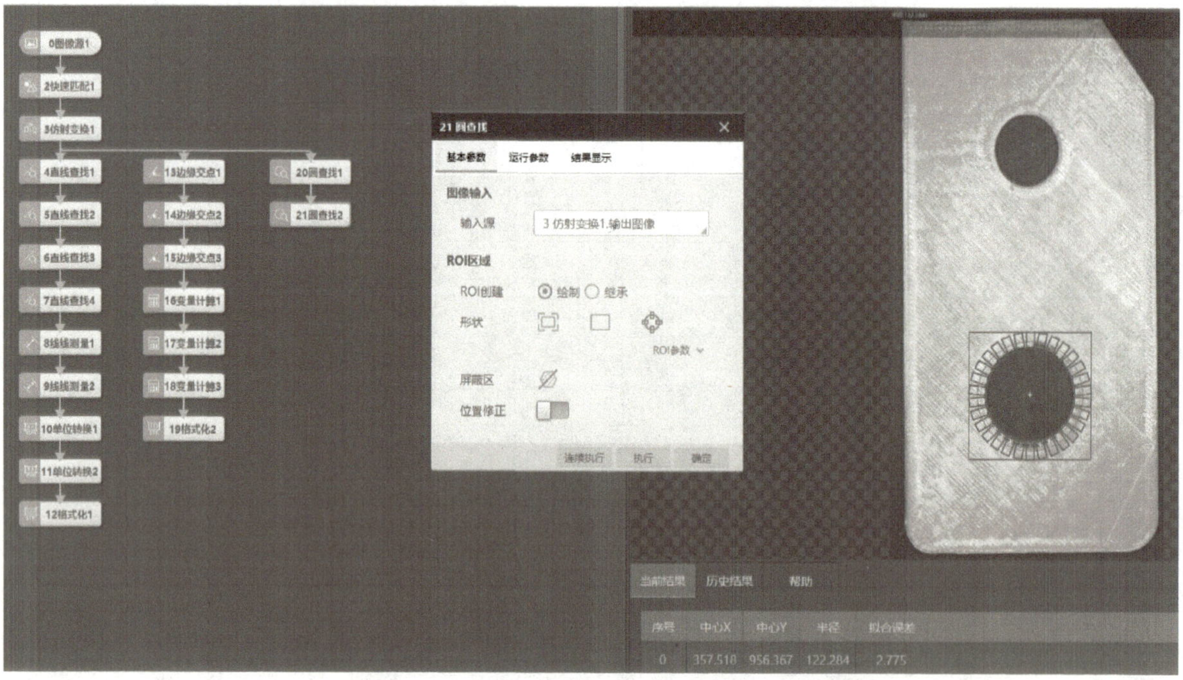

图 4-50 “21 圆查找”方案流程及运行结果

步骤 3：方案流程中增加“变量计算”工具。将“运算”子工具箱中的“变量计算”工具拖拽到流程编辑区，并与“21 圆查找 2”相连，如图 4-51 所示。圆查找后的结果是图像圆的半径，需要转换为直径，可利用变量计算工具来实现。

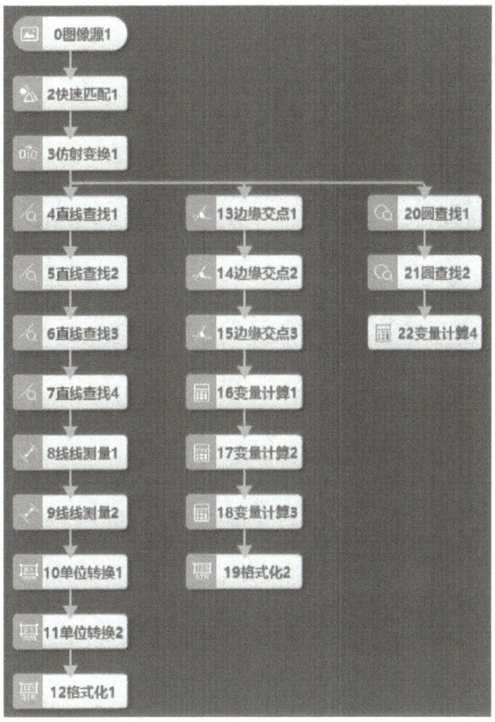

图 4-51 方案流程增加“变量计算”工具

“22 变量计算”基本参数设置。双击“22 变量计算 4”，在基本参数界面，名称栏输入“圆 1 直径”，表达式设置为“<20 圆查找 1. 半径 >[0]*2”，如图 4-52 所示。

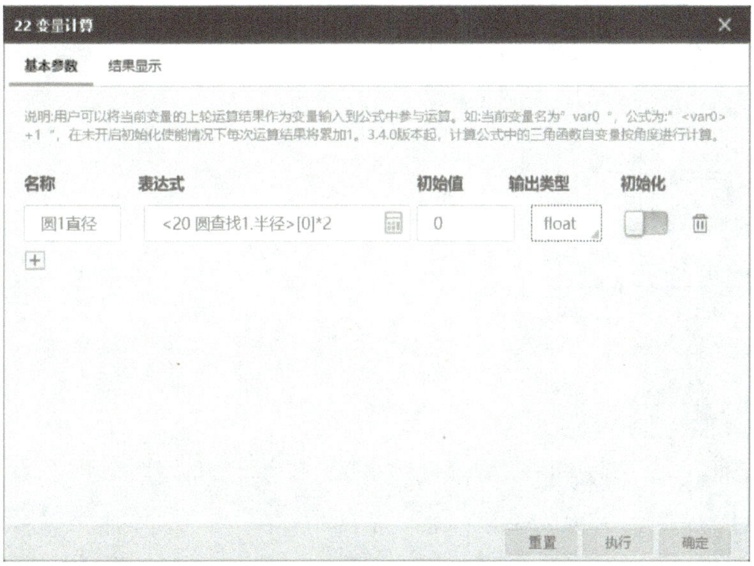

图 4-52 “22 变量计算”基本参数设置

单击“执行”按钮查看结果，如图 4-53 所示。

步骤 4：按照步骤 3 的方法计算另一个圆的直径，工具名为“23 变量计算 5”，基本参数中的表达式为“<21 圆查找 2. 半径 >[0]*2”，方案流程及参数设置如图 4-54 所示。

步骤 5：方案流程中增加“单位转换”工具。将“运算”子工具箱中的“单位转换”工具拖拽到流程编辑区，并与“23 变量计算 5”相连接，如图 4-55 所示。

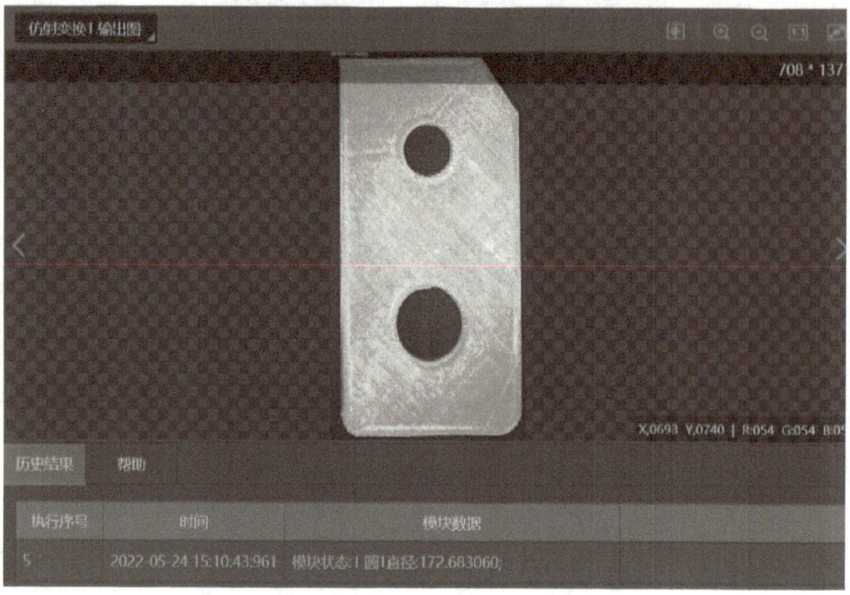

图 4-53 “22 变量计算”的结果

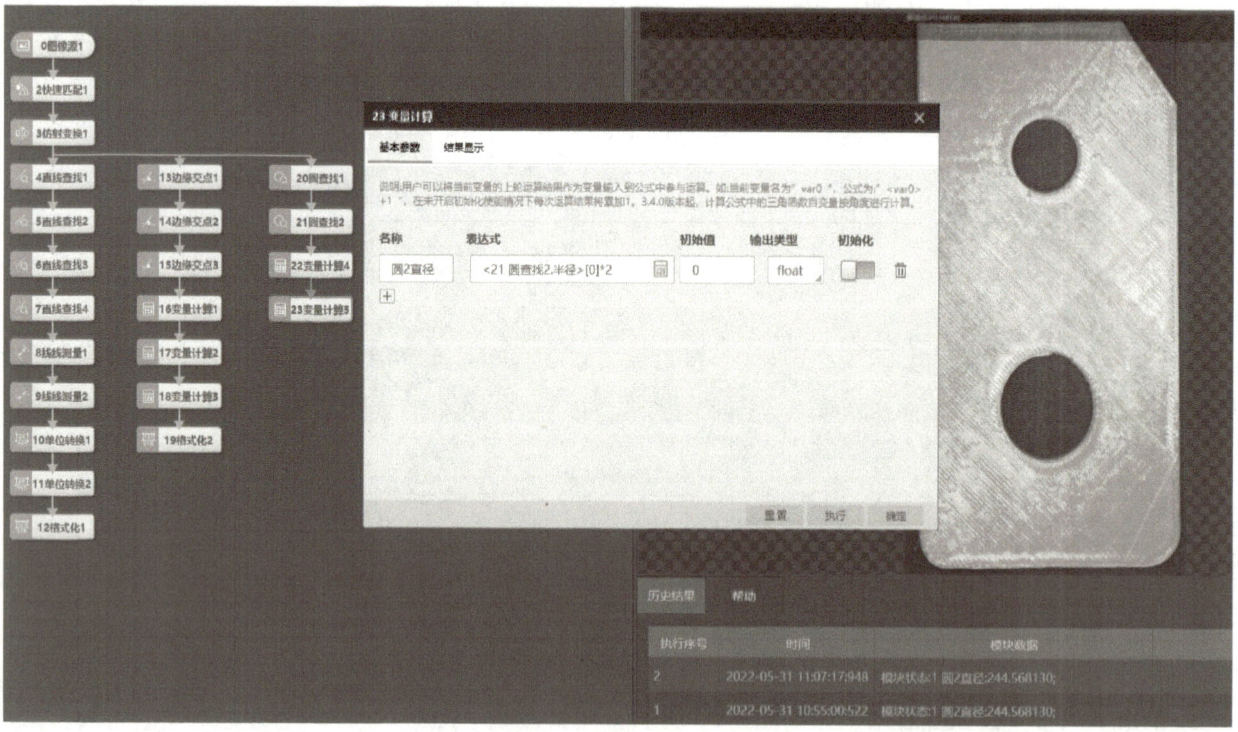

图 4-54 “23 变量计算”方案流程及参数设置

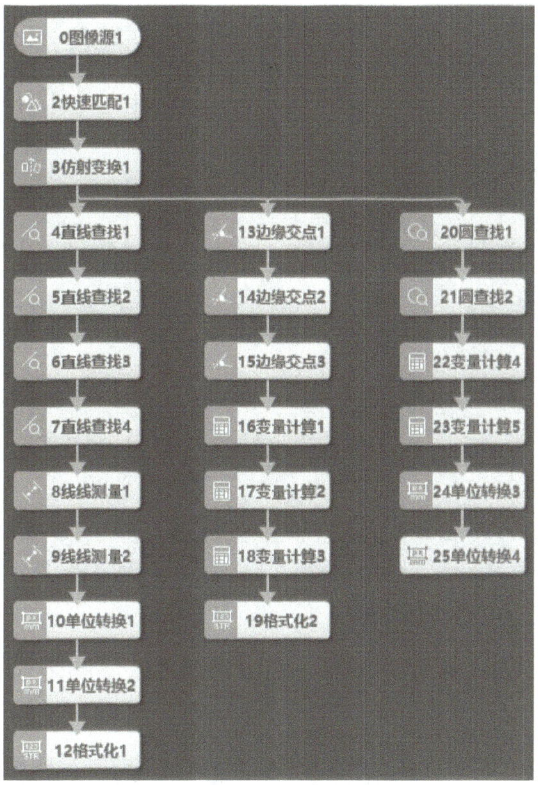

图 4-55　方案流程增加“单位转换”工具

“24 单位转化”参数设置。双击“24 单位转化 3”进行参数设置，像素间距选择“22 变量计算 4. 圆 1 直径 1[]”，然后再加载标定文件，如图 4-56 所示。

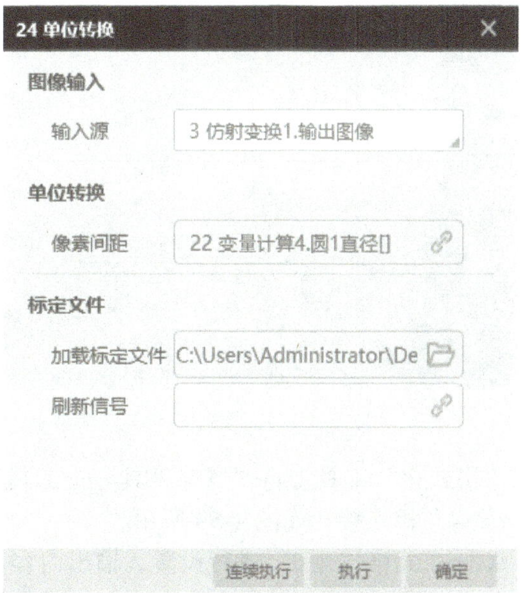

图 4-56　“24 单位转换”参数设置

单击“执行”按钮，即可查看转化结果，如图 4-57 所示。

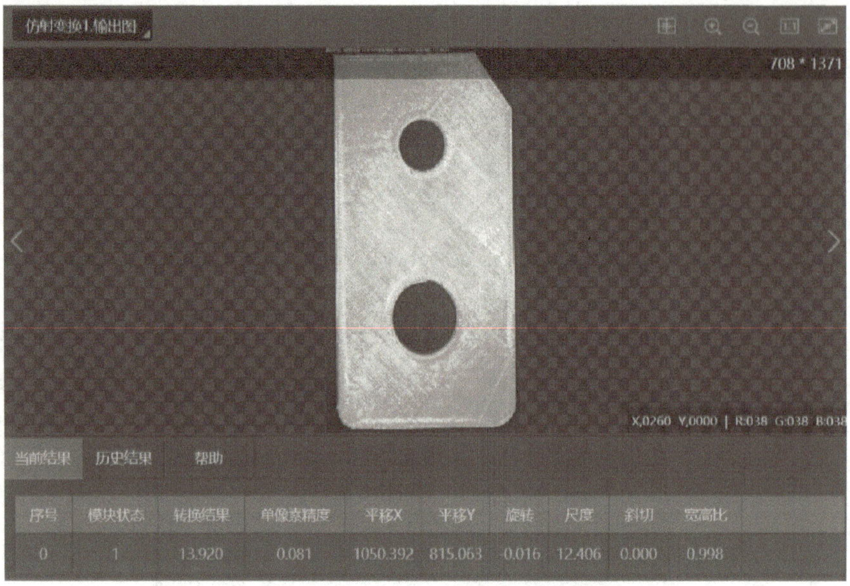

图 4-57 “24 单位转换”结果

步骤 6：按照步骤 5 的方法计算转换出另一个圆直径的实际物理尺寸，“25 单位转换”方案流程与转换结果如图 4-58 所示。

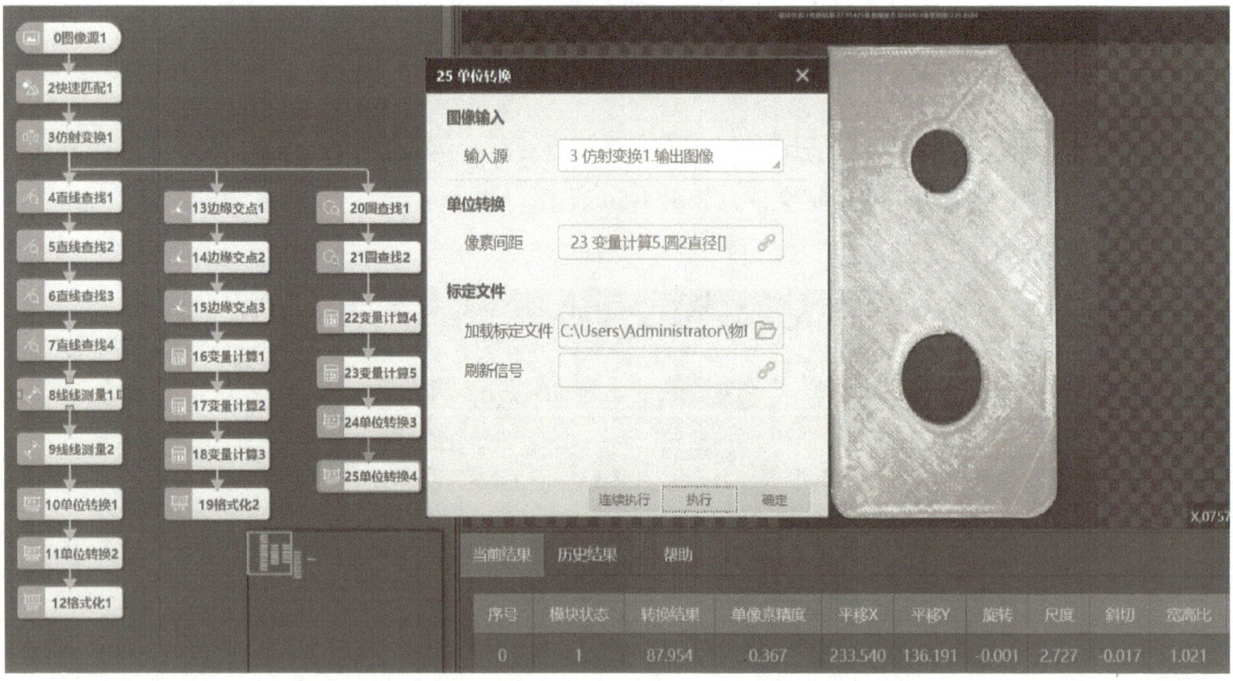

图 4-58 “25 单位转换”方案流程与转换结果

步骤 7：方案流程中增加“格式化”工具。将“逻辑工具”子工具箱中的“格式化”工具拖拽到流程编辑区，并与“25 单位转换 4”相连接，如图 4-59 所示。

“26 格式化”参数设置。双击“26 格式化 3”进行设置，输出内容为“圆 1 直径：”“<24 单位转换 3. 转换结果 (%1.3f)>[0]”“\n”“圆 2 直径：”“<25 单位转换 4. 转换结果 (%1.3f)>[0]”，如图 4-60 所示。

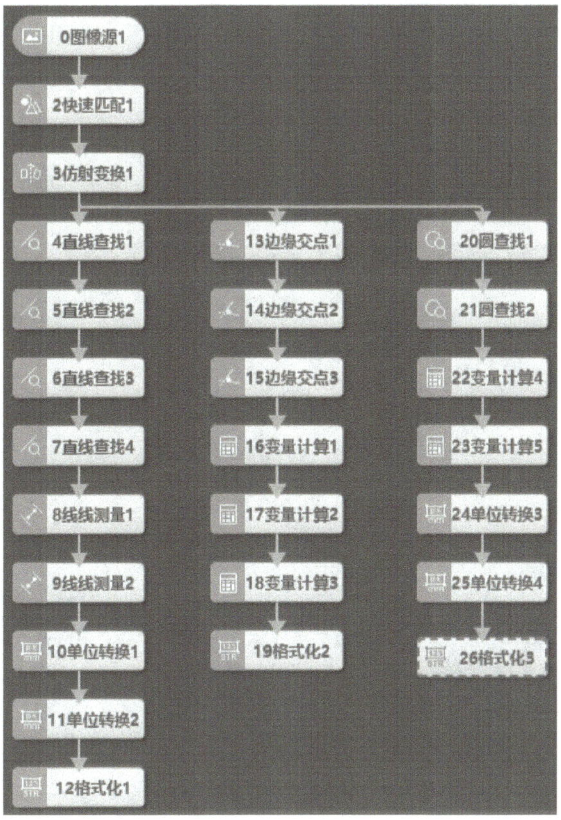

图 4-59　方案流程增加“格式化”工具

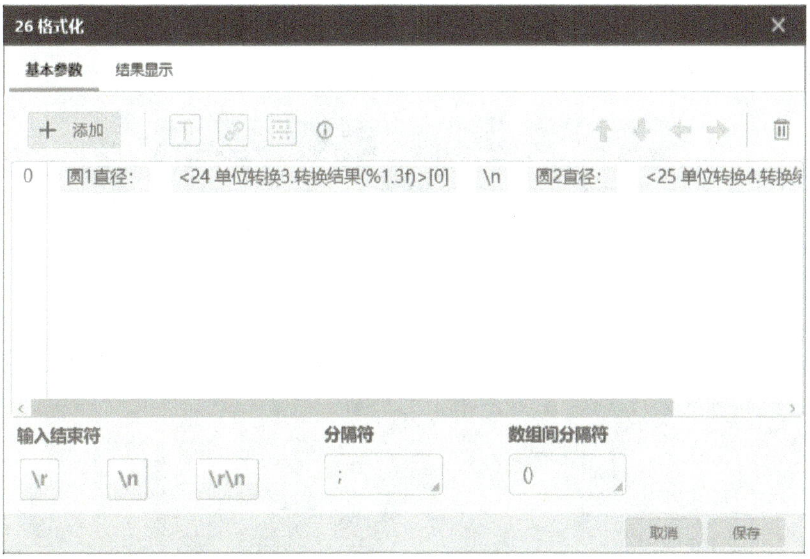

图 4-60　“26 格式化”参数设置

（7）工件的圆圆测量、线圆测量

1）测量图像上两圆的圆心距离，步骤如下。

步骤 1：方案流程中增加“圆圆测量”工具。将“测量”子工具箱中的“圆圆测量”工具拖拽到流程编辑区，并与“21 圆查找 2”相连接，如图 4-61 所示。

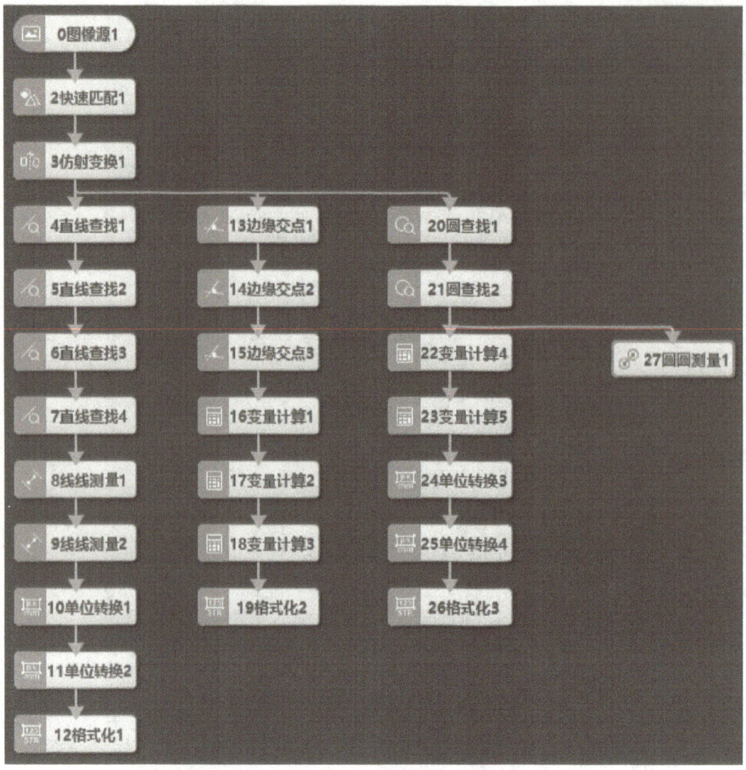

图 4-61 方案流程增加“圆圆测量”工具

步骤 2：“27 圆圆测量”基本参数设置。双击“27 圆圆测量 1”进行参数设置，在基本参数界面，“图像输入”的“输入源”选择“3 仿射变换 1. 输出图像”，“数据来源”的“来源选择”设为“订阅”。圆输入方式选择“按圆”，“圆输入 1”选择“20 圆查找 1. 输出圆 []”，“圆输入 2”选择“21 圆查找 2. 输出圆 []”，如图 4-62 所示。

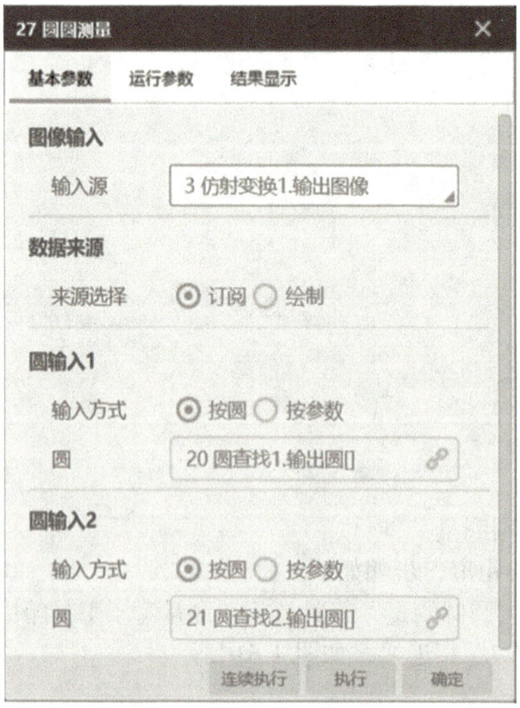

图 4-62 “27 圆圆测量”基本参数设置

单击“执行”按钮，查看工件在图像上的圆心距离，“27 圆圆测量”执行结果如图 4-63 所示。

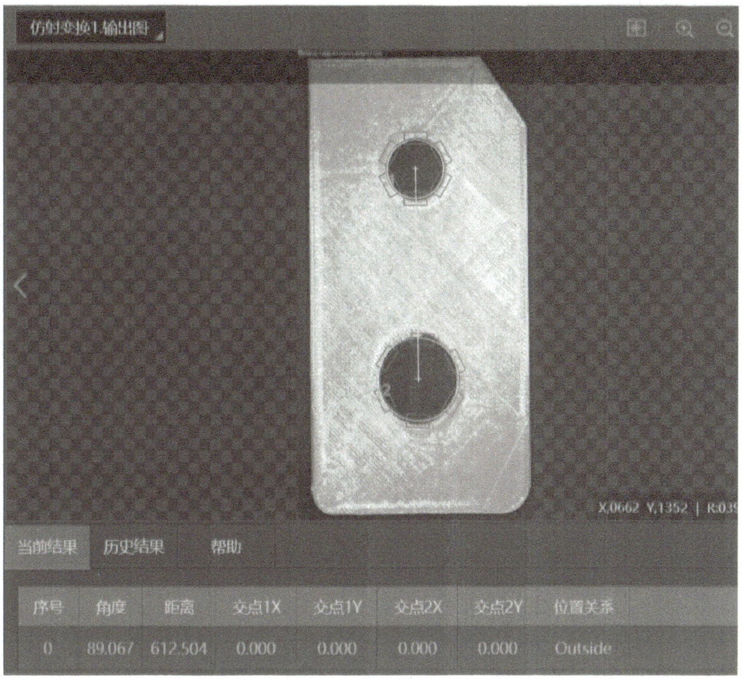

图 4-63　“27 圆圆测量”执行结果

2）测量图像上圆心到直线的距离，步骤如下。

步骤 1：方案流程中增加“直线查找”工具。将“定位”子工具箱的“直线查找”工具拖拽到流程编辑区，并与“27 圆圆测量 1”相连，如图 4-64 所示。

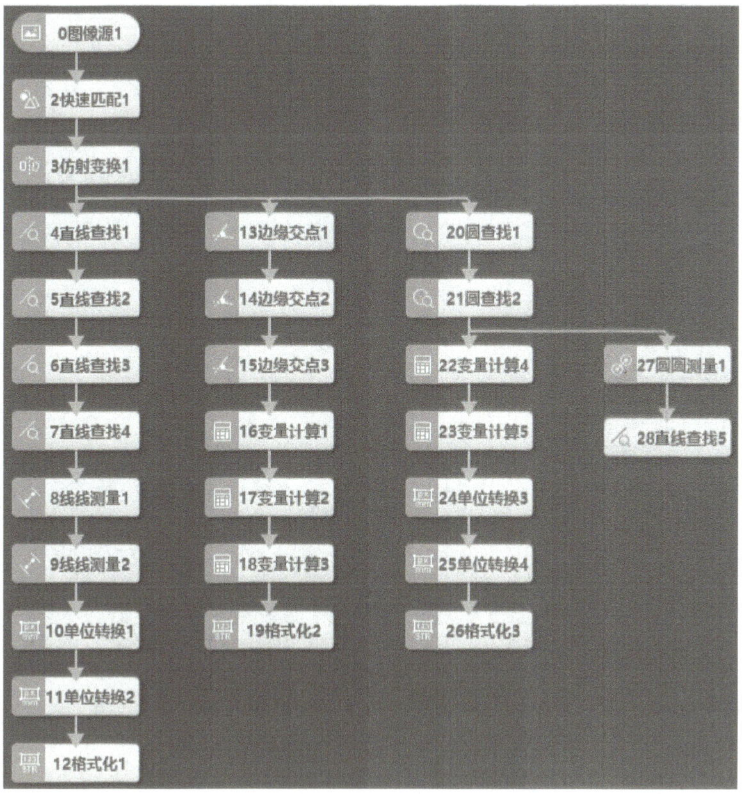

图 4-64　方案流程增加“直线查找”工具

“28 直线查找”基本参数设置。双击“28 直线查找 5”，在基本参数界面，“图像输入”栏的“输入源”设置为“3 仿射变换 1. 输出图像”，“ROI 区域”栏“ROI 创建”选择“绘制”，“形状”选择“ ”，然后在图像显示区域沿着机械工件左侧轮廓线拖拽一条直线，如图 4-65 所示。

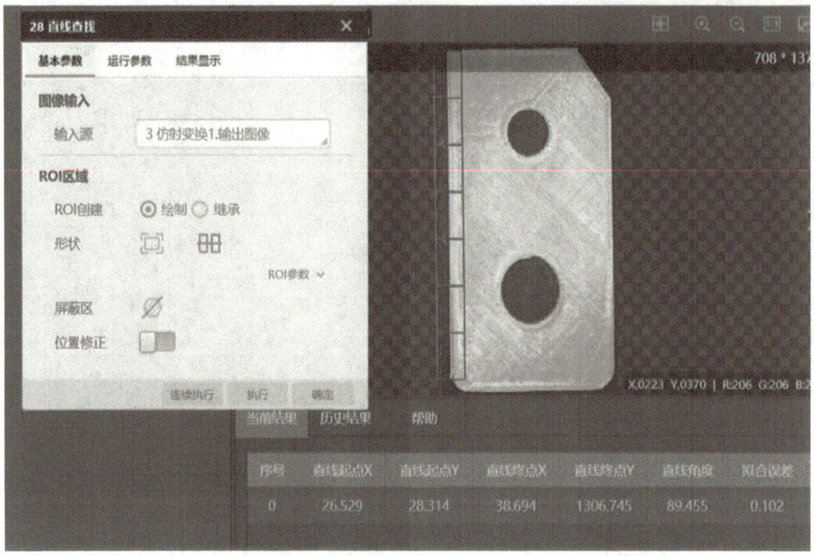

图 4-65 “28 直线查找”基本参数设置

步骤 2：方案流程中增加“线圆测量”工具。将“测量”子工具箱中的“线圆测量”工具拖拽到流程编辑区，并与“28 直线查找 5”相连接，如图 4-66 所示。

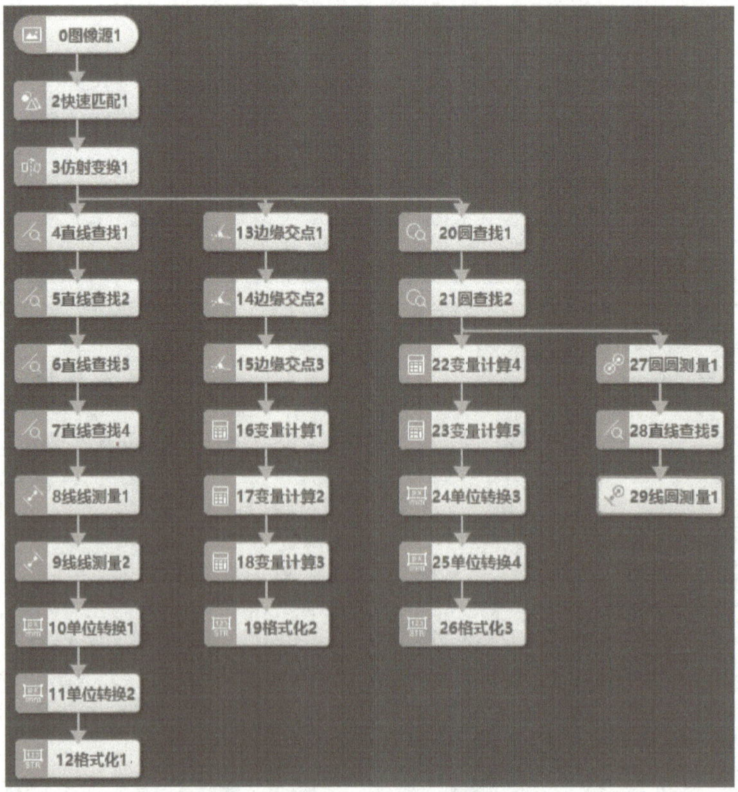

图 4-66 方案流程增加“线圆测量”工具

“29 线圆测量”参数设置。双击“29 线圆测量 1”，“图像输入”栏“输入源”选择“3 仿射变换

1. 输出图像”，“数据来源”栏“来源选择”设为“订阅”，“线输入”栏“输入方式”选择“按线”，“线”选择“28 直线查找 5. 输出直线 []”，“圆输入”栏“输入方式”选择“按圆”，“圆”选择“20 圆查找 1. 输出圆 []”，如图 4-67 所示。

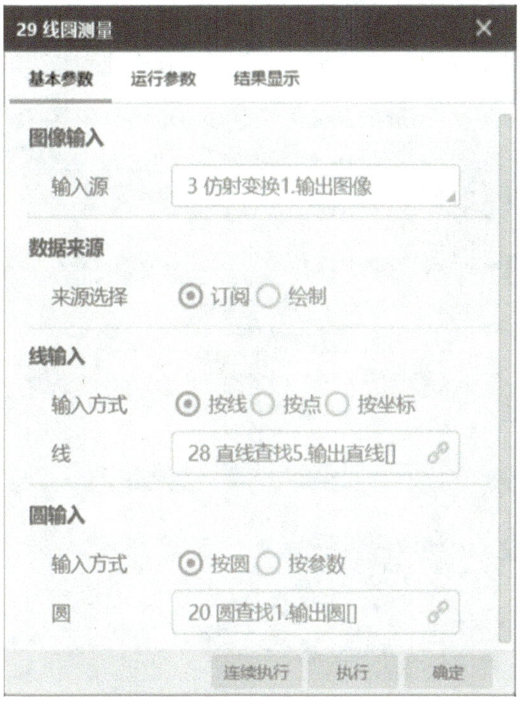

图 4-67　“29 线圆测量”参数设置

单击“执行”按钮，可查看测量结果，如图 4-68 所示。

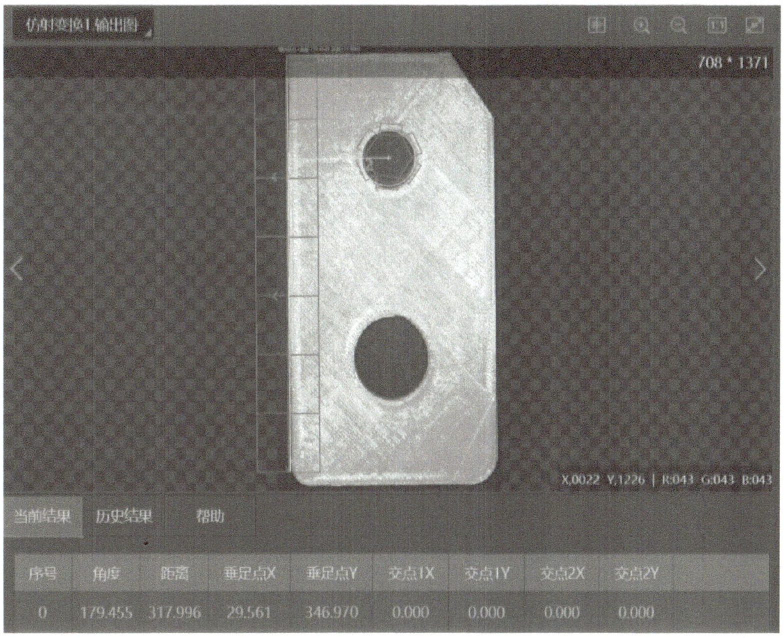

图 4-68　“29 线圆测量”测量结果

步骤 3：方案流程中增加“单位转换”工具。将“运算”子工具箱中的“单位转换”工具拖拽到流程编辑区，并与“29 线圆测量 1”相连接，如图 4-69 所示。

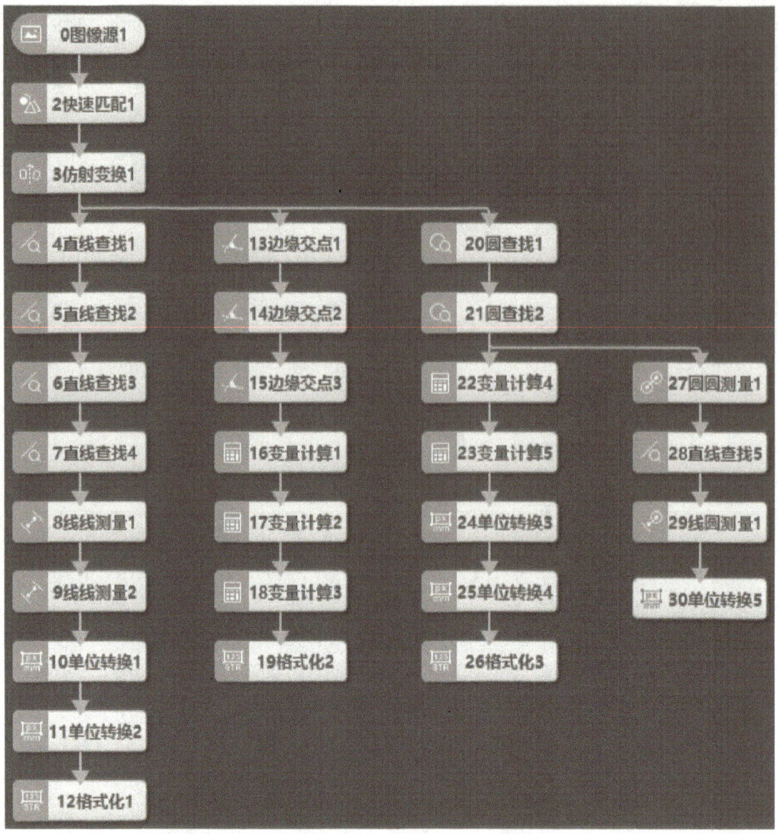

图 4-69　方案流程添加“单位转换”工具

“30 单位转换”参数设置。双击“30 单位转换 5”，“像素间距”选择“27 圆圆测量 1. 距离 []”，然后加载标定文件，如图 4-70 所示。

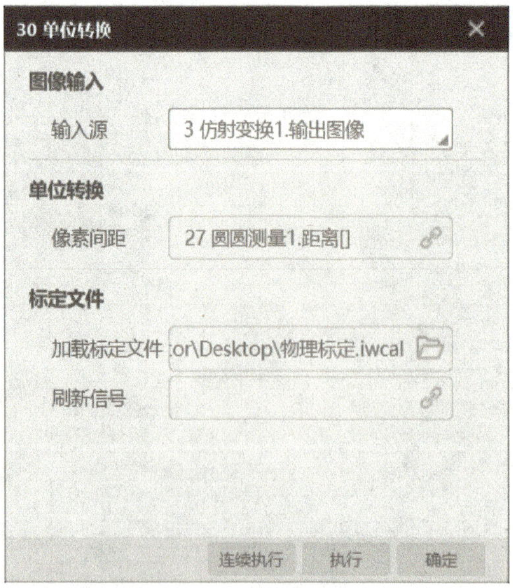

图 4-70　“30 单位转换”参数设置

步骤 4：按照步骤 3 的方法，利用单位转换工具得到工件外围边与圆心之间实际的线圆距离，方案流程、参数设置与运行结果如图 4-71 所示。

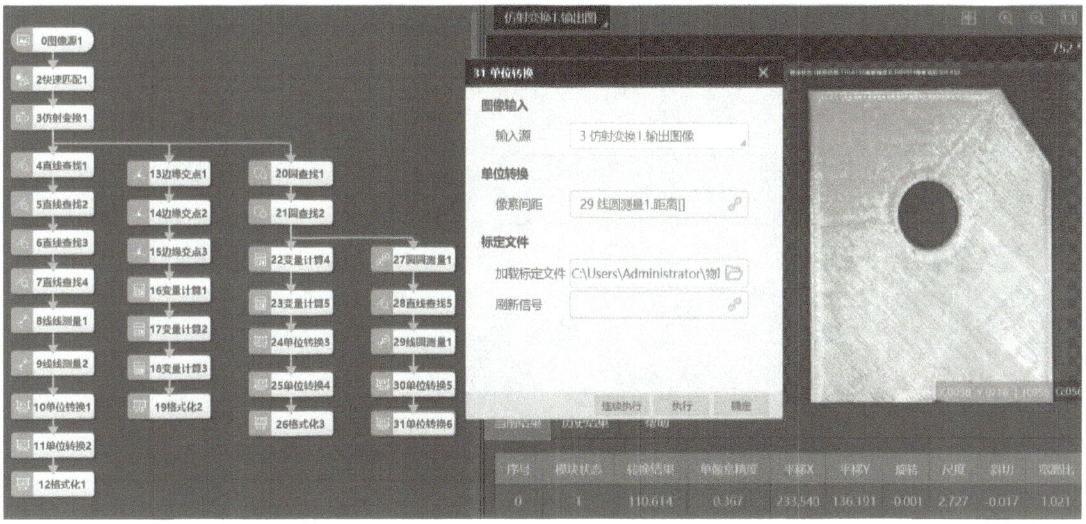

图 4-71　“31 单位转换”方案流程、参数设置与运行结果

3）输出转换结果，步骤如下。

步骤 1：将“逻辑工具”子工具箱中的“格式化”工具拖拽到流程编辑区，并与“31 单位转化 6”相连接，如图 4-72 所示。

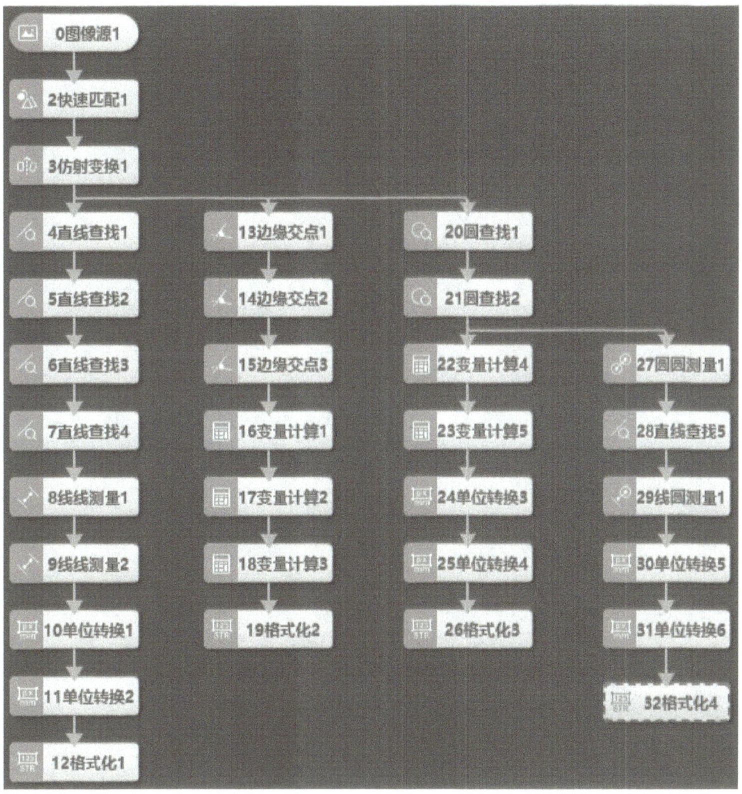

图 4-72　方案流程增加“格式化”工具

“32 格式化”参数设置。双击“32 格式化 4”，输出文本设置为“圆心距离：”“<30 单位转换 5. 转换结果（%1.3f）>[0]”“\n”“线圆距离：”“<31 单位转换 6. 转换结果（%1.3f）>[0]”，如图 4-73 所示。

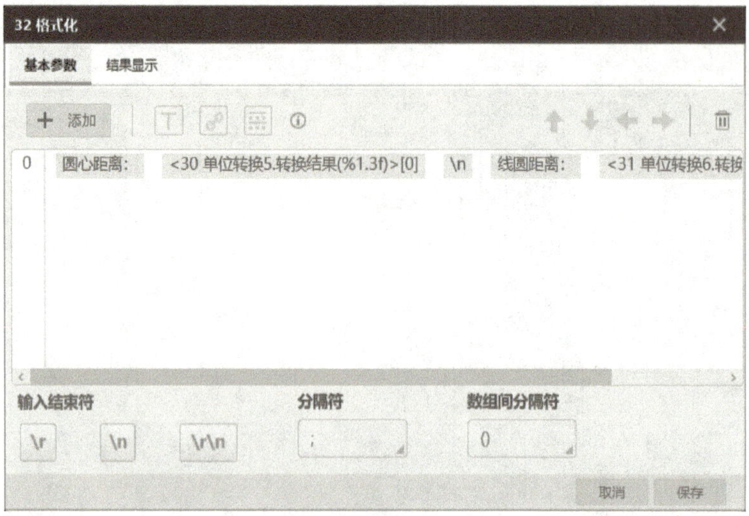

图 4-73 “32 格式化”参数设置

4）将工件的位置像素坐标转换为世界物理坐标并发送给机器人，步骤如下。

步骤 1：方案流程中增加“标定转换”工具。将“运算”子工具箱中的“标定转换”工具拖拽到流程编辑区，并与“32 格式化 4”连接，如图 4-74 所示。

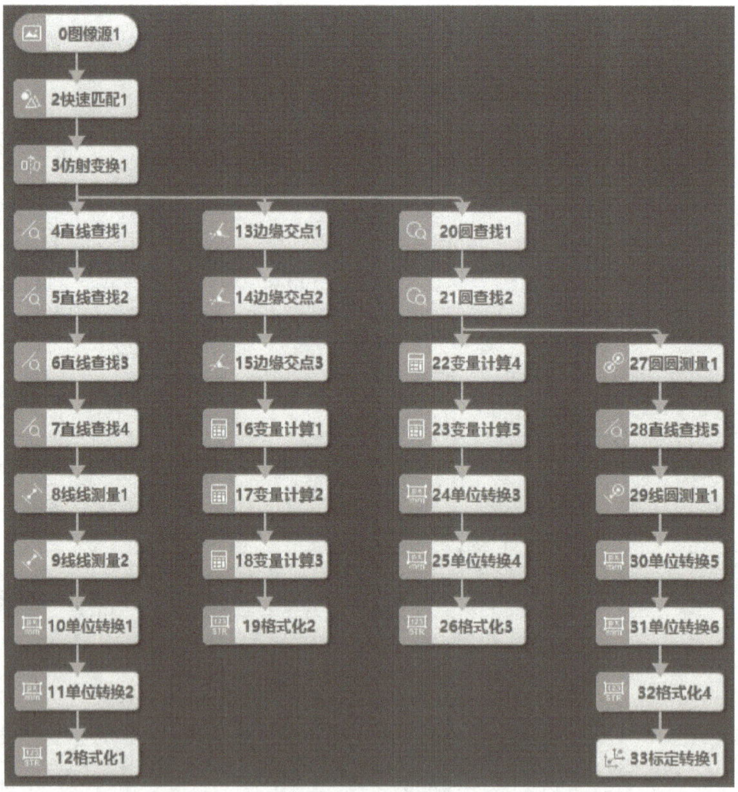

图 4-74 方案流程增加“标定转换”工具

“33 标定转换”基本参数设置。双击“33 标定转换 1”，“坐标点输入”栏“输入方式”选择“按点”，“坐标点”选择“2 快速匹配 1. 匹配点 []”，“坐标类型”设为“图像坐标”，加载手眼标定文件“9 点标定 .iwcal”，基本参数设置如图 4-75 所示。

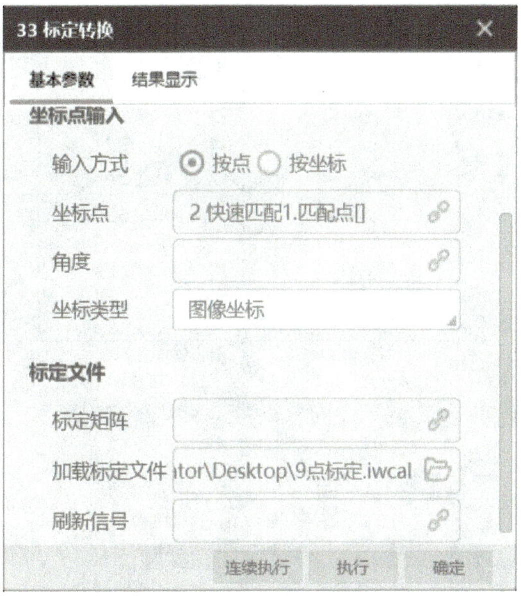

图 4-75　“33 标定转换”基本参数设置

单击“执行”按钮，在结果显示区域显示工件实际物理坐标，结果如图 4-76 所示。

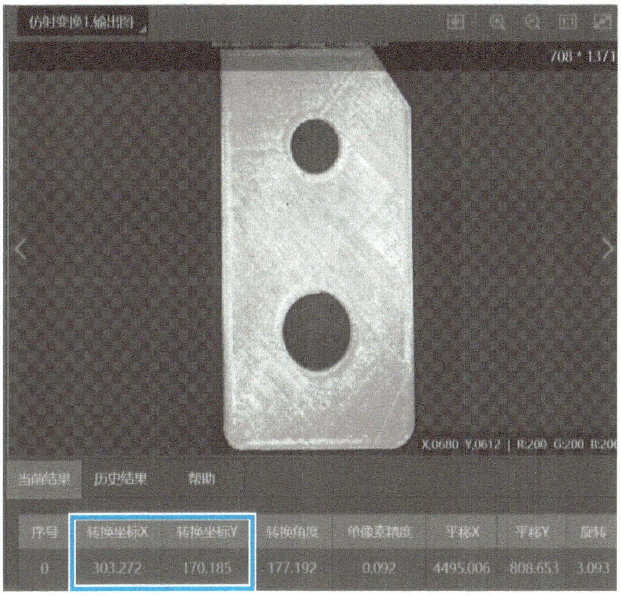

图 4-76　“33 标定转换”结果

步骤 2：将“逻辑工具”子工具箱中的“格式化”工具拖拽到流程编辑区，并与“33 标定转换 1”相连接，如图 4-77 所示。

“34 格式化”参数设置如图 4-78 所示。双击“34 格式化 5”，输出内容为“<33 标定转换 1. 转换坐标 X（%1.3f）>[0]”“,”“<33 标定转换 1. 转换坐标 Y（%1.3f）>[0]”“,”“0”“,”“OK”“,”“888”。

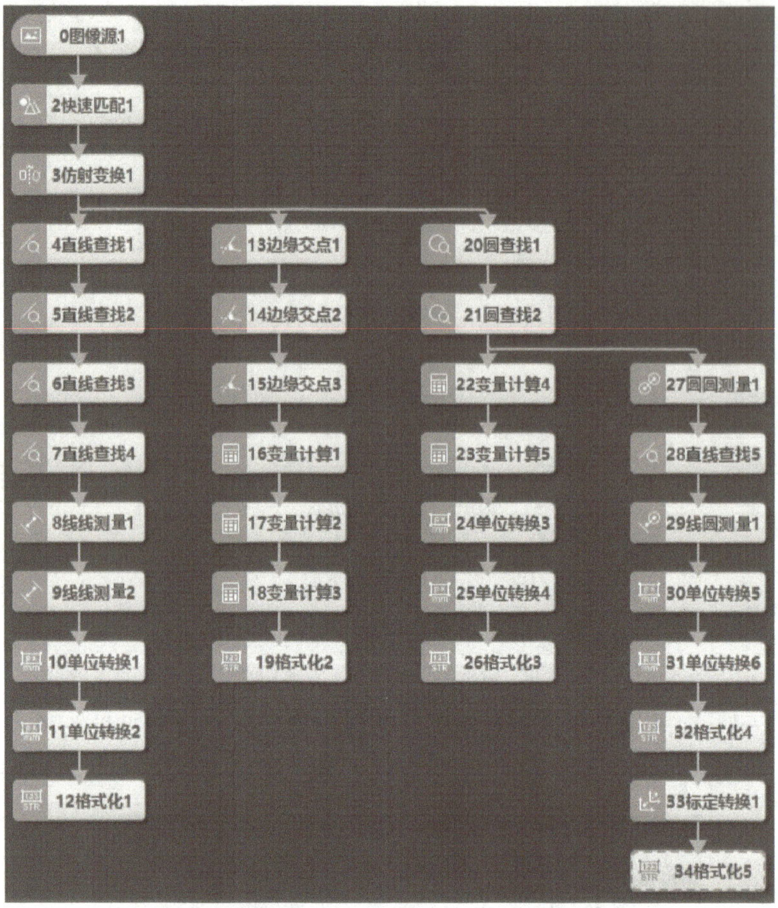

图 4-77　方案流程增加“格式化”工具

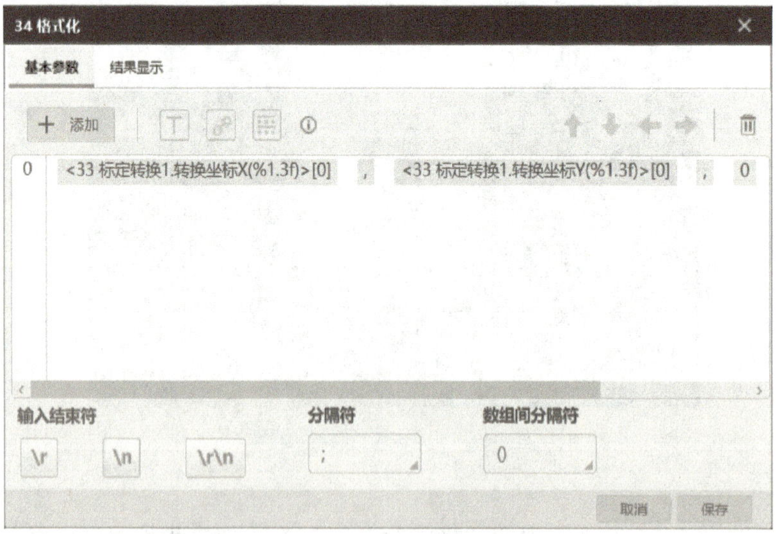

图 4-78　“34 格式化”参数设置

步骤 3：通信管理设置。格式化输出结果并发送给机器人，在发送数据之前，需要进行通信管理设置。在快捷工具条处单击“”按钮进行通信管理设置。在设备列表选择“”添加通信设备，如图 4-79 所示，协议类型选择“TCP 服务端”，再根据实际情况修改设备名称（默认名称为“TCP 服务端”）、本机 IP 和本机端口，然后单击“创建”按钮，即完成通信设备的创建。

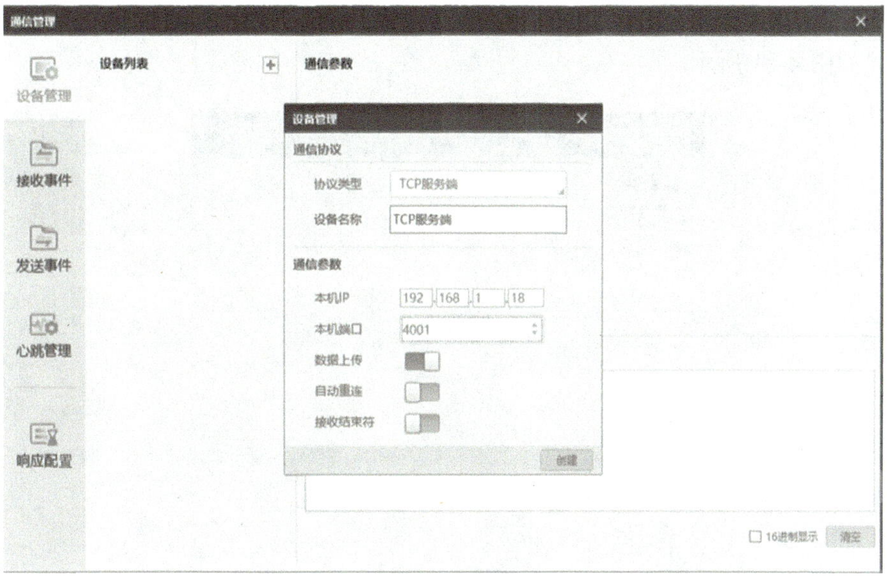

图 4-79　添加通信设备

步骤 4：方案流程中增加“发送数据”工具。将“通信”子工具箱中的“发送数据”工具拖拽到流程编辑区，并与“34 格式化 5”连接，如图 4-80 所示。

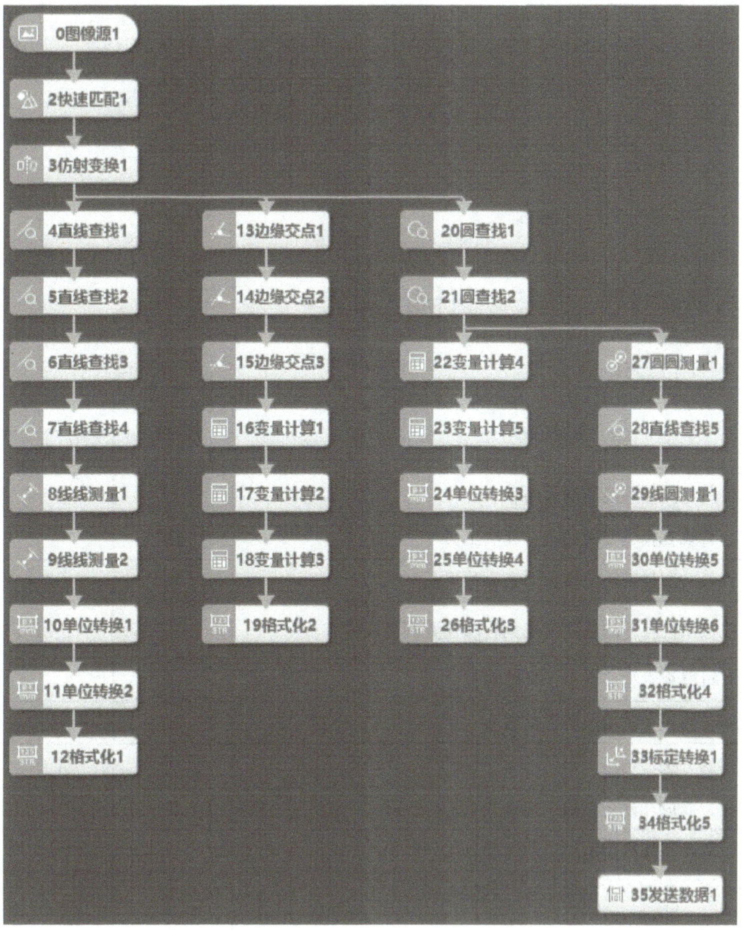

图 4-80　方案流程增加“发送数据”工具

“35 发送数据”参数设置。双击“35发送数据 1”，“输出配置”栏“输出至”选择“通信设备”，

“通信设备”选择“1 TCP 服务端”；“发送数据 1”选择“34 格式化 5. 格式化结果 []”，结果显示保持默认值即可，如图 4-81 所示。

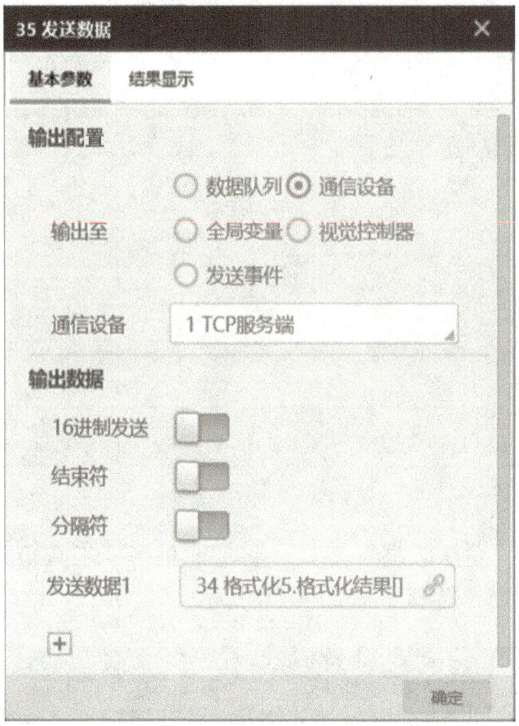

图 4-81 “35 发送数据”参数设置

评价反馈

各组代表介绍任务实施过程，并完成评价表（见表 4-8）。

表 4-8 评价表

类别	考核内容	分值	评价分数		
			自评	互评	教师
理论	了解机械工件尺寸测量系统的测量内容	10			
	了解圆查找、直线查找等常用的视觉算法工具	10			
	了解机械工件尺寸测量系统的视觉方案编写思路	10			
技能	能够判断出机械工件尺寸测量系统视觉程序需要测量的内容	10			
	能够正确设置机器视觉程序各个工具的参数	20			
	能够编写机械工件尺寸测量系统视觉方案	20			
	掌握相机标定的方法	10			
素养	遵守操作规程，养成严谨科学的工作态度	2			
	根据工作岗位职责，完成小组成员的合理分工	2			
	团队合作中，各成员学会准确表达自己的观点	2			
	严格执行 6S 现场管理	2			
	养成总结训练过程和结果的习惯，为下次训练积累经验	2			
总分		100			

相关知识

1. 视觉单元的功能

视觉单元的功能主要是采集视觉检测区域内的目标图像，然后对图像中需要进行测量的内容进行定位与测量，最终把经过单位转换和格式化处理后的测量结果显示在 DobotVisionStudio 算法平台的界面上，把测量工件的坐标位置等信息发送给机器人单元。

2. 视觉程序设计思路

机械工件尺寸测量系统的视觉程序设计思路如图 4-82 所示。当视觉单元接收到传送带上传感器发送的物料到位信号后，相机对机械工件进行图像采集。接下来同时对采集到的图像进行边长测量、夹角测量、圆心距测量和圆心到边的长度测量，把每一个测量的结果进行单位转换，转换成实际的物理尺寸，并且经过格式化处理后把结果显示在 DobotVisionStudio 算法平台的界面上。当完成圆心到边的长度测量后，将机械工件的图像坐标转换成世界坐标，并且发送给机器人单元。

机械工件尺寸测量视觉设计思路

3. 相机标定

相机标定就是在视觉测量过程中，相机将三维空间信息映射至二维图像中。为了确定空间中物体某点的三维几何位置与其在图像中对应像素点之间的转换关系，需要建立相机成像模型，求取转换矩阵参数的过程称为相机标定。

在相机标定中，相机模型参数的求解涉及 4 个基本坐标系：世界坐标系、相机坐标系、图像物理坐标系和图像像素坐标系。这里的相机模型指的是针孔模型，即小孔成像模型。图 4-83 为相机小孔成像模型。

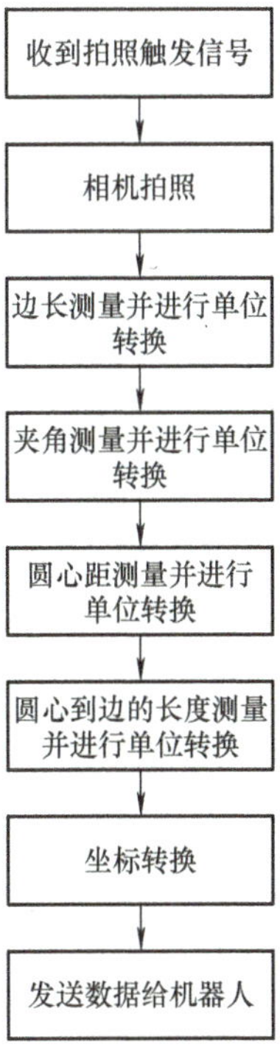

图 4-82　机械工件尺寸测量系统的视觉程序设计思路

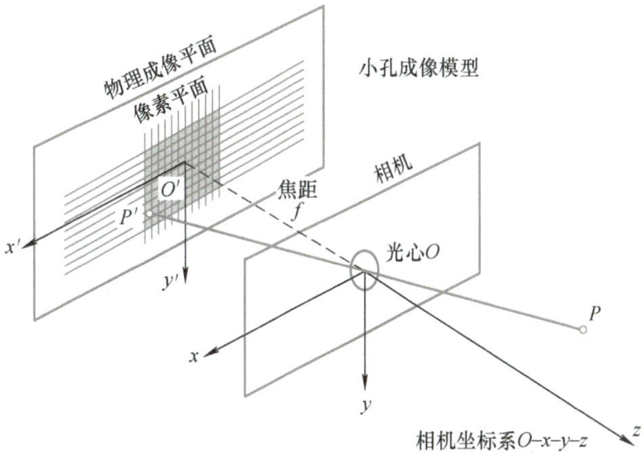

图 4-83　相机小孔成像模型

4 个基本坐标系之间的关系如图 4-84 所示。

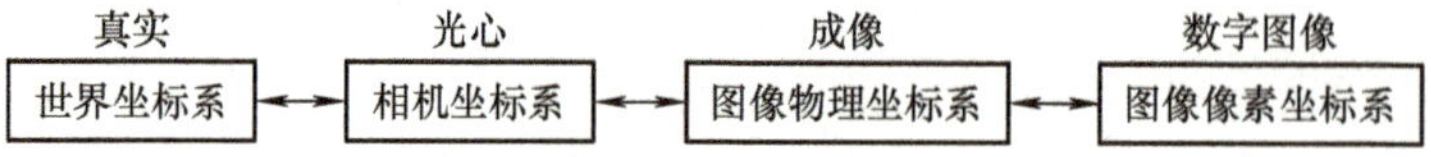

图 4-84　4 个基本坐标系之间的关系

4. DobotVisionStudio 常用测量工具介绍

DobotVisionStudio 中测量子工具箱的测量工具有线圆测量、线线测量和点点测量等算法工具，如图 4-85 所示。

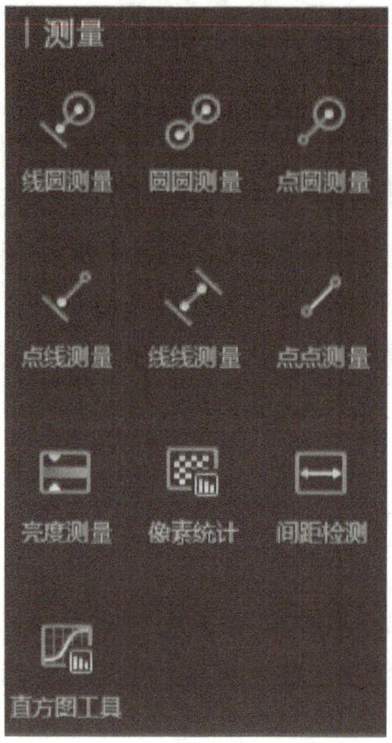

图 4-85　测量子工具箱

（1）线圆测量　线圆测量工具返回的是被测物图像中的直线和圆的垂直距离和相交点坐标，需要在被测物图像中找到直线和圆，即需要用到几何查找中的直线查找和圆查找工具。

（2）线线测量　两条直线一般不会绝对平行，所以线线测量距离按照线段 4 个端点到另一条直线的距离取平均值计算。线线测量距离分为距离和绝对距离，距离的正反可以表示两条直线的相对位置关系；第一条直线在第二条直线的左边或者上边，距离结果为正；在右边或者下边，距离结果为负。

（3）点点测量　点点测量是测量被测物体某两个特征点之间的距离。点点测量可以按自定义或者绑定直线的起点、终点进行测量，也可以是按自定义或者绑定直线的起点与终点 X 坐标 /Y 坐标进行测量。

任务 4.3　机械工件尺寸测量系统机器人程序设计

学习情境

完成机械工件的尺寸测量后，还需要利用机器人将工件放置到检测完成区，才算完成整个系统流程。机器人在机械工件尺寸测量系统中是如何工作的，它在运动过程中涉及哪些点位，又该如何获取这些点位？

学习目标

知识目标

1）了解机械工件尺寸测量系统中机器人单元的工作内容。

2）了解机械工件尺寸测量系统的机器人程序设计思路。

能力目标

1）示教与调试能力：能够熟练获取机器人运动所需的点位。

2）程序设计能力：能够独立完成机器人程序的设计与编写。

素养目标

1）根据工作岗位职责，完成小组成员的合理分工。

2）团队合作中，各成员学会表达自己的观点。

3）养成安全规范操作的行为习惯。

工作任务

编写机械工件尺寸测量系统机器人程序，机器人能够根据视觉单元发送的信号，完成机械工件的定位、吸取和测量工作。

任务分工

根据任务要求，对小组成员进行合理分工，并填写表 4-9。

表 4-9　任务分工表

<table>
<tr><td>班级</td><td></td><td>组号</td><td></td><td>指导老师</td><td></td></tr>
<tr><td>组长</td><td></td><td>学号</td><td colspan="3"></td></tr>
<tr><td rowspan="5">组员与分工</td><td colspan="2">姓名</td><td>学号</td><td colspan="2">任务内容</td></tr>
<tr><td colspan="2"></td><td></td><td colspan="2"></td></tr>
<tr><td colspan="2"></td><td></td><td colspan="2"></td></tr>
<tr><td colspan="2"></td><td></td><td colspan="2"></td></tr>
<tr><td colspan="2"></td><td></td><td colspan="2"></td></tr>
</table>

获取信息

引导问题 1：简述机械工件尺寸测量系统中机器人单元的工作内容。

____

____

引导问题 2：简述机械工件尺寸测量系统中机器人程序设计思路。

____

____

工作计划

1）制定工作方案，见表 4-10。

表 4-10　工作方案

步骤	工作内容	负责人
1		
2		

2）列出核心物料清单，见表 4-11。

表 4-11　核心物料清单

序号	名称	型号 / 规格	单位	数量
1				
2				

工作实施

1. 示教与调试

（1）根据编程设计思路，确定机器人程序所需点位　编写机械工件尺寸测量系统的机器人程序需要示教与调试的点位共有 4 个目标点，机器人点位说明见表 4-12。

机械工件尺寸测量机器人程序设计（上）

表 4-12　机器人点位说明

序号	名称	点位编号	说明
1	anquandian1	P1	安全点 1
2	danxipan	P2	单吸盘治具点位
3	anquandian2	P3	安全点 2
4	fangzhidian	P4	测量完成放置点

机械工件尺寸测量机器人程序设计（下）

（2）示教和调试点位

步骤 1：打开 DobotSCStudio 软件，连接机器人设备并且上使能。

步骤 2：示教安全点 1（P1）。手动安装单吸盘治具，调节机器人移动到如图 4-86 所示位置，确保单吸盘治具不会与其他单元发生碰撞。在“点数据”中单击“＋添加”，把 P1 点的数据添加到点数据列表中，再双击 P1 点右边的空白处，输入“anquandian1”的点位注释，最后单击“保存”，保存该点位信息，如图 4-87 所示。

图 4-86　示教安全点 1（P1）

点数据　变量　src0

保存　定位　覆盖　添加　删除　撤消　重做

	No.	Alias	X	Y	Z	Rx	Ry	Rz	R	D	N	Cfg	Tool
1	P1	anquandian1	232.6548	-126.4779	130.0273	-66.4848	0.0000	0.0000	-1	-1	-1	0	No.0

图 4-87　添加 P1 点数据

步骤 3：示教单吸盘治具点 P2。手动把机器人移动到单吸盘治具的位置，如图 4-88 所示，在“点数据”中单击“＋添加”，把 P2 点的数据添加到点数据列表中，再双击 P2 点右边的空白处，输入“danxipan”的点位注释，最后单击“保存”，保存该点位信息，如图 4-89 所示。

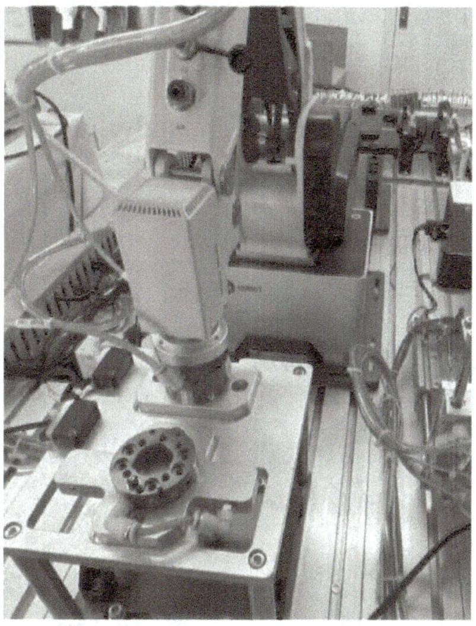

图 4-88　示教单吸盘治具点 P2

点数据　变量　src0

保存　定位　覆盖　添加　删除　撤消　重做

	No.	Alias	X	Y	Z	Rx	Ry	Rz	R	D	N	Cfg	Tool
1	P1	anquandian1	232.6548	-126.4779	130.0273	-66.4848	0.0000	0.0000	-1	-1	-1	0	No.0
2	P2	danxipan	-26.4374	-288.4312	-45.3802	-291.5243	0.0000	0.0000	-1	-1	-1	0	No.0

图 4-89　添加 P2 点数据

步骤 4：示教安全点 2（P3）。手动调节机器人移动到如图 4-90 所示位置，确保单吸盘治具不会与其他单元发生碰撞。在“点数据”中单击“＋添加”，把 P3 点的数据添加到点数据列表中，再双击 P3 点右边的空白处，输入“ anquandian2”的点位注释，最后单击“保存”，保存该点位信息，如图 4-91 所示。

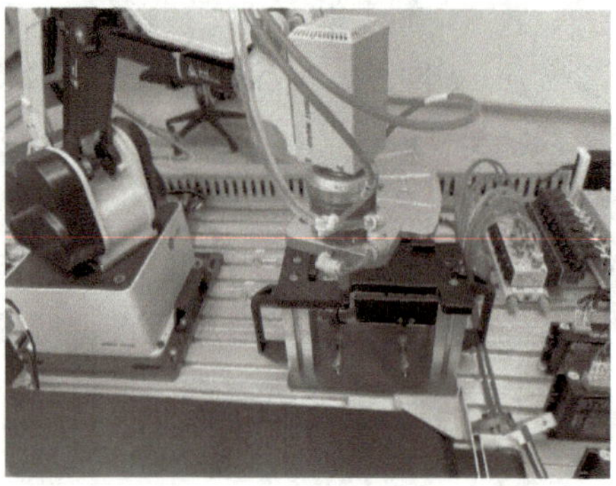

图 4-90　示教安全点 2（P3）

点数据　变量　src0

保存　定位　覆盖　＋添加　×删除　撤消　重做

	No.	Alias	X	Y	Z	Rx	Ry	Rz	R	D	N	Cfg	Tool
1	P1	anquandian1	232.6548	-126.4779	130.0273	-66.4848	0.0000	0.0000	-1	-1	-1	0	No.0
2	P2	danxipan	-26.4374	-288.4312	-45.3802	-291.5243	0.0000	0.0000	-1	-1	-1	0	No.0
3	P3	anquandian2	225.4261	263.4758	97.0863	-103.6553	0.0000	0.0000	-1	-1	-1	0	No.0

图 4-91　添加 P3 点数据

步骤 5：示教测量完成放置点 P4。手动把工件吸附到单吸盘上，然后手动调节机器人移动到工件测量完成的放置区上方，如图 4-92 所示。在“点数据”中单击“＋添加”，把 P4 点的数据添加到点数据列表中，再双击 P4 点右边的空白处，输入“ fangzhidian”的点位注释，最后单击“保存”，保存该点位信息，如图 4-93 所示。

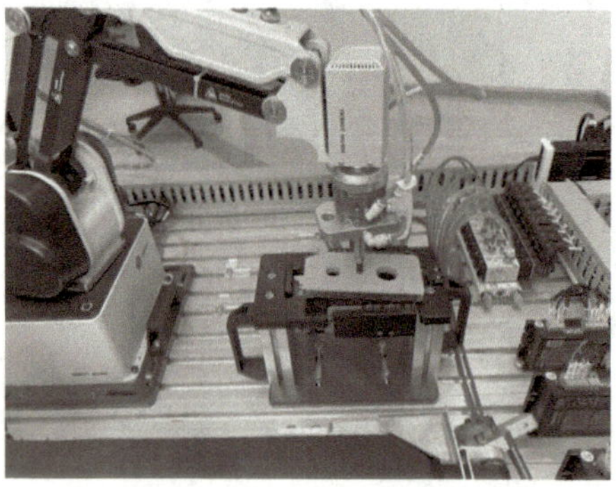

图 4-92　示教测量完成放置点 P4

点数据　变量　src0

保存　定位　覆盖　＋添加　×删除　撤消　重做

	No.	Alias	X	Y	Z	Rx	Ry	Rz	R	D	N	Cfg	Tool
1	P1	anquandian1	232.6548	-126.4779	130.0273	-66.4848	0.0000	0.0000	-1	-1	-1	0	No.0
2	P2	danxipan	-26.4374	-288.4312	-45.3802	-291.5243	0.0000	0.0000	-1	-1	-1	0	No.0
3	P3	anquandian2	225.4261	263.4758	97.0863	-103.6553	0.0000	0.0000	-1	-1	-1	0	No.0
4	P4	fangzhidian	100.5013	367.8501	36.9241	-5.9726	0.0000	0.0000	-1	-1	-1	0	No.0

图 4-93　添加 P4 点数据

2. 机械工件尺寸测量系统机器人程序设计

机器人程序分为变量程序和 src0 两部分，机械工件尺寸测量系统的机器人程序设计如下。

（1）变量程序设计

```
---------------------------- 字符串分割函数 ------------------------------
function split(str,reps)
     local resultStrList = {}
     string.gsub(str,'[^'..reps..']+',function (w)
          table.insert(resultStrList,w)
     end
     return resultStrList
end
----------------------------DO 保持信号函数 ------------------------------
function DOL(index)
     DO(index,1)
     Wait(100)
     DO(index,0)
end
--------------------------- 等待 DI 信号函数 -----------------------------
function WaitDI(index,stat)
     while DI(index) ～= stat do
          Sleep(100)
     end
end
----------------------------DO 信号复位函数 ------------------------------
function DOInit()
     for i=1,16 do                    -- 复位输出口
     DO(i,OFF)
     end
end
---------------------------- 移动末端函数 --------------------------------
function GOTO(safePoint,point,offset,port,stat)
     Go(safePoint,"SYNC=1")           -- 运行至附近安全点
     Go(RelPoint(point, {0,0,offset,0}),"SYNC=1")
                                      -- 运行至目标点上方 100mm
     Move(point,"SYNC=1")             -- 直线移动到目标点
     DO(port,stat)                    -- 设置吸盘状态
     Move(RelPoint(point, {0,0,offset,0}),"SYNC=1")
                                      -- 运行至目标点上方 100mm
     Go(safePoint,"SYNC=1")           -- 返回附近安全点
end
-------------------------- 视觉连接与控制函数 ----------------------------
function GetVisionData(signal)
     local ip="192.168.1.18"          -- 视觉软件的 IP 地址
```

```
local port=4001                 -- 视觉软件的服务端口
local err=0                     -- 状态返回值
local socket                    -- 套接字对象
local msg = ""                  -- 接收字符串
local coordination = {}         -- 抓取位坐标信息
local Recbuf                    -- 接收缓存变量
local pos_x = 0                 -- 工件 X 坐标
local pos_y = 0                 -- 工件 Y 坐标
local pos_r = 0                 -- 工件 R 坐标
local result = 0                -- 视觉处理结果
local GetProductPos = {}        -- 工件坐标
local statcode = 0
err, socket = TCPCreate(false, ip, port)
if err == 0 then
     err = TCPStart(socket,0)
     if err == 0 then
          TCPWrite(socket, signal)
                                -- 发送视觉控制信号
          err, Recbuf = TCPRead(socket, 0,"string")
                                -- 接收视觉返回信息
          msg = Recbuf.buf
          print("\r".." 视觉报文: "..msg.."\r")
          coordination = split(msg,",")
          print(" 报文长度: "..string.len(msg).."\r")
          coordination = split(msg,",")
                                -- 分隔字符串
          pos_x=tonumber(coordination[1])
                                -- 提取 X 坐标
          pos_y=tonumber(coordination[2])
                                -- 提取 Y 坐标
          pos_r=tonumber(coordination[3])
                                -- 提取 R 坐标
          result = coordination[4]
                                -- 提取视觉处理结果
          statcode = tonumber(coordination[5])
                                -- 提取视觉报文校验码
          if statcode ~= 888 or result == "404" then
                                -- 报文异常处理
               err = 1
               do return err,result,GetProductPos end
                                -- 返回视觉处理结果异常的信息
          else
                GetProductPos = {coordinate = {pos_x,pos_
```

```
y,25,pos_r},tool=0,user=0}                --定义取料点位
                    TCPDestroy(socket)
               end
                    do return err,result,GetProductPos end
          end
     else
          print("TCP 连接异常，请检查 ")
          return
     end
end
```

（2）src0 程序设计

```
local measure_result                      --定义全局变量 measure_result
------------------------------测量函数--------------------------------
function measure()
     local err = 0
     local result = 0
     local ProductPos = {}
     -----------------------请求 PLC 出料------------------------------
     DOL(5)                               --固定工位气缸松开
     DOL(3)                               --发送出料请求
     WaitDI(4,1)                          --等待 PLC 返回物料到位信号
     Sleep(1000)
     ---------------- 请求视觉执行识别、定位与抓取-----------------------
     ::flag1::                            --设置程序标志点
     err,result,ProductPos = GetVisionData("begin")
                                          --请求视觉识别，识别信号 "begin"
     if err == 1 then
          print(" 视觉识别异常 ")           --视觉检测异常发送提示信息
          Sleep(1000)
          goto flag1                      --视觉返回异常信息，跳回程序标志点
     else
          measure_result = result         --拿到视觉识别的结果，赋值给全局变量
                                            measure_result
          if (measure_result == "OK")then
                                          --判断 measure_result 是否为 OK
               Go(RP(ProductPos, {0,0,100,0}),"SYNC=1")
                                          --运动至测量工件上方
               Move(RP(ProductPos, {0,0,1,0}),"SYNC=1")
                                          --运动至测量工件位置，Z 轴稍做正向偏移
               DO(2,1)                    --吸盘吸气
               GOTO(P3,P4,25,2,0)         --运动至固定工位放置测量工件
               Sleep(1000)
```

```
                DOL(4)                  -- 固定工位气缸夹紧
                Sleep(1000)
            end
        end
end
------------------------------ 主程序 ------------------------------
DOInit()                                -- 复位所有输出口信号
DO(1,1)                                 -- 机器人末端松开
GOTO(P1,P2,120,1,0)                     -- 更换单吸盘末端
while(true)                             -- 重复执行 measure_result () 函数
do
        measure_result ()
end
```

评价反馈

各组代表介绍任务实施过程，并完成评价表（见表 4-13）。

表 4-13　评价表

类别	考核内容	分值	评价分数		
			自评	互评	教师
理论	了解机械工件尺寸测量系统中机器人单元的工作内容	10			
	了解机械工件尺寸测量系统中机器人程序的设计思路	20			
技能	能够完成机器人程序设计所需点位的示教与调试	20			
	能够完成机器人变量程序的编写	20			
	能够完成机器人 src0 程序的编写	20			
素养	遵守操作规程，养成严谨科学的工作态度	2			
	根据工作岗位职责，完成小组成员的合理分工	2			
	团队合作中，各成员学会准确表达自己的观点	2			
	严格执行 6S 现场管理	2			
	养成总结训练过程和结果的习惯，为下次训练积累经验	2			
总分		100			

相关知识

1. 机器人单元的工作内容

1）更换治具。机器人运动到快换治具单元更换单吸盘治具。

2）吸取目标。机器人运动到目标正上方吸取工件。

3）放置目标。机器人根据视觉检测结果把工件放置到测量完成位置。

机械工件尺寸测量系统机器人程序设计思路

2. 机器人程序设计思路

起动系统并运行机器人程序，机器人运动到快换治具单元更换单吸

盘治具，向 PLC 发送出料请求后，固定工位的气缸松开，传送带起动，推料气缸将工件推出到传送带上，传感器检测到物料后控制传送带停止运动。机器人接收到工件到位信号后，向视觉单元发送识别请求并判断视觉单元返回的识别结果是否正常，如果机器人接收到未识别到目标的信号，则继续向视觉单元发送识别请求。如果成功识别到目标，则接收视觉单元发送的位置信息和状态信息，然后对状态信息进行判断。如果结果为“OK”，则机器人运动到目标上方吸取目标，并放置于测量完成位置，固定工位的气缸夹紧工件。如果没有“OK”信息，则直接结束。机械工件尺寸测量系统的机器人程序流程图如图 4-94 所示。

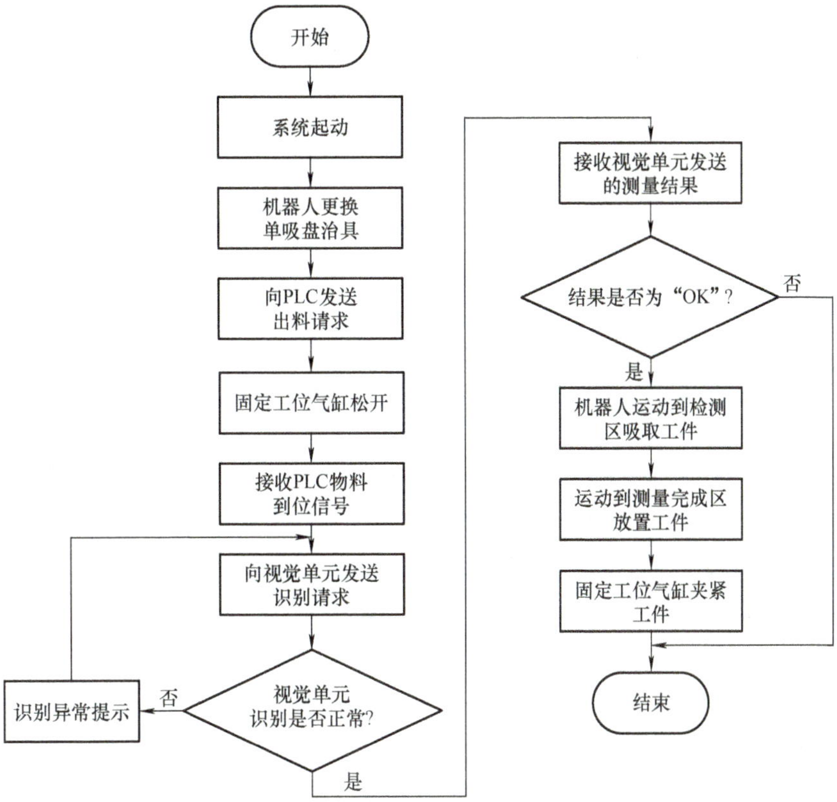

图 4-94　机械工件尺寸测量系统的机器人程序流程图

任务 4.4　机械工件尺寸测量系统联调

学习情境

完成了机械工件尺寸测量系统的视觉程序和机器人程序的设计与编写后，接下来要做的就是系统的 PLC 程序设计和联调，确保整个系统各项功能正常。

学习目标

知识目标

1）了解机械工件尺寸测量系统的 PLC 程序设计思路。

2）了解机械工件尺寸测量系统的联调步骤。

能力目标

1）程序设计能力：能够编写机械工件尺寸测量系统的 PLC 程序。

2）调试能力：能够建立机器人单元与视觉单元的通信，完成系统的联调工作。

素养目标

1）根据工作岗位职责，完成小组成员的合理分工。

2）团队合作中，各成员学会表达自己的观点。

3）养成安全规范操作的行为习惯。

工作任务

设计并编写机械工件尺寸测量系统的 PLC 程序，设置系统联调的通信管理参数，完成整个机械工件尺寸测量系统的联调工作。

任务分工

根据任务要求，对小组成员进行合理分工，并填写表 4-14。

表 4-14　任务分工表

班级		组号		指导老师	
组长		学号			
组员与分工	姓名	学号	任务内容		

获取信息

引导问题 1：简述机械工件尺寸测量系统的 PLC 程序设计思路。

____

____

引导问题 2：机械工件尺寸测量系统的联调流程是什么？

____

____

工作计划

1）制定工作方案，见表 4-15。

表 4-15　工作方案

步骤	工作内容	负责人
1		
2		
3		
4		

2）列出核心物料清单，见表 4-16。

表 4-16　核心物料清单

序号	名称	型号 / 规格	单位	数量
1				
2				

工作实施

机械工件尺寸测量系统联调

1. 机械工件尺寸测量系统 PLC 程序设计

机械工件尺寸测量系统 PLC 程序包括系统设备起动、停止、急停和复位控制，三色灯、推料气缸、固定气缸和入料传送带控制。

具体的程序内容见任务 3.3 的 PLC 程序设计部分。

2. 程序下载

将机械工件尺寸测量系统的 PLC 程序下载到 PLC 中；将视觉程序复制到设备自带的计算机上，并用 DobotVisionStudio 打开程序；将机器人程序复制到设备自带的计算机上，并用 DobotSCStudio 软件将其打开。

3. 建立机器人单元与视觉单元的通信

按照任务 3.4 中讲解的方法，确保计算机 IP 地址与视觉程序中视觉的 IP 地址一致，在 DobotVisionStudio 4.1.0 软件中，设置全局触发。

4. 系统运行

步骤 1：确认已经将电控柜所有工具的电源开关打开；确认空压机已经打开，气压表的压力值正常。

步骤 2：先将触摸屏旁边的复位按钮（黄色）按下，再将开始按钮（绿色）按下，三色报警灯变绿。

步骤 3：机器人使能。在 DobotSCStudio 中，单击使能按钮“”，在弹出的末端负载设置界面中，负载重量设置为“0.50kg”，其他参数保持默认值。然后单击“确认”按钮，使能按钮由红色变成绿色。

步骤 4：系统运行。在 DobotSCStudio 中，单击“运行”按钮，如图 4-95 所示，运行机器人程序。

系统起动，观察系统运行状况，通过视觉软件查看工件各个参数的测量结果。完成测量后，机器人将工件放置到测量完成区。

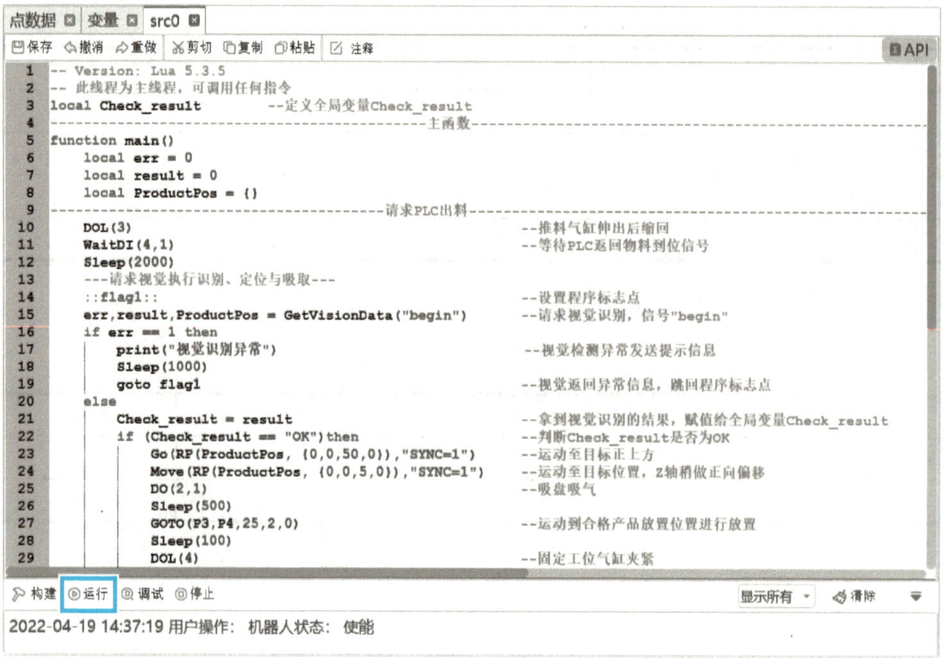

图 4-95　单击“运行”按钮

评价反馈

各组代表介绍任务实施过程，并完成评价表（见表 4-17）。

表 4-17　评价表

类别	考核内容	分值	评价分数		
			自评	互评	教师
理论	了解机械工件尺寸测量系统的 PLC 程序设计思路	15			
	了解机械工件尺寸测量系统的联调步骤	15			
技能	能够完成机械工件尺寸测量系统的通信设置与调试	30			
	能够完成机械工件尺寸测量系统的联调工作	30			
素养	遵守操作规程，养成严谨科学的工作态度	2			
	根据工作岗位职责，完成小组成员的合理分工	2			
	团队合作中，各成员学会准确表达自己的观点	2			
	严格执行 6S 现场管理	2			
	养成总结训练过程和结果的习惯，为下次训练积累经验	2			
总分		100			

相关知识

1. PLC 程序设计思路

机械工件尺寸测量系统 PLC 程序主要包括系统设备起动、停止、急停和复位控制，三色灯和入料传送带控制等。

2. 联调流程

下载 PLC 程序→打开软件及对应工程文件→建立机器人单元与视觉单元的通信→起动系统→运

行机械工件尺寸测量系统机器人程序→观察系统运行情况。

项目总结

本项目讲解了机械工件尺寸测量系统的相关知识，包括认识机械工件尺寸测量系统单元结构、视觉方案调试、机器人运动控制调试和系统联调。通过本项目的学习，可以掌握视觉尺寸测量的调试方法和机器人的运动控制方法。

拓展阅读

CCD 尺寸测量技术

CCD 机器视觉尺寸测量是基于相对测量方法，通过可追溯性、放大校准、自动边缘提升和屏幕图像测量来计算实际尺寸。基于 CCD 的视觉尺寸测量技术在以下测量任务中的检测优势如下。

1. 微结构尺寸检测

传统的微结构尺寸检测方法是采用万能工具显微镜或者激光衍射法，前者容易受测头形状、大小以及测力的影响，后者对测量环境要求严格，而且只能测量比较简单的结构尺寸，不适用于测量复杂的微结构尺寸以及类似光纤等透明、易变形的检测物体。CCD 视觉检测技术，具有非接触的特点，并且不一定要求采用相干光源。另外，图像检测的精度和测量范围主要由摄像系统的分辨率和放大倍数决定，调节摄像系统的放大倍数就能轻易实现大范围测量（如从微米量级到毫米量级），同时保证较高的测量精度。

2. 大型结构尺寸检测

对于大型结构尺寸，传统测量方法主要有两种：一是直接法，这种方法需要大尺寸导轨或标准件，成本高，精度低；二是间接法，如弓高弦长法，这类方法本身存在测量原理误差，并且测量可靠性不高。基于 CCD 视觉检测技术可以对零件的不同部位进行拍摄，得到多幅局部重叠的图像，然后利用图像之间的信息冗余进行图像拼接得到零件的完整图像，对拼接后的图像进行分析可以得到零件的完整结构尺寸，这种检测方法不仅简单、经济，同时能够达到较高的精度。

3. 复杂结构尺寸检测

机械制造业中常见的齿轮、螺纹和凸轮零件形状复杂、参数繁多，若采用常规测量仪器，检测精度和效率较低；若采用专用测量仪器，其测量过程则非常复杂，且成本非常高。视觉检测技术由于采用了“图像”这种信息含量非常丰富的信息载体，表现出较大优势，螺纹、齿轮等零件的复杂轮廓信息，它只需要一幅或多幅图像就可以获得。

4. 自由曲面检测

自由曲面通常是指无法确切用解析几何的方法描述的曲面，如火箭、飞机、汽车和家用电器等的复杂外观造型。近年来，自由曲面的高精度检测技术成为人们研究的热点。传统的自由曲面检测方法有：手工测量法、机器人测量法、三坐标测量机测量法和经纬仪组合测量法，这些方法均达不到现代工业 100% 的在线检测要求。如果将视觉检测技术和结构光应用于自由曲面检测，其测量速度、工作强度将优于以上方法，并且测量精度与三坐标测量机测量法相当。其原理是将一定类型的结构光（光点、光条或光面）投射到曲面上，由 CCD 摄像机得到结构光的图像，结构光在图像中的位置反映了曲面轮廓信息，对结构光图像进行分析，就可以得到自由曲面的轮廓信息。

项目 5 书签缺陷检测系统应用

05

项目引入

在企业的生产过程中，往往一些小的误差和环境变化会使制造出的产品不合格，如何及时快速检测出这些不合格产品并进行分拣，成为了自动化生产中的重要环节。而作为一种无接触和无损伤的自动检测技术，机器视觉缺陷检测技术是实现设备自动化、智能和精密控制的有效有段，并在各行业中大量应用了起来。

本项目以书签缺陷检测系统为例来讲解机器视觉缺陷检测技术在行业中的应用，该系统主要功能是检测并判别书签上的字符是否印刷合格、书签的外围是否有破损等，并对检测后的书签进行分拣。

知识图谱

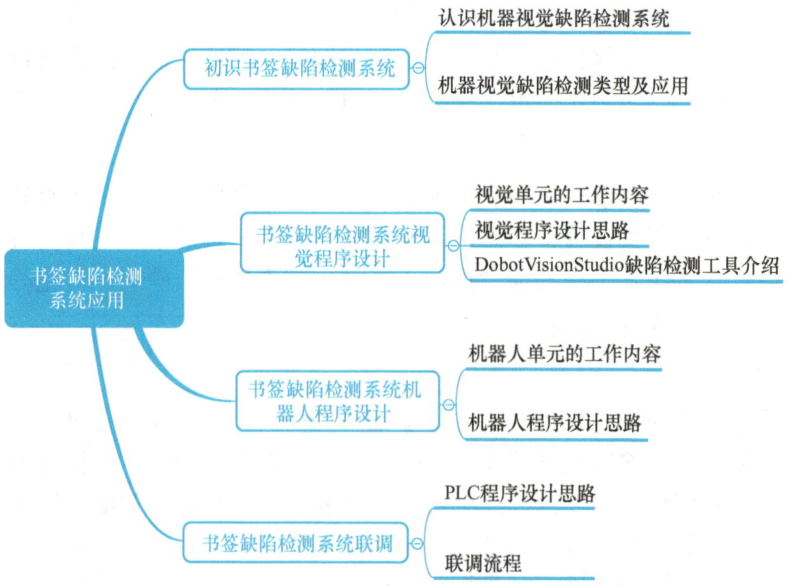

任务 5.1　初识书签缺陷检测系统

学习情境

书签缺陷检测系统可以识别出书签是否有字符、直线和曲线上的缺陷，并能进行分拣处理。这个系统的结构是怎样的，是如何工作的？下面先来认识一下它。

学习目标

知识目标

1）了解机器视觉缺陷检测系统的概念及工作原理。
2）了解机器视觉缺陷检测系统的基本组成。

能力目标

1）能够识别中级机器视觉系统应用实训平台（书签缺陷检测项目）的布局及各结构功能。
2）能够分析中级机器视觉系统应用实训平台（书签缺陷检测项目）的工作流程。

素养目标

1）根据工作岗位职责，完成小组成员的合理分工。
2）团队合作中，各成员学会表达自己的观点。
3）养成安全规范操作的行为习惯。

工作任务

识别中级机器视觉系统应用实训平台（书签缺陷检测项目）的布局，描述其各结构功能；了解中级机器视觉系统应用实训平台（书签缺陷检测项目）的工作过程，并绘制出整个系统的工作流程图。

任务分工

根据任务要求，对小组成员进行合理分工，并填写表 5-1。

表 5-1　任务分工表

班级		组号		指导老师	
组长		学号			
组员与分工	姓名	学号	任务内容		

获取信息

引导问题 1：什么是机器视觉缺陷检测系统？

____

____

引导问题 2：机器视觉缺陷检测系统的工作原理是什么？

____

____

工作计划

1）制定工作方案，见表 5-2。

表 5-2　工作方案

步骤	工作内容	负责人
1		
2		

2）列出核心物料清单，见表 5-3。

表 5-3　核心物料清单

序号	名称	型号 / 规格	单位	数量
1				
2				

工作实施

1. 认识书签缺陷检测系统的结构布局及其功能

步骤 1：认识实训平台的结构布局。

中级机器视觉系统应用实训平台（书签缺陷检测项目）用于书签的缺陷检测，由视觉单元、机器人单元和总控单元等硬件组成，其结构布局如图 5-1 所示。

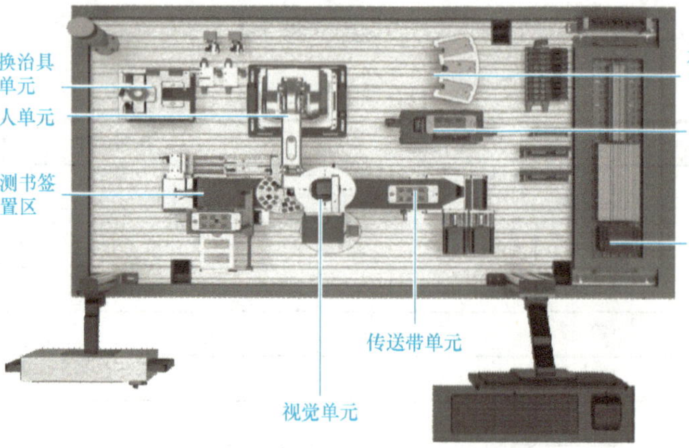

图 5-1　书签缺陷检测系统的结构布局

步骤 2：描述各结构的功能。

1）快换治具单元：用于存放不同功用的治具，是机器人单元的附属单元，机器人可通过程序控制移动到指定位置安装或释放治具。

2）机器人单元：包括机器人、机器人编程平台 DobotSCStudio 等，主要完成对书签执行相应操作的指令。

3）待检测书签放置区：放置待检测书签。

4）视觉单元：包括相机、镜头、光源和算法软件等，主要完成视觉对书签的缺陷检测，并把检测结果传递给机器人单元。

5）传送带单元：由传送带和到位检测传感器组成，主要用于书签的运输。

6）总控单元：属于书签缺陷检测系统的控制单元，用于控制系统起停、机器人起动、治具更换、吸盘吸放，及控制电磁阀、三色灯和蜂鸣器等。

7）合格书签放置区：放置合格书签。

8）不合格书签放置区：放置不合格书签。

2. 绘制书签缺陷检测系统的工作流程图

步骤 1：观看书签缺陷检测系统的工作过程演示。

步骤 2：描述书签缺陷检测系统的工作流程。

把待检测书签放在传送带上，起动系统，机器人装上治具，传送带传送待检测书签到视觉检测区后停止；在视觉检测区，视觉单元对书签进行字符、直线和圆弧的缺陷检测；机器人将待检测书签吸取移送到对应放置区；继续放置书签，进行下一个书签的缺陷检测，直到完成所有的缺陷检测任务。

步骤 3：绘制书签缺陷检测系统的工作流程图，如图 5-2 所示。

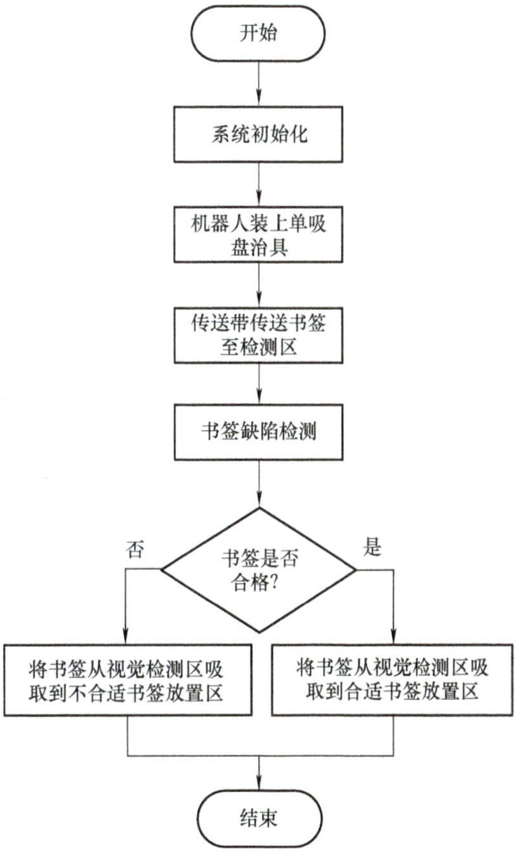

图 5-2 书签缺陷检测系统的工作流程图

评价反馈

各组代表介绍任务实施过程，并完成评价表（见表 5-4）。

表 5-4　评价表

类别	考核内容	分值	评价分数		
			自评	互评	教师
理论	认识机器视觉缺陷检测系统	10			
	了解机器视觉缺陷检测系统的工作原理	10			
	了解机器视觉缺陷检测类型及应用	10			
技能	认识书签缺陷检测系统的结构布局	20			
	描述书签缺陷检测系统各结构的功能	20			
	绘制出书签缺陷检测系统的工作流程图	20			
素养	遵守操作规程，养成严谨科学的工作态度	2			
	根据工作岗位职责，完成小组成员的合理分工	2			
	团队合作中，各成员学会准确表达自己的观点	2			
	严格执行 6S 现场管理	2			
	养成总结训练过程和结果的习惯，为下次训练积累经验	2			
总分		100			

相关知识

机器视觉缺陷检测

1. 认识机器视觉缺陷检测系统

机器视觉缺陷检测系统是采用先进的机器视觉检测技术，对物料表面的斑点、凹坑、划痕、色差和缺损等缺陷进行检测的视觉系统。

机器视觉缺陷检测系统的工作原理是通过合适的光源和 CCD 工业相机将被检测的目标转换成图像信号，传送给图像处理系统，根据像素分布和亮度、颜色等信息，转变成数字信号，利用图像处理算法对这些信号进行各种运算，来提取目标的特征信息，再根据预设的允许度和其他条件，进行表面缺陷的定位、识别、分级等判别、统计、存储、查询等操作。

2. 机器视觉缺陷检测类型及应用

一般来说，缺陷是产品在制造过程中出现局部物理或化学性质不均匀所造成的，不同产品的表面缺陷有着不同的类型，比如金属工件表面的划痕、辊印、凹坑、粗糙、凹槽、折叠、翘曲、凸耳和瑕疵等外观缺陷，非金属产品表面的破损、杂质和污点等，产品包装和印刷表面的字符不完整、压痕和色差等。

由于传统工业生产中的人工检测带来诸多弊端，机器视觉表面缺陷检测的优势使得其在钢铁冶金、有色金属加工、不锈钢制造，电子素材、无纺布、织物、玻璃和纸张制造等多个领域广泛应用。

任务 5.2　书签缺陷检测系统视觉程序设计

学习情境

对书签缺陷检测系统的结构布局和工作流程有了大致的了解后，本任务完成书签缺陷检测系统的视觉程序编写。

学习目标

知识目标

1）了解书签缺陷检测系统中视觉单元的工作内容。
2）了解书签缺陷检测系统视觉程序设计思路。
3）了解不同的缺陷检测工具。

能力目标

1）工具选用能力：会根据实际情况选择缺陷检测工具。
2）程序设计与调试能力：会编写视觉程序，实现缺陷检测等功能。

素养目标

1）根据工作岗位职责，完成小组成员的合理分工。
2）团队合作中，各成员学会表达自己的观点。
3）养成安全规范操作的行为习惯。

工作任务

完成书签缺陷检测系统的视觉程序设计，能够对书签进行缺陷检测及定位，并将相关信息发送给机器人单元，书签示例图如图 5-3 所示。

图 5-3　书签示例图

任务分工

根据任务要求，对小组成员进行合理分工，并填写表 5-5。

表 5-5　任务分工表

<table>
<tr><td>班级</td><td></td><td>组号</td><td></td><td>指导老师</td><td></td></tr>
<tr><td>组长</td><td></td><td>学号</td><td colspan="3"></td></tr>
<tr><td rowspan="5">组员与分工</td><td>姓名</td><td>学号</td><td colspan="3">任务内容</td></tr>
<tr><td></td><td></td><td colspan="3"></td></tr>
<tr><td></td><td></td><td colspan="3"></td></tr>
<tr><td></td><td></td><td colspan="3"></td></tr>
<tr><td></td><td></td><td colspan="3"></td></tr>
</table>

获取信息

引导问题 1：简述书签缺陷检测系统视觉单元的功能。

____

____

引导问题 2：简述书签缺陷检测系统的视觉程序设计思路。

____

____

引导问题 3：在 DobotVisionStudio 中，有哪些缺陷检测工具？

____

____

引导问题 4：什么是字符缺陷检测？

____

____

工作计划

1）制定工作方案，见表 5-6。

表 5-6　工作方案

步骤	工作内容	负责人
1		
2		
3		
4		
5		

2）列出核心物料清单，见表 5-7。

表 5-7　核心物料清单

序号	名称	型号 / 规格	单位	数量
1				
2				

工作实施

书签缺陷检测系统视觉程序设计（1）

书签缺陷检测系统视觉程序设计（2）

书签缺陷检测系统视觉程序设计（3）

书签缺陷检测系统视觉程序设计（4）

在进行程序设计前，需确保已建立 9 点标定文件，操作方法可参照任务 3.2 中的内容。

视觉检测程序编写步骤：图像采集→书签的识别与定位→缺陷检测→图像合格的判断→检测结果的传递。

1. 图像采集

步骤 1：将一个书签放置在视觉检测区域，并让书签与传送带平行。

步骤 2：打开 DobotVisionStudio 软件，选择通用方案。

步骤 3：建立方案流程。将“采集”子工具箱中的“图像源”工具拖拽到流程编辑区。

“0 图像源 1”参数设置按照任务 2.3 介绍的方式进行设置与调整。

2. 书签的识别与定位

步骤 1：方案流程中增加“快速匹配”工具。将“定位”子工具箱中的“快速匹配”工具拖拽到流程编辑区，并与“0 图像源 1”相连接，如图 5-4 所示。

图 5-4　方案流程增加“快速匹配”工具

步骤 2：“2 快速匹配”基本参数设置。双击“2 快速匹配 1”，在基本参数界面，如图 5-5 所示，“ROI 区域”栏“ROI 创建”选择“绘制”，形状选择“□”，然后在图像显示区域绘制矩形的 ROI 区域，ROI 区域需要覆盖住传送带上的视觉检测区域。

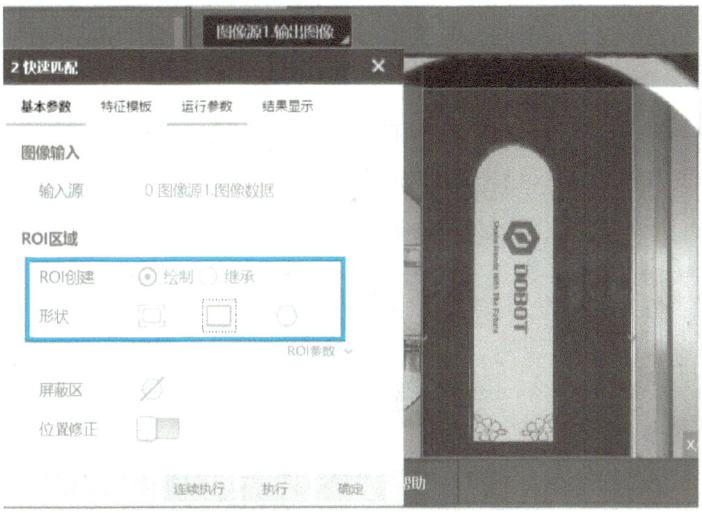

图 5-5　“2 快速匹配”基本参数设置

步骤 3：创建快速匹配特征模板。在特征模板界面，单击“创建”按钮，进入模板配置界面，如

图 5-6 所示，单击“创建矩形掩模”按钮，拖动生成矩形掩模覆盖住书签。在右下角配置参数，根据实际情况设置适当的特征尺度和对比度阈值，单击“生成模型”按钮生成特征模型，单击“确定”按钮保存特征模板。

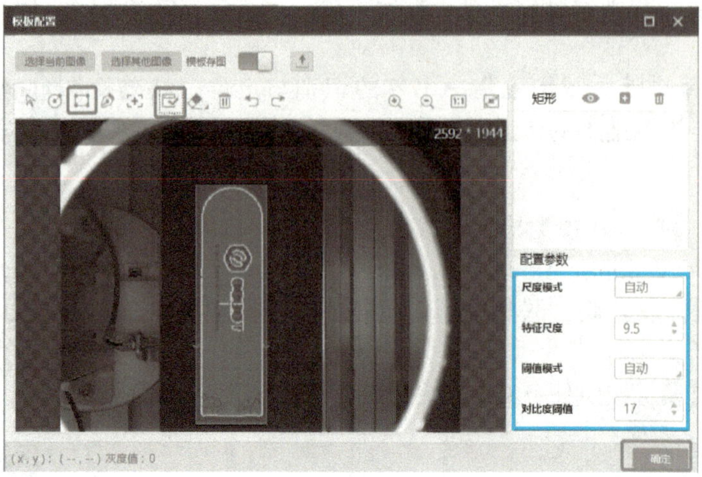

图 5-6　创建快速匹配特征模板

在特征模板界面，依次单击“执行”“确定”按钮，在图像显示框内显示快速匹配后的图像，如图 5-7 所示。快速匹配的其余参数保持默认值即可。

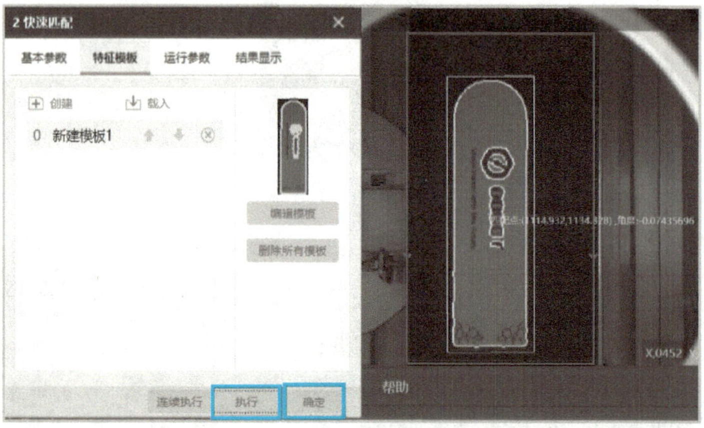

图 5-7　书签特征模板

步骤 4：方案流程中增加“仿射变换”工具。将“图像处理”子工具箱的“仿射变换”工具拖拽到流程编辑区，并与“2 快速匹配”相连接，如图 5-8 所示。

图 5-8　方案流程增加“仿射变换”工具

步骤 5：“3 仿射变换”基本参数设置。双击“3 仿射变换”，在基本参数界面，“ROI 区域”栏“ROI 创建”选择“继承”，继承方式选择“按区域”，选择区域为“2 快速匹配 1. 匹配框 []”，单击

“执行”按钮，查看经过仿射变换后的图像，如图 5-9 所示。

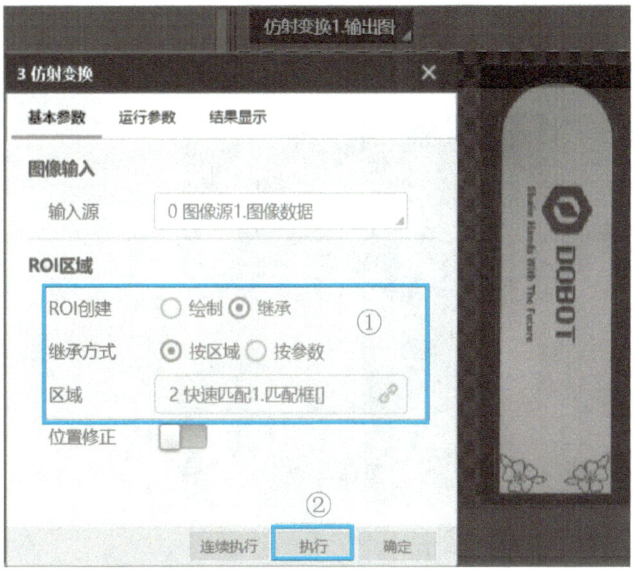

图 5-9　“3 仿射变换”基本参数设置

3. 缺陷检测

（1）字符缺陷检测

步骤 1：方案流程中增加“字符缺陷检测”工具。将“缺陷检测”子工具箱中的“字符缺陷检测”工具拖拽到流程编辑区，并与“3 仿射变换 1”相连接，如图 5-10 所示。

步骤 2：“4 字符缺陷检测”参数设置。双击“4 字符缺陷检测 1”，单击“字符模板”，建立字符模板。

1）在字符模板界面，单击“+ 模板训练”，如图 5-11 所示，进入字符训练模板界面。

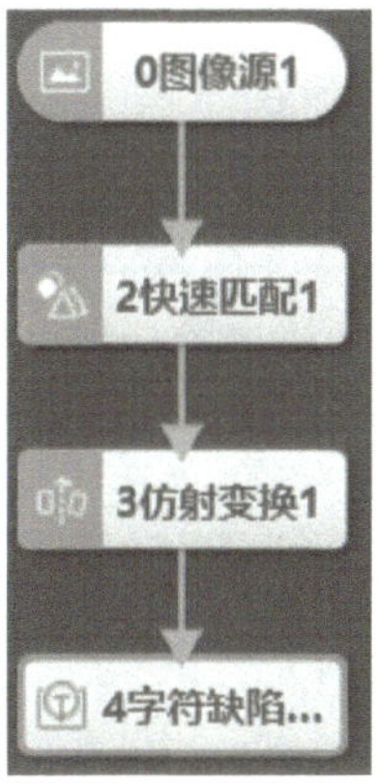

图 5-10　方案流程增加“字符缺陷检测”工具

图 5-11　字符缺陷检测的字符模板界面

2）第一步设计基准。如图 5-12 所示，单击“选择当前图像”或“选择其他图像”，单击“创建矩形掩膜”按钮，在图像显示框中框选出需检测的字符区域，单击“生成模型”按钮，单击“下一步”按钮，进入第二步的设置。

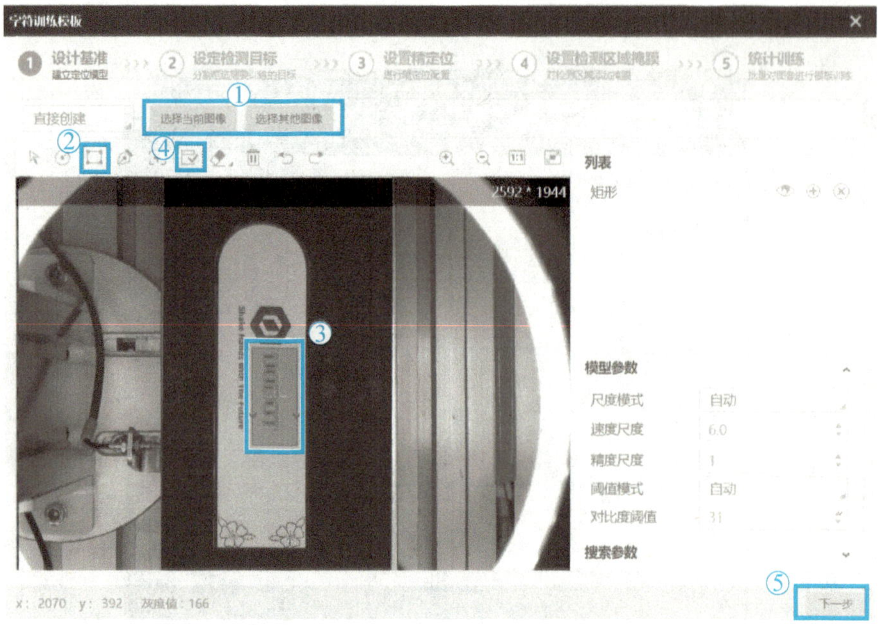

图 5-12　字符训练模板的第一步设置

备注： 字符训练模板的图像必须为正确的字符图像，若当前图像为合格图像，就可选择当前图像作为模板；若当前图像不是合格图像，则通过单击“选择其他图像”，选择事先保存的合格图像作为训练模板。

3）第二步设定检测目标。单击“创建矩形 ROI”，在图像显示框中框选出需检测的字符区域，字符分割参数中的字符分割方式选择为“字符分割”，单击“提取字符”，字符会被分割，单击“下一步”按钮，进入第三步的设置，如图 5-13 所示。

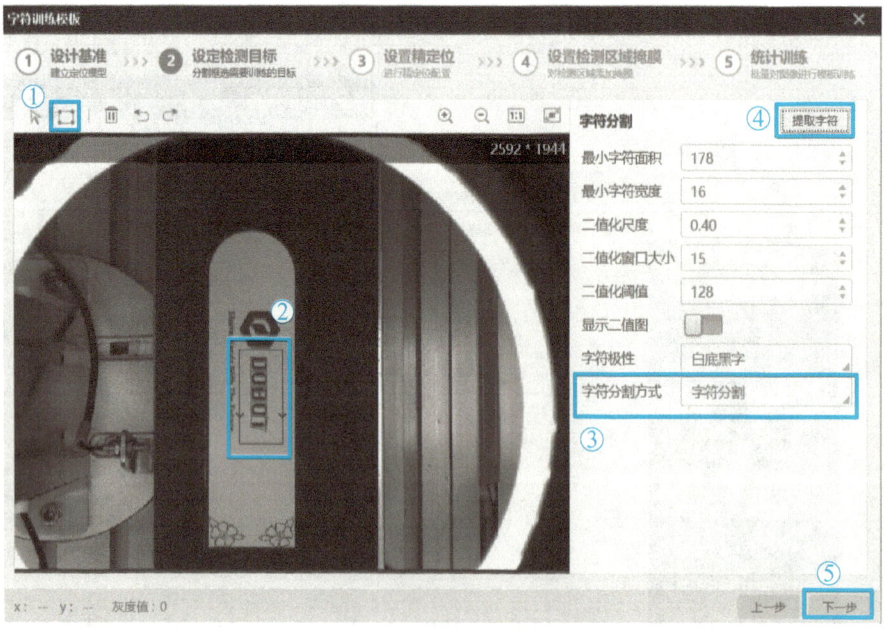

图 5-13　字符训练模板的第二步设置

4）第三步设置精定位。如图 5-14 所示，先单击“训练模板”按钮，然后放大图像显示框中的图像，调整每个字符的选择框，使之框选住每个字符，再次单击“训练模板”按钮，查看字符是否被精确选中定位。其余参数可根据情况进行调整。单击“下一步”按钮进入第四步的设置。

图 5-14　字符训练模板的第三步设置

5）第四步设置检测区域掩膜。如图 5-15 所示，单击“设置掩膜”按钮，弹出设置成功对话框，单击“确定”按钮，单击“下一步”按钮进入第五步设置。

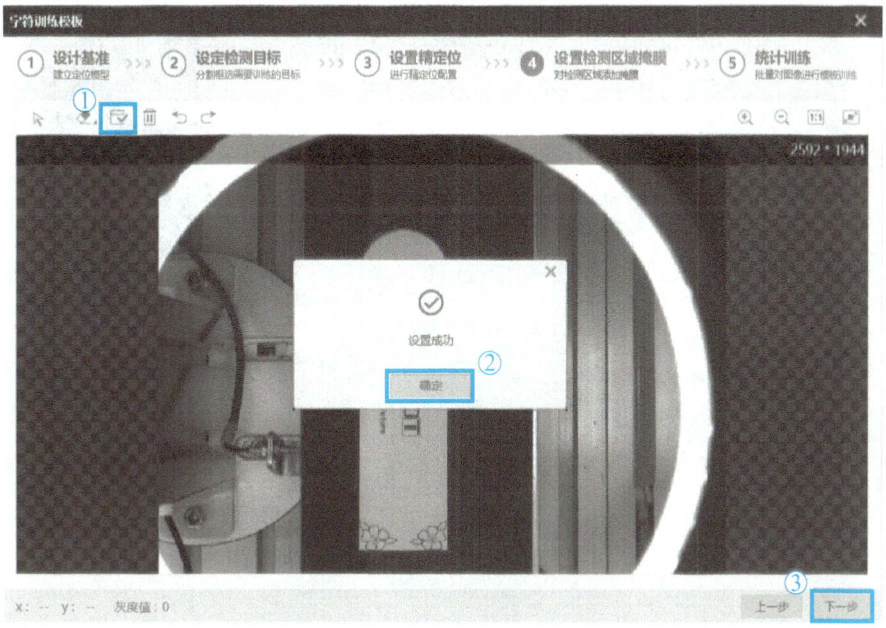

图 5-15　字符训练模板的第四步设置

6）第五步统计训练。如图 5-16 所示，单击“ ”选择当前图像，单击“统计当前图像”，右下方会出现统计训练结果，单击“完成”按钮。

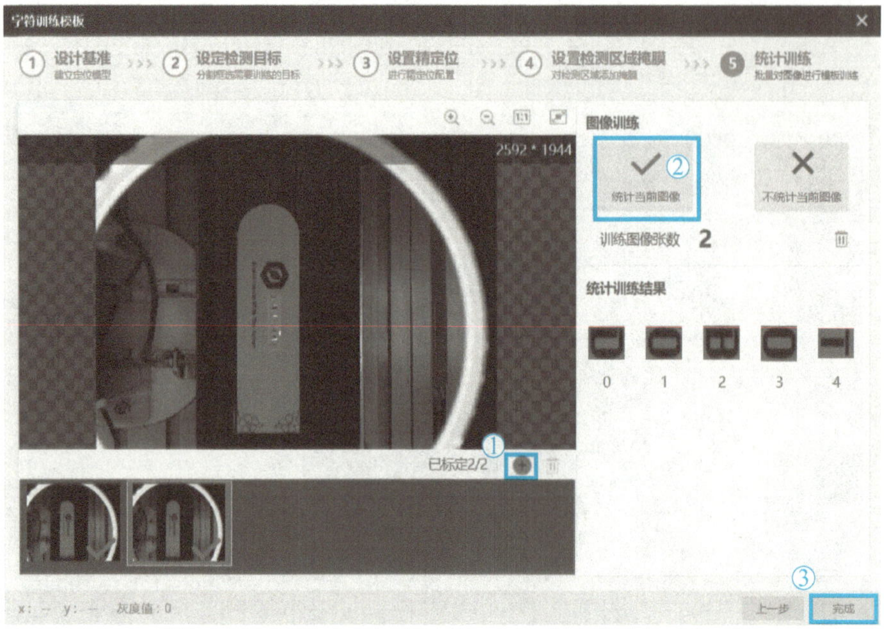

图 5-16　字符训练模板的第五步设置

备注：在进行统计训练时，需要对多张合格图像进行训练。

7）字符训练模板的结果显示。字符缺陷检测模块已配置完成，如图 5-17 所示，单击“执行”按钮，确认图像显示结果为“字符缺陷检测 1. 显示图像”，单击“确定”按钮。

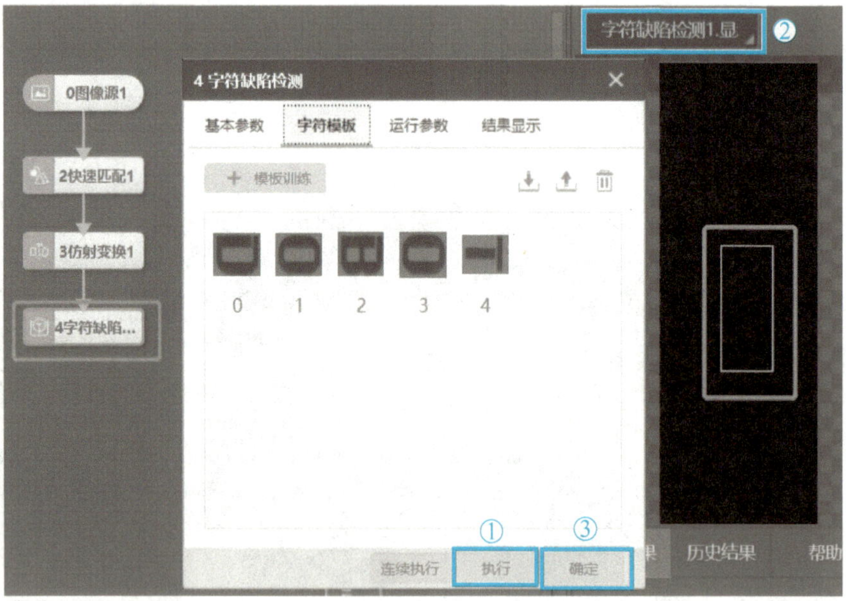

图 5-17　字符训练模板的结果显示

备注：单击“执行”按钮后，若方案中的“4 字符缺陷检测”工具前方的图标是绿色显示，而图像显示结果中也为空，说明当前检测后的图像是无字符缺陷的图像。

（2）圆弧边缘缺陷检测

步骤 1：方案流程中增加“圆弧边缘缺陷检测”工具。将“缺陷检测”子工具箱中的“圆弧边缘缺陷检测”工具拖拽到流程编辑区，并与“4 字符缺陷检测 1”相连接，如图 5-18 所示。

步骤 2：“5 圆弧边缘缺陷检测”基本参数设置。双击“5 圆弧边缘缺陷检测 1”，在基本参数界面，修改输入源为“3 仿射变换 1. 输出图像”，在图像上绘制出 ROI 区域，单击“执行”按钮，即可看到所选区域是否有缺陷，如图 5-19 所示，其余参数根据实际情况调整即可。

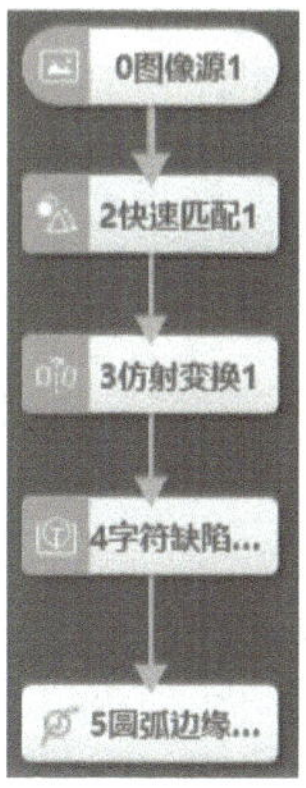

图 5-18　方案流程增加“圆弧边缘缺陷检测”工具

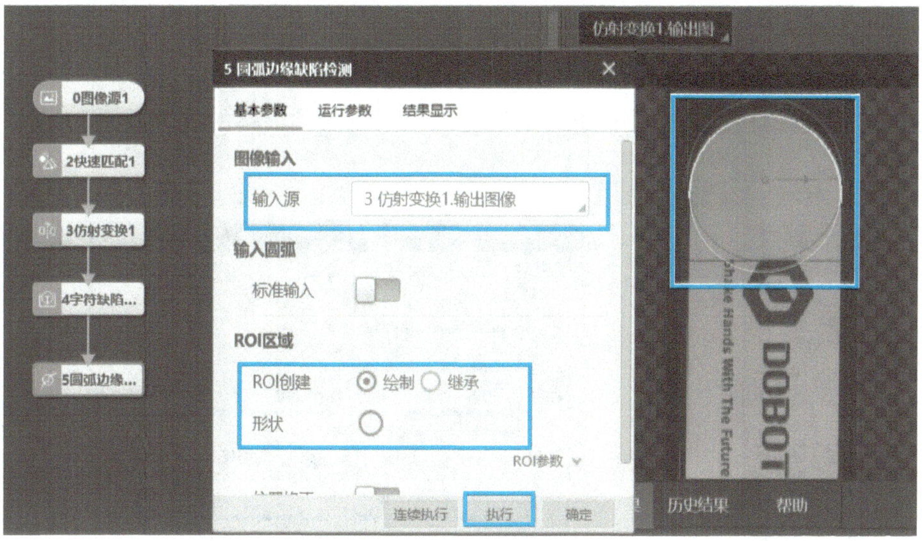

图 5-19　“5 圆弧边缘缺陷检测”基本参数设置

（3）直线边缘缺陷检测

步骤 1：方案流程中增加“直线边缘缺陷检测”工具。将“缺陷检测”子工具箱中的“直线边缘缺陷检测”工具拖拽到流程编辑区，并与“5 圆弧边缘缺陷检测 1”相连接，如图 5-20 所示。

步骤 2：“6 直线边缘缺陷检测”基本参数设置。双击“6 直线边缘缺陷检测 1”，在基本参数界面，修改输入源为“3 仿射变换 1. 输出图像”，在图像上绘制出 ROI 区域，如图 5-21 所示，其余参数保持默认即可。

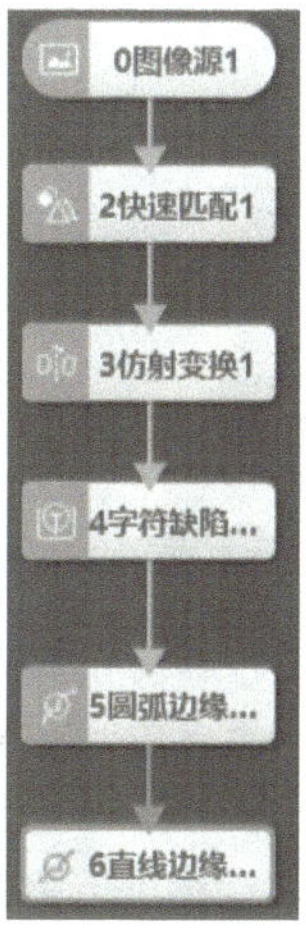

图 5-20　方案流程增加“直线边缘缺陷检测”工具

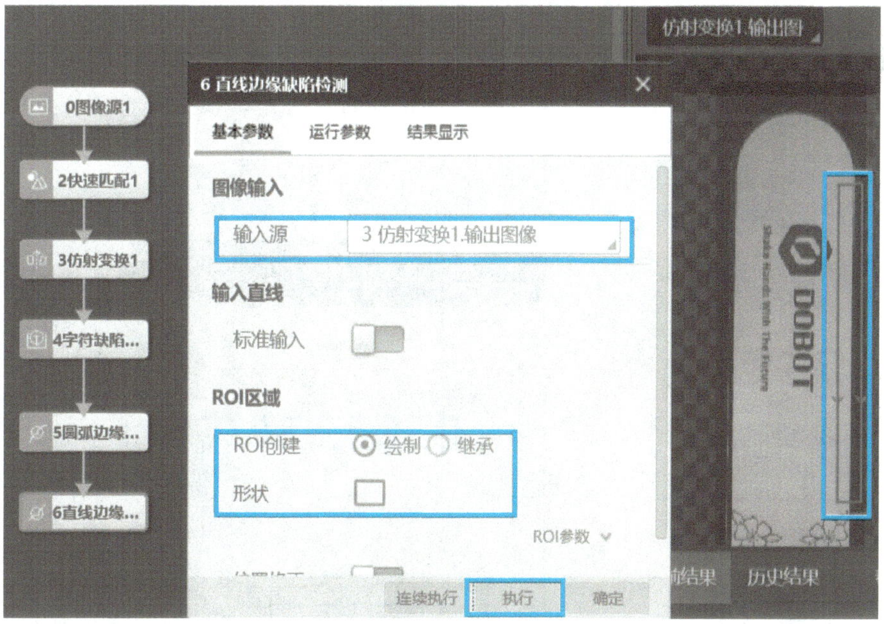

图 5-21　“6 直线边缘缺陷检测”基本参数设置

4. 图像合格的判断

步骤 1：方案流程中增加“条件检测”工具。将“逻辑工具”子工具箱中的“条件检测”工具拖拽到流程编辑区，并与“6 直线边缘缺陷检测 1”相连接，如图 5-22 所示。

步骤 2：“7 条件检测”基本参数设置及结果显示。双击“7 条件检测 1”，在基本参数界面，进行判断条件和方式的设置，当条件字符缺陷检测、直线边缘缺陷检测与圆弧边缘缺陷检测的缺陷个数全部为 0 时，判断结果为“OK”，即为合格书签；单击“执行”按钮，可在图像显示框内看到 3 个判断条件各自的检测结果，在下方的历史结果中可看到最终的检测结果，如图 5-23 所示。

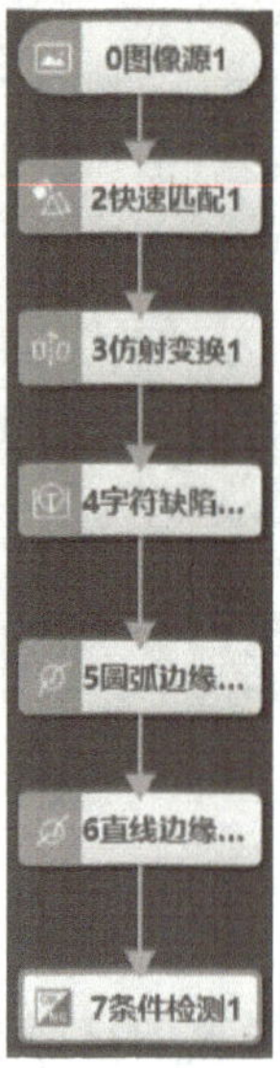

图 5-22　方案流程增加“条件检测”工具

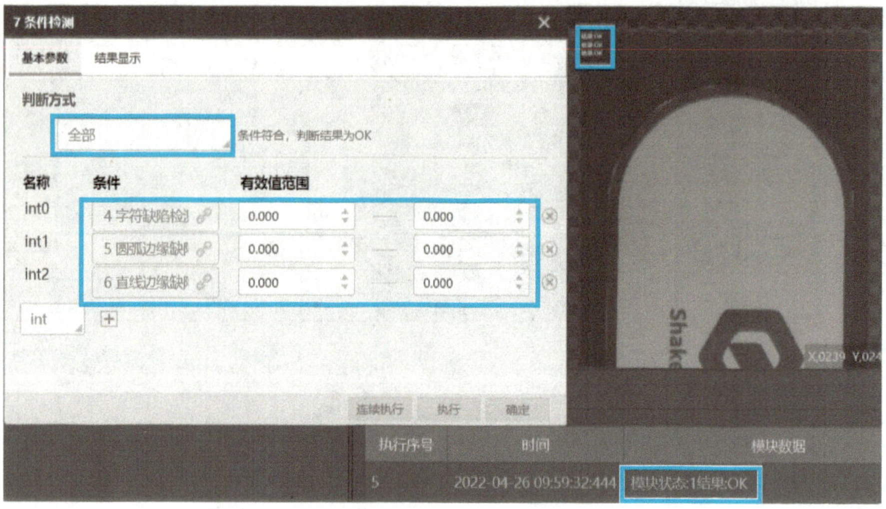

图 5-23　“7 条件检测”基本参数设置及结果显示

步骤 3：方案流程中增加“标定转换”工具。将“运算”子工具箱的“标定转换”工具拖拽到流程编辑区，并与“7 条件检测 1”相连接，如图 5-24 所示。

步骤 4：“8 标定转换”基本参数设置及结果显示。双击“8 标定转换 1”，在基本参数界面，图像输入源设为“0 图像源 1. 图像数据”，“坐标点”选择“2 快速匹配 1. 匹配点 []”，选择“📂”加载 9 点标定生成的标定文件，单击“执行”按钮查看标定转换的坐标值，如图 5-25 所示。

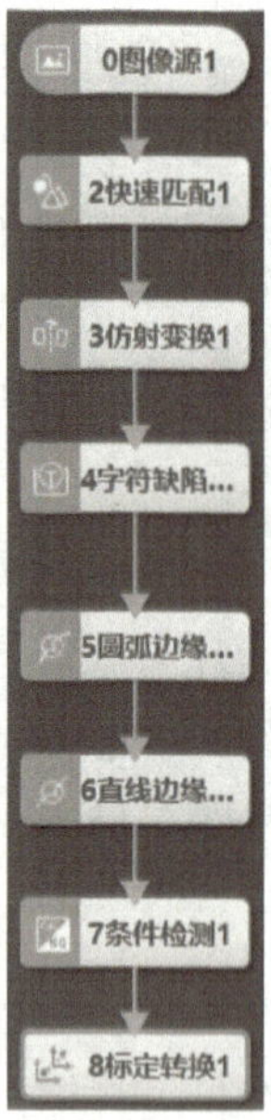

图 5-24　方案流程增加“标定转换”工具

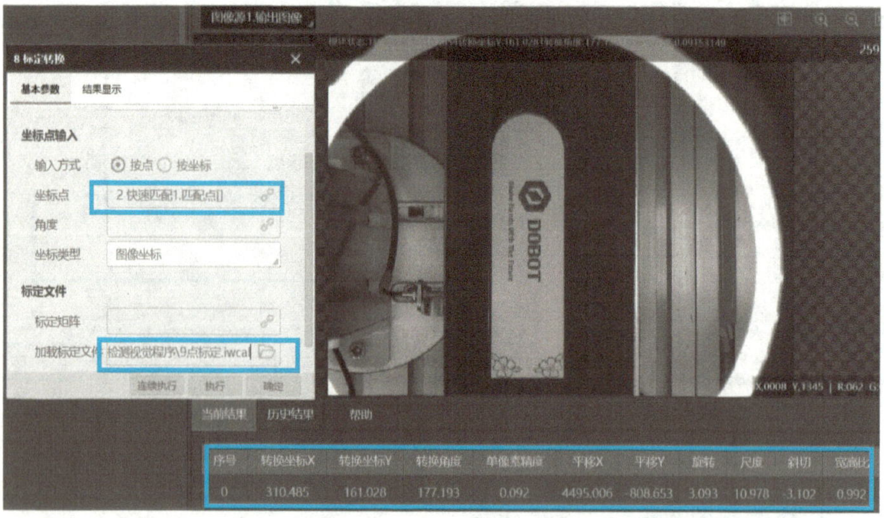

图 5-25　“8 标定转换”基本参数设置及结果显示

5. 检测结果的传递

步骤 1：方案流程中增加“分支模块”工具。将“逻辑工具”子工具箱中的“分支模块”工具拖拽到流程编辑区，并与“8 标定转换 1”相连接，如图 5-26 所示。分支模块的参数设置需在后面的分支流程写好后才能设置。

步骤 2：方案流程中增加“格式化”工具。将“逻辑工具”子工具箱中的“格式化”工具拖拽到流程编辑区，并与“9 分支模块 1”相连接，如图 5-27 所示。

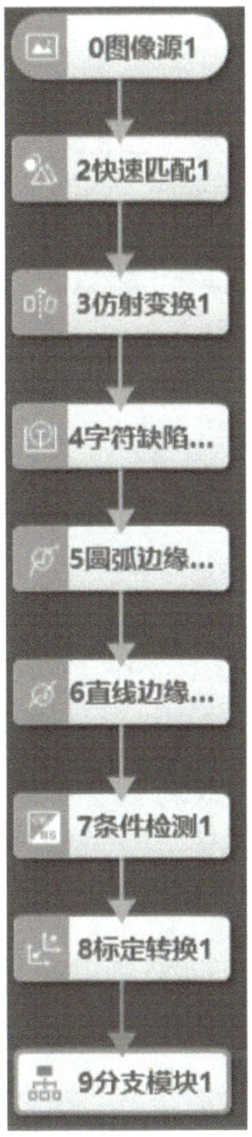

图 5-26　方案流程增加“分支模块”工具

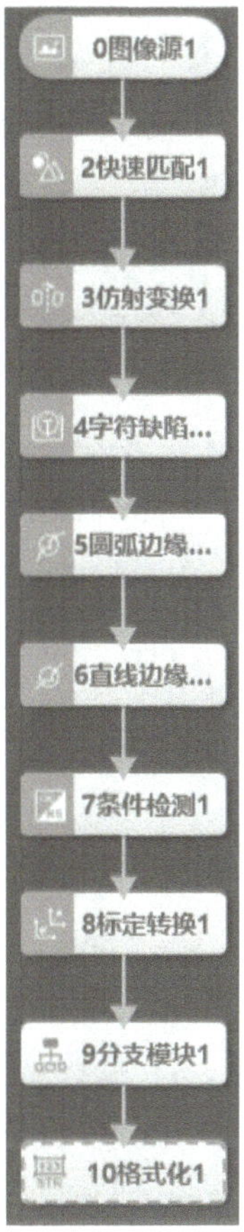

图 5-27　方案流程增加“格式化”工具

步骤 3：“10 格式化”基本参数设置。双击“10 格式化 1”，在基本参数中单击“插入行”按钮 ＋添加，单击“插入订阅”按钮，找到“<8 标定转换 1. 转换坐标 X（%1.3f）>[0]”的订阅内容，单击“插入文本”按钮，输入英文字符“,”作为分隔符。接着按照相同的操作方式插入“<8 标定转换 1. 转换坐标 Y（%1.3f）>[0]”“,”“<2 快速匹配 1. 角度（%1.3f）>[0]”“,”“OK”“,”和“888”，最后单击“保存”按钮，如图 5-28 所示。

步骤 4：方案流程中增加“发送数据”工具。将“通信”子工具箱中的“发送数据”工具拖拽到流程编辑区，并与“10 格式化 1”相连接，如图 5-29 所示。

步骤 5：“通信管理”参数设置。在对“发送数据”进行参数设置之前，必须先对“通信管理”进行相关设置。在快捷工具条，单击“ ”按钮进行通信管理设置。如图 5-30 所示，在设备列表选择“ ”添加设备，“协议类型”选择“TCP 服务端”，再根据实际情况修改设备名称（默认名称为“TCP 服务端”）、本机 IP 和本机端口，然后单击“创建”按钮，即完成通信设备的创建。

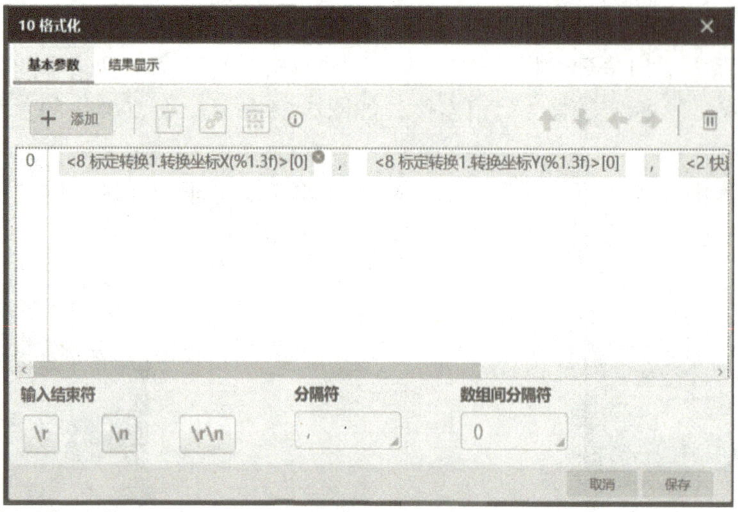

图 5-28 “10 格式化”基本参数设置

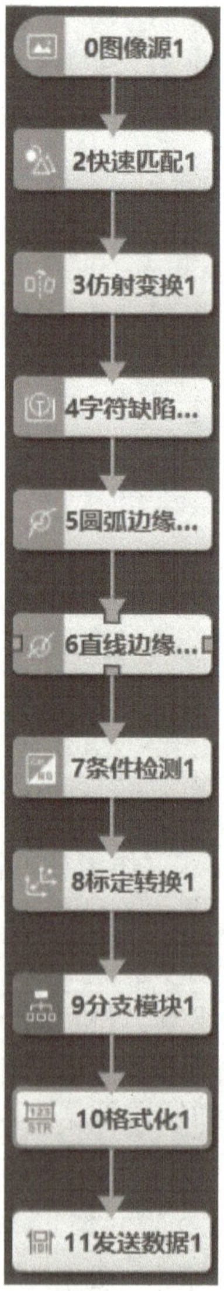

图 5-29 方案流程增加“发送数据”工具

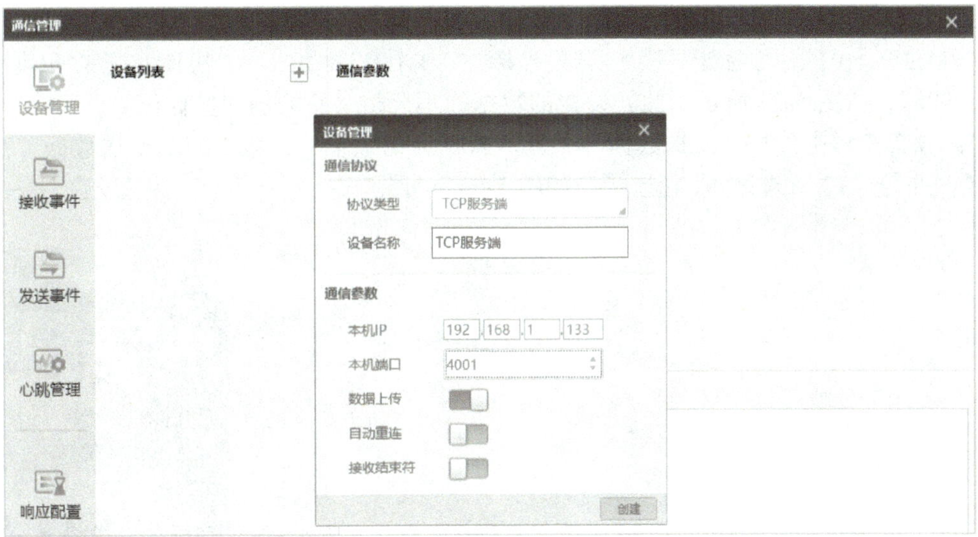

图 5-30　“通信管理”参数设置

步骤 6：“11 发送数据”参数设置。双击“11 发送数据 1”进行参数设置，如图 5-31 所示，“输出配置”栏“输出至”选择“通信设备”，“通信设备”选择“1 TCP 服务端”，“发送数据 1”选择“10 格式化 1. 格式化结果 []”；结果显示参数保持默认值即可。

备注：此分支发送的数据为合格书签的物理坐标值。

步骤 7：方案流程中再次增加一个“格式化”工具。将“逻辑工具”子工具箱的“格式化”工具拖拽到流程编辑区，并与“9 分支模块 1”相连接，如图 5-32 所示。

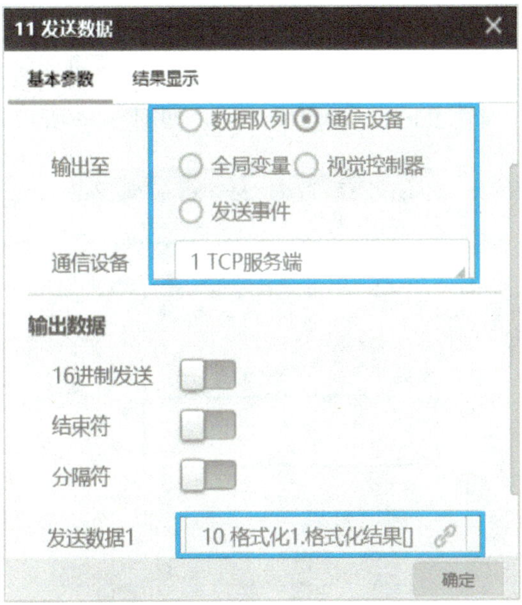

图 5-31　“11 发送数据”参数设置

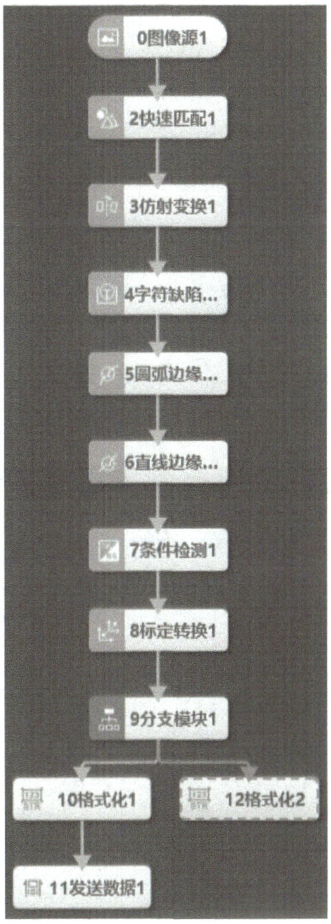

图 5-32　方案流程增加“格式化”工具

步骤 8："12 格式化"基本参数设置。双击"12 格式化 2"，基本参数设置为" <8 标定转换 1. 转换坐标 X（%1.3f）>[0]，<8 标定转换 1. 转换坐标 Y（%1.3f）>[0]，<2 快速匹配 1. 角度（%1.3f）>[0]，NG，888"，如图 5-33 所示，此处设置的数据为不合格书签的物理坐标值。

步骤 9：方案流程中增加"发送数据"工具。将"通信"子工具箱中的"发送数据"工具拖拽到流程编辑区，并与"12 格式化 2"相连接，如图 5-34 所示。

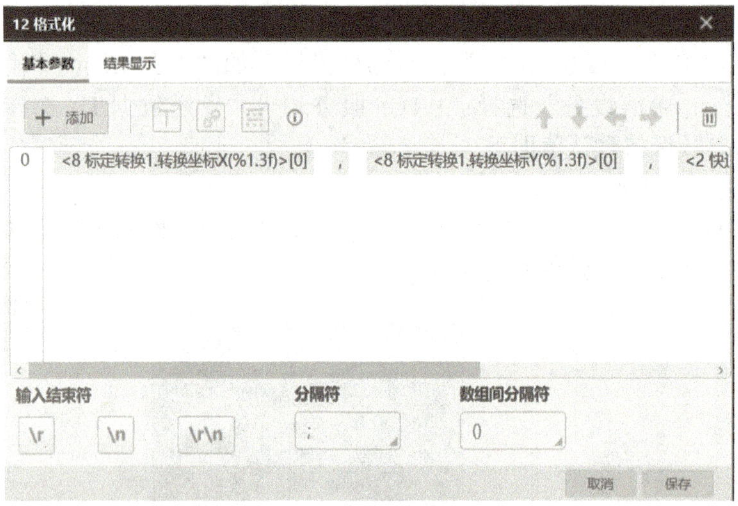

图 5-33 "12 格式化"基本参数设置

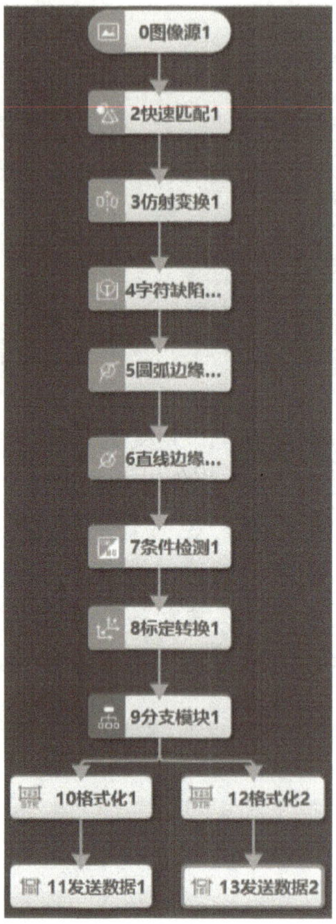

图 5-34 方案流程增加"发送数据"工具

步骤 10："13 发送数据"基本参数设置。在基本参数界面，"输出至"选择"通信设备"，"通信设备"为"1TCP 服务端"，"输出数据"中的"发送数据 1"为"12 格式化 2. 格式化结果 []"，如图 5-35 所示。

步骤 11："9 分支模块"参数设置。"条件输入"选择"7 条件检测 1. 结果（INT）[]"，分支参数选择"按值索引"，分支模块"模块 ID:10"设置为"1"，"模块 ID:12"设置为"0"，如图 5-36 所示。

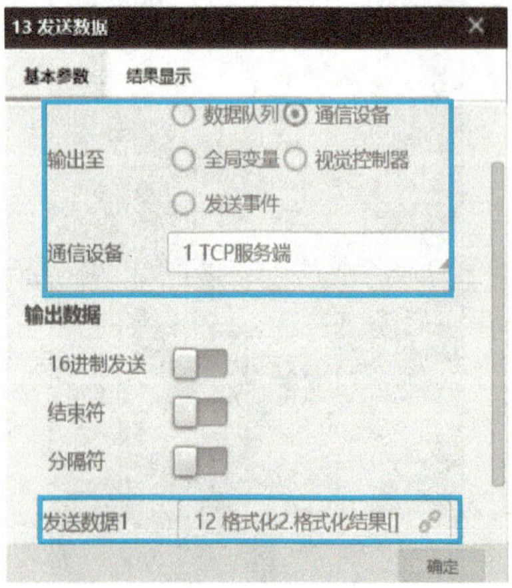

图 5-35 "13 发送数据"基本参数设置

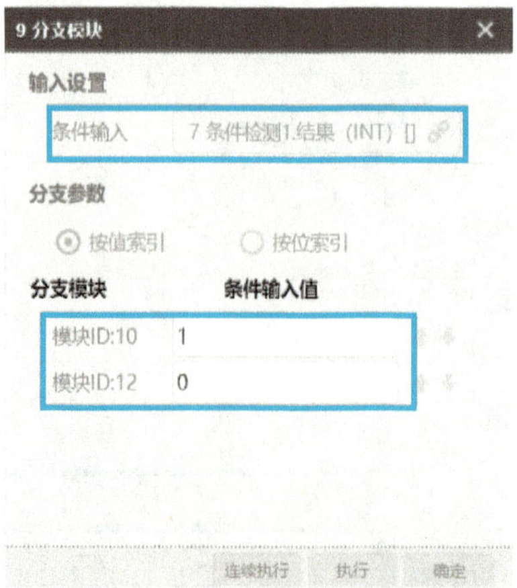

图 5-36 "9 分支模块"参数设置

评价反馈

各组代表介绍任务实施过程，并完成评价表（见表 5-8）。

表 5-8　评价表

类别	考核内容	分值	评价分数		
			自评	互评	教师
理论	了解机器视觉单元的工作内容	10			
	了解书签缺陷检测系统机器视觉程序设计思路	10			
	了解缺陷检测的工具	10			
技能	熟练使用快速匹配等定位工具	20			
	能够编写视觉程序，实现书签字符的缺陷检测	15			
	能够编写视觉程序，实现书签直线和曲线的缺陷检测	15			
	能够编写视觉程序，实现书签的定位及数据通信设置	10			
素养	遵守操作规程，养成严谨科学的工作态度	2			
	根据工作岗位职责，完成小组成员的合理分工	2			
	团队合作中，各成员学会准确表达自己的观点	2			
	严格执行 6S 现场管理	2			
	养成总结训练过程和结果的习惯，为下次训练积累经验	2			
总分		100			

相关知识

1. 视觉单元的工作内容

1）对书签上的字符进行缺陷检测。

2）对书签进行圆弧边缘和直线边缘的缺陷检测。

3）判断书签的合格性，确定其定位信息，把数据传送给机器人。

2. 视觉程序设计思路

书签缺陷检测系统视觉程序设计思路

书签缺陷检测系统的视觉程序设计，首先是要进行手眼标定，获取图像坐标系与世界坐标系的关系矩阵，即生成标定文件。

其次是对书签进行缺陷检测，视觉程序设计思路如图 5-37 所示。当视觉单元收到触发信号之后，相机拍照采集书签图像，接下来对图像进行字符缺陷检测、圆弧边缘缺陷检测和直线边缘缺陷检测；将书签的图像坐标转换成世界坐标，根据检测结果判断书签的合格性，并将相关信息发送给机器人。

3. DobotVisionStudio 缺陷检测工具介绍

DobotVisionStudio 缺陷检测子工具箱共有 10 个缺陷检测工具，分别是字符缺陷检测、圆弧边缘缺陷检测、直线边缘缺陷检测、圆弧对缺陷检测、直线对缺陷检测、边缘组合缺陷检测、边缘对组合缺陷检测、边缘模型缺陷检测、边缘对模型缺陷检测和缺陷对比，如图 5-38 所示。

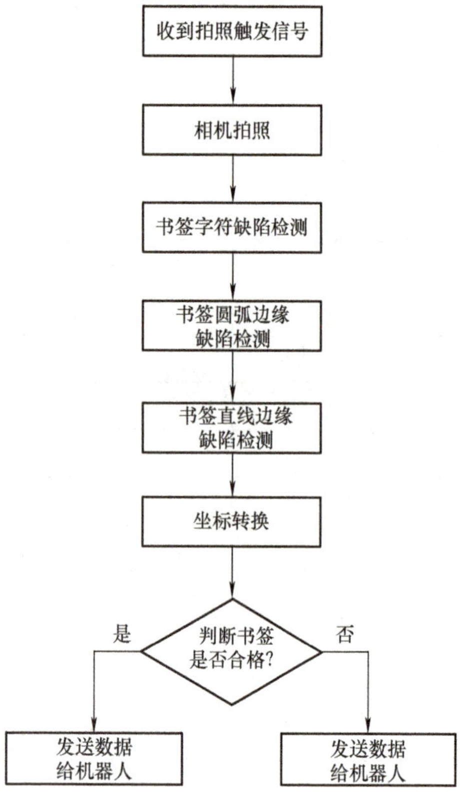

图 5-37　书签缺陷检测系统的视觉程序设计思路

图 5-38　缺陷检测子工具箱

（1）字符缺陷检测工具　字符缺陷检测是将目标图像与标准图像进行验证对比，检测印刷字符、图案是否存在缺失、冗余等非一致性的外观缺陷。字符缺陷检测广泛应用于包装、印刷品和半导体等生产制造领域。由于是有参照的检测，所以在进行字符缺陷检测前需要进行建模，并对标准图像进行训练。

（2）圆弧边缘缺陷检测工具　圆弧边缘缺陷检测可对圆弧边缘进行凹点、凸点与断裂缺陷检测，能够准确地识别有缺陷的圆弧并输出缺陷信息。当圆弧轮廓比较模糊时，建议开启“标准输入”，配合圆查找等模块使用。

（3）直线边缘缺陷检测工具　直线边缘缺陷检测针对直线边缘有缺损和凹凸的情况进行检测，输出缺陷外接框的位置信息以及缺陷的大小信息。当直线轮廓不清晰时，建议开启“标准输入”，配合直线查找模块使用。

（4）圆弧对缺陷检测工具　能够检测一对圆弧的凹凸部分、断裂部分，通过设置宽度合格阈值、缺陷尺寸和缺陷面积等，可查找两圆弧之间的缺陷区域，输出相关信息。

（5）直线对缺陷检测工具　用于检测发生形变或者断裂的一对直线之间的缺陷，输出相应的缺陷信息，可用于检测矩形工件边缘的形变、缺损，判断工件边缘的规整程度，查找小的毛刺、污垢。

（6）边缘组合缺陷检测工具　能组合最多 32 个边缘缺陷检测工具，包括直线和圆弧边缘缺陷检测。

（7）边缘对组合缺陷检测工具　能组合多个边缘对缺陷检测工具，包括直线对和圆弧对边缘缺陷检测。

（8）边缘模型缺陷检测工具　用于和标准的模型进行对比，输出相关的缺陷信息，能检测出偏移、断裂和阶梯等缺陷。在检测之前需要挑选出比较完好的模型进行建模，在“边缘模型”里加载或者训练生成模型。

（9）边缘对模型缺陷检测工具　用于和标准的模型进行对比，输出相关的缺陷信息，支持宽度、位置偏移、断裂和阶梯等缺陷的检测。在检测之前需要挑选出比较完好的模型进行建模，在“边缘模型”里加载或者训练生成模型。

（10）缺陷对比工具　可以训练出一个缺陷对比模型，利用该模型可以检测出目标图片是否“OK”或者“NG”。

任务 5.3　书签缺陷检测系统机器人程序设计

学习情境

视觉程序编写完成之后，接下来便是编写书签缺陷检测系统的机器人程序，用以控制机器人的动作。

学习目标

知识目标

1）了解书签缺陷检测系统中机器人单元的功能。
2）了解书签缺陷检测系统的机器人程序设计思路。

能力目标

1）示教与调试能力：能够通过示教准确地找到机器人工作的点位，完成机器人程序的调试。
2）程序设计能力：会编写书签缺陷检测系统的机器人程序。

素养目标

1）根据工作岗位职责，完成小组成员的合理分工。
2）团队合作中，各成员学会表达自己的观点。
3）养成安全规范操作的行为习惯。

工作任务

进行示教存点操作，编写书签缺陷检测系统的机器人程序。

任务分工

根据任务要求，对小组成员进行合理分工，并填写表 5-9。

表 5-9　任务分工表

<table>
<tr><td>班级</td><td></td><td>组号</td><td></td><td>指导老师</td><td></td></tr>
<tr><td>组长</td><td></td><td>学号</td><td colspan="3"></td></tr>
<tr><td rowspan="5">组员与分工</td><td colspan="2">姓名</td><td>学号</td><td colspan="2">任务内容</td></tr>
<tr><td colspan="2"></td><td></td><td colspan="2"></td></tr>
<tr><td colspan="2"></td><td></td><td colspan="2"></td></tr>
<tr><td colspan="2"></td><td></td><td colspan="2"></td></tr>
<tr><td colspan="2"></td><td></td><td colspan="2"></td></tr>
</table>

获取信息

引导问题 1：简述书签缺陷检测系统机器人单元的工作内容。

____

____

引导问题 2：简述书签缺陷检测系统机器人程序编写思路。

____

____

工作计划

1）制定工作方案，见表 5-10。

表 5-10　工作方案

步骤	工作内容	负责人
1		
2		

2）列出核心物料清单，见表 5-11。

表 5-11　核心物料清单

序号	名称	型号 / 规格	单位	数量
1				
2				

工作实施

书签缺陷检测系统机器人程序设计（上）

书签缺陷检测系统机器人程序设计（下）

1. 示教与调试

（1）根据编程设计思路，确定机器人程序所需点位　书签缺陷检测系统的机器人程序需要示教与调试的点位共有 5 个，点位说明表见表 5-12。调试方法是：通过手持示教将机器人调节至目标位置，然后在点数据栏添加相应点位的数据。

表 5-12　书签缺陷检测点位说明表

序号	名称	点位编号	说明
1	danxipan	P1	取单吸盘治具点位
2	anquandian1	P2	视觉检测左侧上方安全点位
3	anquandian2	P3	视觉检测右侧上方安全点位
4	OKdian	P4	合格书签放置点位
5	NGdian	P5	不合格书签放置点位

（2）示教和调试点位

步骤 1：示教单吸盘治具点 P1。手动安装单吸盘治具，将机器人移动到单吸盘治具的位置，把单吸盘治具的位置摆放平整，如图 5-39 所示。在“点数据”中单击“＋添加”，把 P1 点的数据添加到点数据列表中，再双击 P1 点右边的空白处，输入“danxipan”的点位注释，最后单击“保存”，保存该点位信息，如图 5-40 所示。

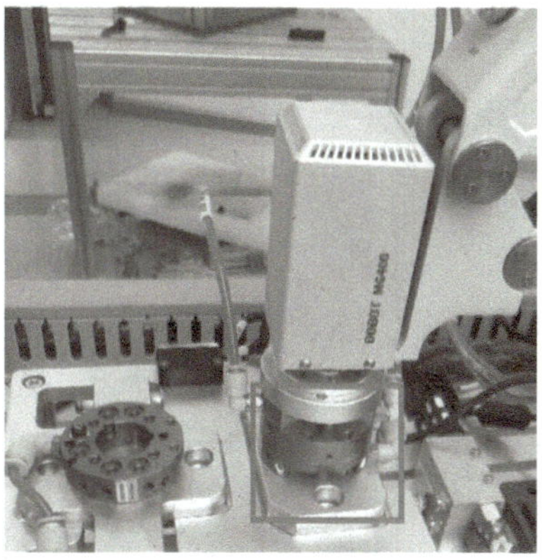

图 5-39　示教单吸盘治具点 P1

点数据　全局变量　src0

保存　定位　覆盖　＋添加　删除　撤消　重做

	No.	Alias	X	Y	Z	Rx	Ry	Rz	R	D	N	Cfg
1	P1	danxipan	-26.2775	-288.5137	-44.2401	-277.4123	0.0000	0.0000	-1	-1	-1	0

图 5-40　添加 P1 点数据

步骤 2：示教安全点 1（P2）。将机器人移动至视觉检测左侧安全点位置，如图 5-41 所示，该位置位于传送带与快换治具单元之间的上方位置，该位置不会与视觉单元以及其他单元发生干涉和碰撞。在“点数据”中单击“＋添加”，把 P2 点的数据添加到点数据列表中，再双击 P2 点右边的空白处，输入“anquandian1”的点位注释，最后单击“保存”，保存该点位信息，如图 5-42 所示。

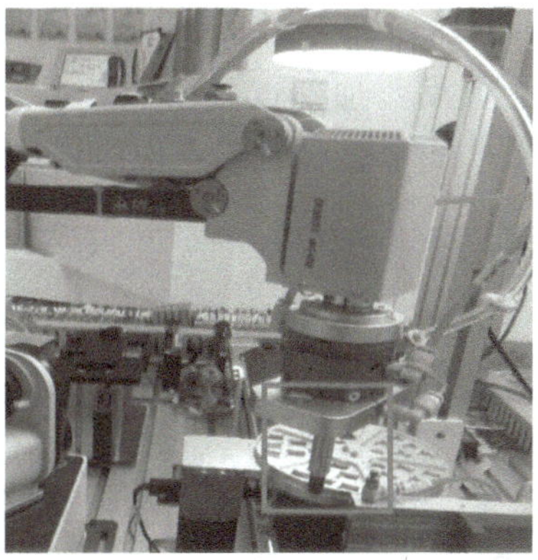

图 5-41　示教安全点 1（P2）

点数据　全局变量　src0

保存　定位　覆盖　＋添加　删除　撤消　重做

	No.	Alias	X	Y	Z	Rx	Ry	Rz	R	D	N	Cfg	Tool
1	P1	danxipan	-26.2775	-288.5137	-44.2401	-277.4123	0.0000	0.0000	-1	-1	-1	0	No.0
2	P2	anquandian1	225.5556	-177.4518	143.9897	-121.3268	0.0000	0.0000	-1	-1	-1	0	No.0

图 5-42　添加 P2 点数据

步骤 3：示教安全点 2（P3）。将机器人移动至视觉检测右侧安全点位置，如图 5-43 所示，该位置位于传送带与合格书签放置台之间的上方位置，该位置也是检测完成后，机器人把书签从视觉检测区移动到放置区的一个过渡点位。在“点数据”中单击“＋添加”，把 P3 点的数据添加到点数据列表中，再双击 P3 点右边的空白处，输入“anquandian2”的点位注释，最后单击“保存”，保存该点位信息，如图 5-44 所示。

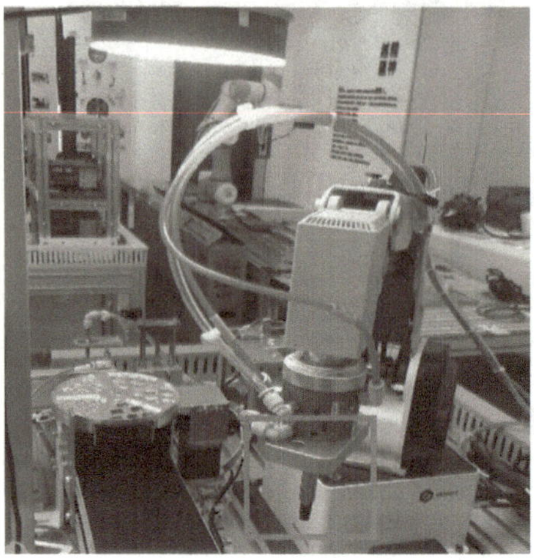

图 5-43　示教安全点 2（P3）

点数据　全局变量　src0

保存　定位　覆盖　＋添加　删除　撤消　重做

	No.	Alias	X	Y	Z	Rx	Ry	Rz	R	D	N	Cfg	Tool
1	P1	danxipan	-26.2775	-288.5137	-44.2401	-277.4123	0.0000	0.0000	-1	-1	-1	0	No.0
2	P2	anquandian1	225.5556	-177.4518	143.9897	-121.3268	0.0000	0.0000	-1	-1	-1	0	No.0
3	P3	anquandian2	241.6857	314.2525	117.5384	-27.6371	0.0000	0.0000	-1	-1	-1	0	No.0

图 5-44　添加 P3 点数据

步骤 4：示教合格书签放置点 P4。将机器人移动至合格书签放置点位，如图 5-45 所示。在“点数据”中单击“＋添加”，把 P4 点的数据添加到点数据列表中，再双击 P4 点右边的空白处，输入“OKdian”的点位注释，最后单击“保存”，保存该点位信息，如图 5-46 所示。

图 5-45　示教合格书签放置点 P4

点数据　全局变量　src0

保存　定位　覆盖　+添加　删除　撤消　重做

	No.	Alias	X	Y	Z	Rx	Ry	Rz	R	D	N	Cfg	Tool
1	P1	danxipan	-26.2775	-288.5137	-44.2401	-277.4123	0.0000	0.0000	-1	-1	-1	0	No.0
2	P2	anquandian1	225.5556	-177.4518	143.9897	-121.3268	0.0000	0.0000	-1	-1	-1	0	No.0
3	P3	anquandian2	241.6857	314.2525	117.5384	-27.6371	0.0000	0.0000	-1	-1	-1	0	No.0
4	P4	OKdian	84.4699	381.3002	42.1434	6.3010	0.0000	0.0000	-1	-1	-1	0	No.0

图 5-46　添加 P4 点数据

步骤 5：示教不合格书签放置点 P5。将机器人移动至不合格书签放置点位，如图 5-47 所示。在“点数据”中单击“+添加”，把 P5 点的数据添加到点数据列表中，再双击 P5 点右边的空白处，输入“NGdian”的点位注释，最后单击“保存”，保存该点位信息，如图 5-48 所示。

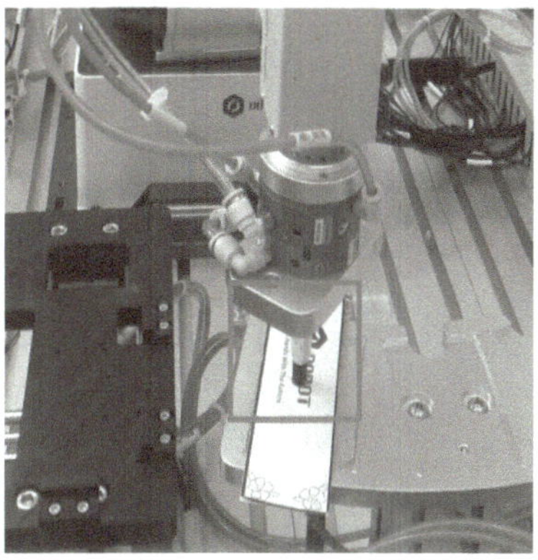

图 5-47　示教不合格书签放置点 P5 点

点数据　全局变量　src0

保存　定位　覆盖　+添加　删除　撤消　重做

	No.	Alias	X	Y	Z	Rx	Ry	Rz	R	D	N	Cfg	Tool	U
1	P1	danxipan	-26.2775	-288.5137	-44.2401	-277.4123	0.0000	0.0000	-1	-1	-1	0	No.0	N
2	P2	anquandian1	225.5556	-177.4518	143.9897	-121.3268	0.0000	0.0000	-1	-1	-1	0	No.0	N
3	P3	anquandian2	241.6857	314.2525	117.5384	-27.6371	0.0000	0.0000	-1	-1	-1	0	No.0	N
4	P4	OKdian	84.4699	381.3002	42.1434	6.3010	0.0000	0.0000	-1	-1	-1	0	No.0	N
5	P5	NGdian	-21.2672	397.6612	38.1716	3.5557	0.0000	0.0000	-1	-1	-1	0	No.0	N

图 5-48　添加 P5 点数据

2. 书签缺陷检测系统的机器人程序设计

书签缺陷检测系统的机器人程序分为变量程序和 src0 程序两部分，设计如下：

（1）变量程序设计

```
---------------------------- 字符串分割函数 ------------------------------
function split(str,reps)
     local resultStrList = {}
     string.gsub(str,'[^'..reps..']+',function (w)
          table.insert(resultStrList,w)
     end)
     return resultStrList
end
```

```
----------------------------DO 保持信号函数 ------------------------------
function DOL(index)
     DO(index,1)
     Wait(100)
     DO(index,0)
End
--------------------------- 等待 DI 信号函数 ------------------------------
function WaitDI(index,stat)
     while DI(index) ～= stat do
          Sleep(100)
     end
end
----------------------------DO 信号复位函数 ------------------------------
function DOInit()
     for i=1,16 do                  --复位输出口
     DO(i,OFF)
     end
end
------------------------------ 移动末端函数 ------------------------------
function GOTO(safePoint,point,offset,port,stat)
     Go(safePoint,"SYNC=1")         --运行至附近安全点
     Go(RelPoint(point, {0,0,offset,0}),"SYNC=1")
                                    --运行至目标点上方 100mm
     Move(point,"SYNC=1")           --直线移动到目标点
     DO(port,stat)                  --设置吸盘状态
     Move(RelPoint(point, {0,0,offset,0}),"SYNC=1")
                                    --运行至目标点上方 100mm
     Go(safePoint,"SYNC=1")         --返回附近安全点
End
------------------------- 视觉连接与控制函数 ----------------------------
function GetVisionData(signal)
     local ip="192.168.1.18"        --视觉软件的 IP 地址
     local port=4001                --视觉软件的服务端口
     local err=0                    --状态返回值
     local socket                   --套接字对象
     local msg = ""                 --接收字符串
     local coordination = {}        --抓取位坐标信息
     local Recbuf                   --接收缓存变量
     local pos_x = 0                --工件 X 坐标
     local pos_y = 0                --工件 Y 坐标
     local pos_r = 0                --工件 R 坐标
     local result = 0               --视觉处理结果
     local GetProductPos = {}       --工件坐标
```

```
    local statcode = 0
    err, socket = TCPCreate(false, ip, port)
    if err == 0 then
        err = TCPStart(socket, 0)
        if err == 0 then
            TCPWrite(socket, signal)
                                                  --发送视觉控制信号
            err, Recbuf = TCPRead(socket, 0,"string")
                                                  --接收视觉返回信息
            msg = Recbuf.buf
            print("\r".."视觉报文: "..msg.."\r")
            coordination = split(msg,",")
            print("报文长度: "..string.len(msg).."\r")
            coordination = split(msg,",")  --分隔字符串
            pos_x=tonumber(coordination[1])  --提取 X 坐标
            pos_y=tonumber(coordination[2])  --提取 Y 坐标
            pos_r=tonumber(coordination[3])  --提取 R 坐标
            result = coordination[4]          --提取视觉处理结果
            statcode = tonumber(coordination[5])
                                                  --提取视觉报文校验码
            if statcode ~= 888 or result == "404" then
                                                  --报文异常处理
                err = 1
                do return err,result,GetProductPos end
                                          --返回视觉处理结果异常的信息
            else
                GetProductPos = {coordinate = {pos_x,pos_
                y,25,pos_r},tool=0,user=0}
                                                  --定义取料点位(tool=1)
                TCPDestroy(socket)               --关闭 TCP
            end
                do return err,result,GetProductPos end

        end
    else
        print("TCP 连接异常, 请检查")
        return
    end
end
```

(2) src0 程序设计

```
local Date_result
local Code_result
```

```
------------------------------ 主函数 -----------------------------------
function main()
    local err = 0
    local result = 0
    local ProductPos = {}
    ----------------------- 请求书签出料 ------------------------------
    DOL(3)
    WaitDI(4,1)                        -- 等待 PLC 返回书签到位信号
    Sleep(4000)
    ------------------ 请求视觉执行书签检测任务 -------------------------
    ::flag1::                          -- 设置第一个程序标志点
    err,result,ProductPos = GetVisionData("begin")
                                       -- 请求视觉进行书签检测，信号 "begin"
    if err == 1 then
        print(" 视觉识别异常 ")
        Sleep(1000)
        goto flag1                     -- 视觉返回异常信息，跳回程序标志点
    else
        Date_result = result           -- 拿到书签检测后的结果，赋值给全局
                                          变量
        if (Date_result == "OK")then          -- 判断是合格书签
            Go(RP(ProductPos, {0,0,50,0}),"SYNC=1")
                                       -- 运动至书签上方
            Move(RP(ProductPos, {0,0,-3,0}),"SYNC=1")
                                       -- 运动至书签位置
            DO(2,1)                    -- 打开吸盘
            Sleep(500)
            GOTO(P3,P4,25,2,0)         -- 运动到合格书签的放置位置，关闭吸盘，
                                          放下书签
            Sleep(100)
            elseif (Date_result == "NG")then
                                       -- 判断是不合格书签
            Go(RP(ProductPos, {0,0,50,0}),"SYNC=1")
                                       -- 运动至书签上方
            Move(RP(ProductPos, {0,0,-3,0}),"SYNC=1")
                                       -- 运动至书签位置
            DO(2,1)                    -- 打开吸盘
            Sleep(500)
            GOTO(P3,P5,25,2,0)         -- 运动到不合格书签的放置位置，关闭吸
                                          盘，放下书签
            Sleep(100)
        end
    end
end
```

```
------------------------------ 主程序 ------------------------------
DOInit()                                  -- 复位所有输出口信号
DO(1,1)                                   -- 机器人末端松开
GOTO(P2,P1,120,1,0)                       -- 更换单吸盘末端
while(true)
do
     main()
end
```

评价反馈

各组代表介绍任务实施过程，并完成评价表（见表 5-13）。

表 5-13　评价表

类别	考核内容	分值	评价分数		
			自评	互评	教师
理论	了解书签缺陷检测系统中机器人单元的功能	15			
	了解书签缺陷检测系统的机器人程序设计思路	15			
技能	能够完成机器人程序设计所需点位的示教与调试	20			
	能够完成机器人变量程序的编写	20			
	能够完成机器人 src0 程序的编写	20			
素养	遵守操作规程，养成严谨科学的工作态度	2			
	根据工作岗位职责，完成小组成员的合理分工	2			
	团队合作中，各成员学会准确表达自己的观点	2			
	严格执行 6S 现场管理	2			
	养成总结训练过程和结果的习惯，为下次训练积累经验	2			
总分		100			

相关知识

1. 机器人单元的工作内容

1）更换治具：机器人运动到快换治具单元更换单吸盘治具。

2）吸取目标：机器人吸取书签。

3）放置目标：机器人将检测的书签放置到对应的放置区。

2. 机器人程序设计思路

书签缺陷检测系统机器人程序设计思路

当系统起动并运行机器人程序后，机器人运动到快换治具单元安装上单吸盘治具，向 PLC 发送出料请求；机器人接收到书签到位信号后，向视觉单元发送识别请求；如果机器人接收到识别异常的信号，则继续向视觉单元发送识别请求；如果机器人收到视觉单元发过来的信号是“OK”，则机器人运动到书签处，吸取书签并放置于合格产品放置区；如果信号为“NG”，则机器人运动到书签处，吸取书签并放置于不合格产品放置区。机器人单次的工作流程如图 5-49 所示。

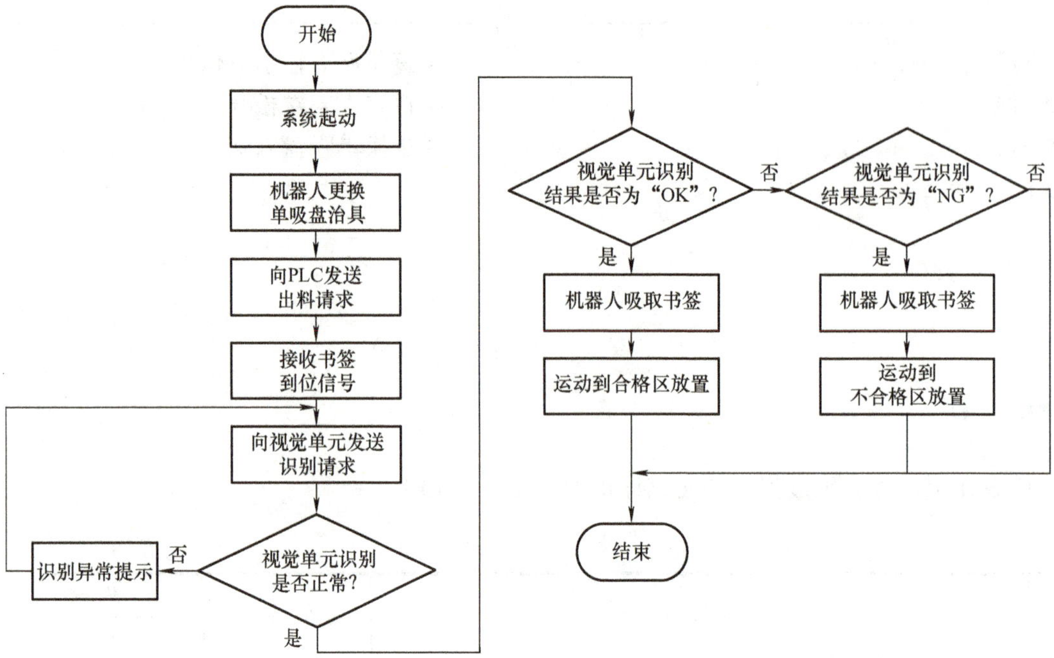

图 5-49　机器人单次的工作流程

任务 5.4　书签缺陷检测系统联调

学习情境

视觉检测程序与机器人程序编写完成之后，接下来需要进行 PLC 程序的设计与编写，以及系统联调。

学习目标

知识目标

1）了解书签缺陷检测系统 PLC 程序设计思路。

2）了解书签缺陷检测系统联调的步骤。

能力目标

1）程序设计能力：会编写书签缺陷检测系统 PLC 程序。

2）调试能力：能够建立机器人单元与视觉单元的通信，能够完成系统的联调工作。

素养目标

1）根据工作岗位职责，完成小组成员的合理分工。

2）团队合作中，各成员学会表达自己的观点。

3）养成安全规范操作的行为习惯。

工作任务

编写 PLC 程序并下载到 PLC，进行书签缺陷检测系统的联调工作。

任务分工

根据任务要求，对小组成员进行合理分工，并填写表 5-14。

表 5-14　任务分工表

班级		组号		指导老师	
组长		学号			
组员与分工	姓名	学号	任务内容		

获取信息

引导问题 1：简述书签缺陷检测系统的 PLC 程序设计思路。

____

____

引导问题 2：简述书签缺陷检测系统的联调流程。

____

____

工作计划

1）制定工作方案，见表 5-15。

表 5-15　工作方案

步骤	工作内容	负责人
1		
2		
3		
4		

2）列出核心物料清单，见表 5-16。

表 5-16　核心物料清单

序号	名称	型号 / 规格	单位	数量
1				
2				

工作实施

书签缺陷检测系统联调

1. 书签缺陷检测系统 PLC 程序设计

书签缺陷检测系统 PLC 程序主要包括系统起动、停止、急停、复位控制、三色灯控制和入料传送带控制。

具体的程序内容可参考任务 3.3 的 PLC 程序设计部分。

2. 程序下载

将书签缺陷检测系统的 PLC 程序下载到 PLC 中；将视觉程序复制到设备自带的计算机上，并用 DobotVisionStudio 打开程序；将机器人程序复制到设备自带的计算机上，并用 DobotSCStudio 软件将其打开。

3. 建立机器人单元与视觉单元间的通信

按照任务 3.4 中讲解的方法，确保计算机 IP 地址与视觉程序中视觉的 IP 地址一致，在 DobotVisionStudio 4.1.0 软件中，设置全局触发。

4. 系统运行

步骤 1：确认已经将电控柜所有模块的电源开关打开；确认空压机已经打开，气压表的压力值正常。

步骤 2：先将触摸屏旁边的复位按钮（黄色）按下，再将开始按钮（绿色）按下，三色报警灯变成绿色。

步骤 3：机器人使能。在 DobotSCStudio 中，单击使能按钮“ ”，在弹出的末端负载设置界面中，负载重量设置为“0.50kg”，其他参数保持默认值，然后单击“确认”按钮，使能按钮由红色变成绿色。

步骤 4：系统运行。在 DobotSCStudio 中，单击“运行”按钮，运行机器人程序，如图 5-50 所示。

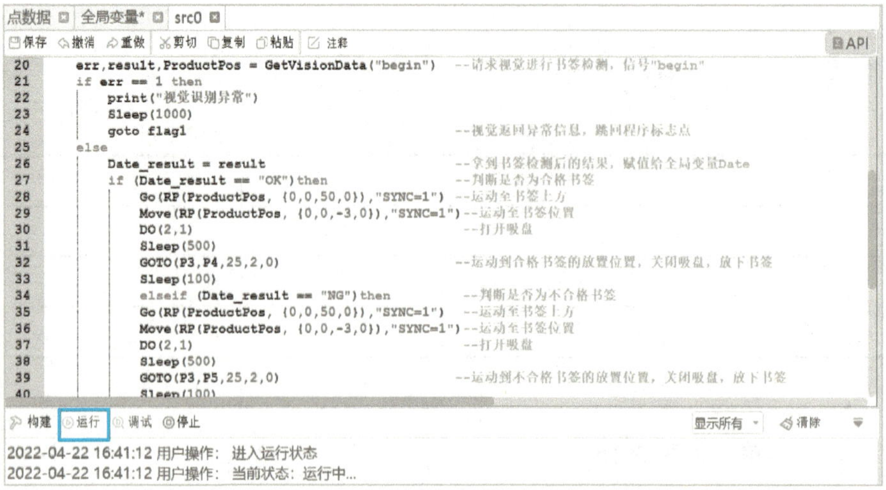

图 5-50　运行机器人程序

系统起动，观察系统运行状况，机器人会根据视觉单元的检测结果把书签放置到对应位置。

评价反馈

各组代表介绍任务实施过程，并完成评价表（见表 5-17）。

表 5-17　评价表

类别	考核内容	分值	评价分数		
			自评	互评	教师
理论	了解书签缺陷检测系统 PLC 程序设计思路	15			
	了解书签缺陷检测系统的联调步骤	15			
技能	能够完成书签缺陷检测系统 PLC 程序设计并进行程序下载	20			
	能够建立机器人单元与视觉单元间的通信	30			
	能够运行系统，观察系统的运行状态	10			
素养	遵守操作规程，养成严谨科学的工作态度	2			
	根据工作岗位职责，完成小组成员的合理分工	2			
	团队合作中，各成员学会准确表达自己的观点	2			
	严格执行 6S 现场管理	2			
	养成总结训练过程和结果的习惯，为下次训练积累经验	2			
总分		100			

相关知识

1. PLC 程序设计思路

书签缺陷检测系统 PLC 程序设计采用结构化编程的编程方式。先根据系统工作方式和功能划分为系统起停控制、三色灯控制和入料传送带控制 3 部分；再分部分进行局部编程。

2. 联调流程

下载 PLC 程序→打开软件及对应工程文件→建立机器人单元与视觉单元的通信→起动系统→运行程序→观察系统运行情况。

项目总结

本项目讲解了书签缺陷检测系统应用的相关知识，包括认识书签缺陷检测系统的结构及工作流程、设计机器视觉程序、设计机器人程序、设计 PLC 程序以及系统联调。

拓展阅读

印刷缺陷的视觉检测原理

随着印刷技术的发展，产品包装的主要形式之一就是各种类型的印刷品，但是在进行大批量自动化的印刷时，不可避免会出现漏印、脏点、墨点和气泡等多种缺陷，为此采用基于机器视觉的印刷缺陷检测技术进行缺陷检测。

根据有无参照物进行比对，典型的印刷品缺陷检测算法主要分为 3 类：有参照物的检测、无参照物的检测和混合型检测。有参照物的检测需要将被检测图像与标准的模板比对，也称为通用型算法；无参照物的检测需要事先确定产品的特征规则，也称为针对型算法；混合型的检测是根据检测的不同特性综合运用这两种算法。下面以混合型的检测来进行介绍。

系统检测的过程一般包括“建模”和“检测”两个主要环节。

建模的主要操作包括输入产品基本资料、采集标准产品图像、设置检测范围、划分特殊检测区域、设置检测标准及相关参数等。当建模完成后，数据将保存在服务器中，这就是模板。模板建好后就要进行标定和缺陷检测。

针对型算法一般是针对串色、散斑和拉丝等颜色差异较小的缺陷，采用纹理、颜色转换和颜色测量等多维度方式提取待检测的产品特征，来检测是否符合预先规定的规则。

通用型检测算法一般用于检测灰度或者颜色差异比较大、面积稍大的各种缺陷。一般来说，产品中的字符区域包含有很多重要信息，所以字符区域缺陷的检测更加严格。字符的缺陷检测就是先校正图像位置，收集校正后的合格图像作为样品集，训练样品集得到大小模板；接下来，比较待检测图像与大小模板间的像素值，若样品像素在可接受的范围，其错误值为零，若超过了此范围，就由加权计算出其错误值，并进行连通性分析得到 BLOB，对 BLOB 进行面积、占空比和能量等形状特征分析，识别出字符的缺陷。

项目 6 手机定位引导装配系统应用

06

项目引入

随着全球“工业 4.0”时代的到来，工业上对生产制造技术的要求越来越高，未来的工业制造势必更加智能化、柔性化。伴随着机器视觉技术的迅速发展，将机器视觉技术应用到工业机器人是工业制造的必然选择。通过给工业机器人增加视觉功能，使工业机器人具有对环境的感知能力，极大地增强了工业机器人的智能性，拓展了工业机器人的应用范围，加深了应用深度，使得自动化生产更加灵活，生产效率更加高效，产品质量更加稳定。

本项目用手机芯片装配来讲解机器视觉定位引导的应用。不同形状的多边形代表手机不同部位的功能芯片，盖板代表屏幕。手机定位引导装配就是利用机器视觉与机器人的配合，将手机芯片装入手机底座中，再将屏幕盖到装好芯片的手机底座上。

知识图谱

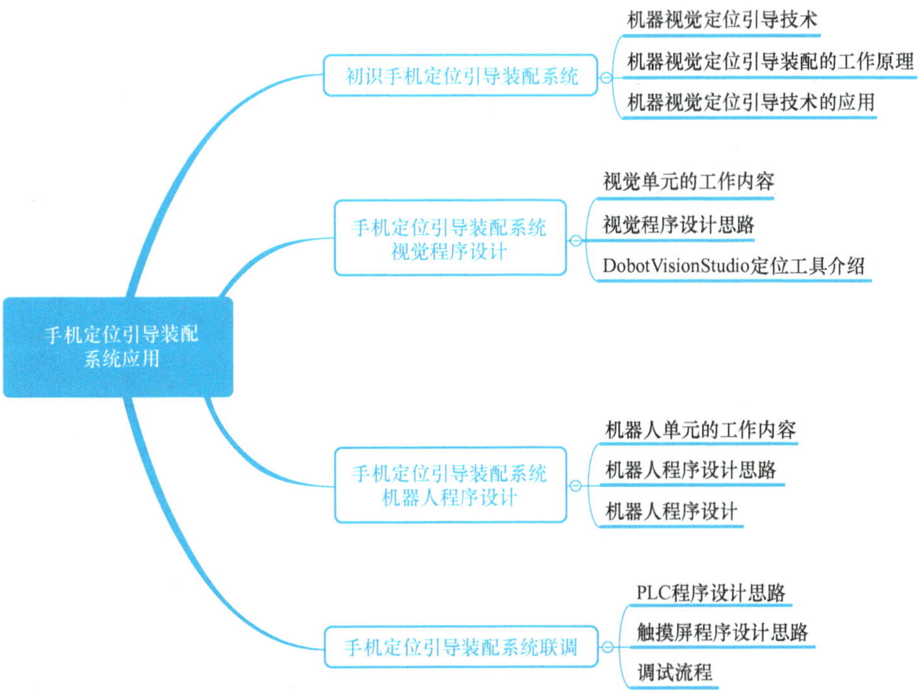

任务 6.1　初识手机定位引导装配系统

学习情境

中级机器视觉系统应用实训平台（手机定位引导装配项目）可以定位工件的位置和方向，并将工件的位置和方向等信息发送给机器人单元，引导机器人准确地吸取工件。手机定位引导装配系统的结构是怎样的，是如何工作的呢？

学习目标

知识目标

1）了解什么是机器视觉定位引导技术。

2）了解定位引导装配的工作原理。

能力目标

1）能够指出手机定位引导装配系统各个部分的名称及功能。

2）能够绘制出手机定位引导装配系统的工作流程图。

素养目标

1）根据工作岗位职责，完成小组成员的合理分工。

2）团队合作中，各成员学会表达自己的观点。

3）养成安全规范操作的行为习惯。

工作任务

通过了解机器视觉系统应用的相关知识，了解手机定位引导装配系统的布局、各个模块的功能，绘制整个系统的工作流程图，为后续的程序设计做准备。

任务分工

根据任务要求，对小组成员进行合理分工，并填写表 6-1。

表 6-1　任务分工表

<table>
<tr><td>班级</td><td></td><td>组号</td><td></td><td>指导老师</td><td></td></tr>
<tr><td>组长</td><td></td><td>学号</td><td colspan="3"></td></tr>
<tr><td rowspan="5">组员与分工</td><td colspan="2">姓名</td><td>学号</td><td colspan="2">任务内容</td></tr>
<tr><td colspan="2"></td><td></td><td colspan="2"></td></tr>
<tr><td colspan="2"></td><td></td><td colspan="2"></td></tr>
<tr><td colspan="2"></td><td></td><td colspan="2"></td></tr>
<tr><td colspan="2"></td><td></td><td colspan="2"></td></tr>
</table>

获取信息

引导问题 1：什么是机器视觉定位引导技术？

____

____

____

引导问题 2：简述机器视觉定位引导装配的工作原理。

____

____

____

引导问题 3：机器视觉定位引导有哪些应用？

____

____

____

工作计划

1）制定工作方案，见表 6-2。

表 6-2 工作方案

步骤	工作内容	负责人
1		
2		

2）列出核心物料清单，见表 6-3。

表 6-3 核心物料清单

序号	名称	型号 / 规格	单位	数量
1				
2				

工作实施

1. 认识手机定位引导装配系统结构布局及功能

步骤 1：认识实训平台的结构布局。

手机定位引导装配系统是用于手机芯片的定位引导装配，由视觉单元、机器人单元和总控单元等硬件组成，其结构布局如图 6-1 所示。

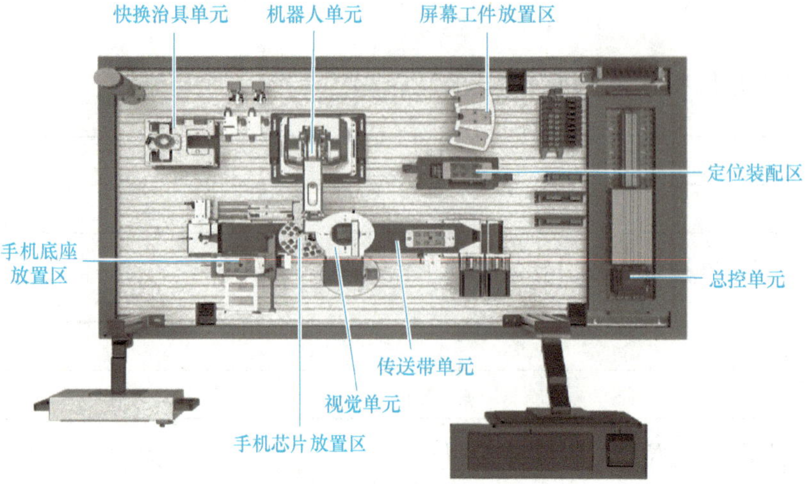

图 6-1 手机定位引导装配系统结构布局

步骤 2：描述各模块的功能。

1）快换治具单元：用于存放不同功用的治具，是机器人单元的附属单元，机器人可通过程序控制移动到指定位置安装或释放治具。

2）机器人单元：包括机器人 Magician Pro 和软件平台 DobotSCStudio 等，根据接收到的信号对工件执行相应的操作。

3）屏幕工件放置区：放置手机屏幕工件。

4）定位装配区：对手机底座进行定位，用以配合机器人夹取动作。

5）总控单元：西门子 S7-1200 PLC 以及拓展 I/O 模块和 HMI 触摸屏三者构成了总控单元，用于控制系统起停、传送带运动、吸盘吸放，及控制电磁阀、三色灯以及蜂鸣器等。

6）传送带单元：由主传送带、回料传送带以及传感器等组成，主要用于手机底座和手机芯片的输送。

7）视觉单元：包括相机、镜头、光源以及 DobotVisionStudio 算法平台等，主要完成视觉检测功能，并将数据传输给机器人单元。

8）手机芯片放置区：为旋转式分度料盘，用于放置手机芯片工件。

9）手机底座放置区：用于放置手机底座。

2. 绘制手机定位引导装配系统的工作流程图

步骤 1：观看手机定位引导装配系统的工作过程演示。

步骤 2：描述手机定位引导装配系统的工作流程。

系统起动，机器人安装上双吸盘治具，运动到安全等待位置；手机底座料仓内的手机底座被推送到传送带，随传送带运动到视觉检测区；视觉系统对手机底座进行识别和定位，并将相关信息发送给机器人；机器人接收到信息之后，将手机底座吸取移送到定位装配台。机器人将治具更换为单吸盘治具，运动到安全等待位置；分度盘将芯片旋转到下料工位，掉落到传送带并传送到视觉检测区；视觉系统对芯片进行检测分类和定位，并将相关信息发送给机器人；机器人收到信息之后，将芯片安装到手机底座内的对应位置。机器人吸取手机屏幕安装到手机的对应位置，然后将治具放回快换治具单元。

步骤 3：绘制手机定位引导装配系统的工作流程图，如图 6-2 所示。

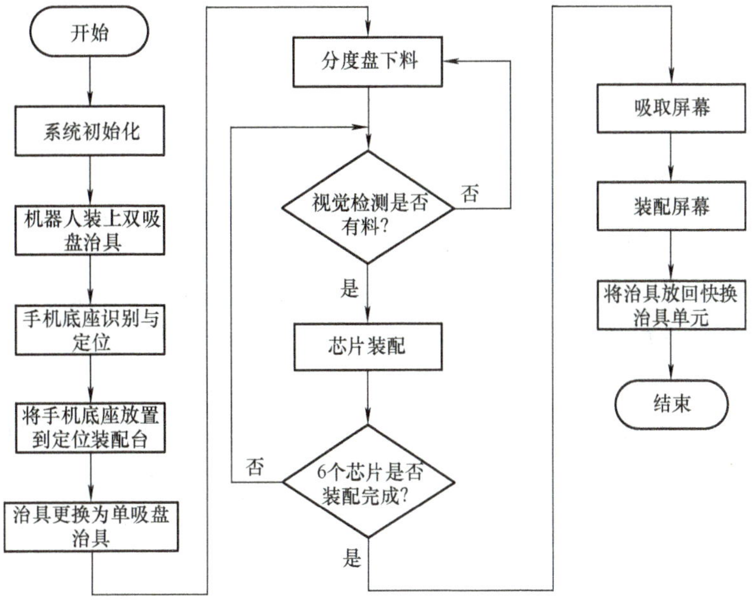

图 6-2 手机定位引导装配系统的工作流程图

评价反馈

各组代表介绍任务实施过程，并完成评价表（见表 6-4）。

表 6-4 评价表

类别	考核内容	分值	评价分数		
			自评	互评	教师
理论	了解定位引导技术的原理	5			
	了解手机定位引导系统的结构	10			
	能够正确描述手机定位引导系统的工作过程	15			
技能	能够指出手机定位引导装配系统各部分的名称	10			
	能够描述出手机定位引导装配系统各个部分的功能	20			
	能够绘制出手机定位引导装配系统的工作流程图	30			
素养	遵守操作规程，养成严谨科学的工作态度	2			
	根据工作岗位职责，完成小组成员的合理分工	2			
	团队合作中，各成员学会准确表达自己的观点	2			
	严格执行 6S 现场管理	2			
	养成总结训练过程和结果的习惯，为下次训练积累经验	2			
总分		100			

相关知识

装配是工业制造过程中的最后一个生产阶段，具有作业过程复杂、装配任务繁多等特点。将机器视觉与工业机器人结合起来，能够满足工业制造自动化装配高效、高精度的要求。

1. 机器视觉定位引导技术

机器视觉定位引导技术是将机器视觉与机器人控制技术结合在一起的技术，通过机器视觉技术对机器人进行引导，使机器人完成产品分拣、装配等任务。

2. 机器视觉定位引导装配的工作原理

机器视觉定位引导装配是先通过相机对检测对象进行图像采集，然后对图像进行处理和分析，得出目标所在的图像位姿坐标；再经过手眼标定，获得图像中目标物与相机、机器人末端与相机之间的相对位姿关系，利用空间坐标系换算推导出目标物体相对机器人末端间的位姿坐标；最后将目标在空间的位姿信息反馈给机器人控制系统，即可引导机器人进行智能抓取操作。

3. 机器视觉定位引导技术的应用

随着工业的发展，视觉定位引导将成为工业机器人必选功能。工业机器人可以通过视觉系统实时地了解目标物体的位置和姿态，相应调整动作，保证任务正确完成。机器视觉定位引导技术广泛应用在产品装配、物品分拣、自动焊接和点胶等方面。

任务 6.2　手机定位引导装配系统视觉程序设计

学习情境

了解中级机器视觉系统应用实训平台（手机定位引导装配项目）的布局和工作流程之后，本任务完成视觉程序的编写。

学习目标

知识目标

1）了解手机定位引导装配系统中视觉单元的功能。
2）了解手机定位引导装配系统视觉程序设计思路。
3）了解高精度匹配工具。

能力目标

1）定位工具选用能力：会熟练使用快速匹配、高精度匹配等定位工具。
2）程序设计与调试能力：会编写视觉程序，实现识别、定位等功能。

素养目标

1）根据工作岗位职责，完成小组成员的合理分工。
2）团队合作中，各成员学会表达自己的观点。
3）养成安全规范操作的行为习惯。

工作任务

完成中级机器视觉系统应用实训平台（手机定位引导装配项目）的视觉程序设计与编写，能够对手机底座、手机芯片进行识别与定位，并将相关信息发送给机器人。

任务分工

根据任务要求，对小组成员进行合理分工，并填写表 6-5。

表 6-5 任务分工表

<table>
<tr><td>班级</td><td></td><td>组号</td><td></td><td>指导老师</td><td></td></tr>
<tr><td>组长</td><td></td><td>学号</td><td colspan="3"></td></tr>
<tr><td rowspan="5">组员与分工</td><td>姓名</td><td>学号</td><td colspan="3">任务内容</td></tr>
<tr><td></td><td></td><td colspan="3"></td></tr>
<tr><td></td><td></td><td colspan="3"></td></tr>
<tr><td></td><td></td><td colspan="3"></td></tr>
<tr><td></td><td></td><td colspan="3"></td></tr>
</table>

获取信息

引导问题 1：简述手机定位引导装配系统的视觉单元的功能。

____

____

引导问题 2：简述手机底座与手机芯片的识别与定位的视觉程序设计思路。

____

____

引导问题 3：在 DobotVisionStudio 中，常见的定位工具有哪些？

____

____

引导问题 4：高精度特征匹配与快速匹配的算法原理是否一样，它们有什么区别？

____

____

工作计划

1）制定工作方案，见表 6-6。

表 6-6 工作方案

步骤	工作内容	负责人
1		
2		
3		
4		

2）列出核心物料清单，见表 6-7。

表 6-7　核心物料清单

序号	名称	型号 / 规格	单位	数量
1				
2				

手机定位引导系统视觉程序设计（上）

手机定位引导系统视觉程序设计（中）

手机定位引导系统视觉程序设计（下）

工作实施

在进行程序设计前，需确保已建立系统标定文件，操作方法可参照任务 3.2 中的内容。

视觉检测程序编写步骤：图像采集→手机底座识别与定位→芯片识别与定位→未检测出手机底座或芯片的处理。

1. 图像采集

步骤 1：打开 DobotVisionStudio 软件，选择通用方案。

步骤 2：建立方案流程。将“采集”子工具箱中的“图像源”工具拖拽到流程编辑区。

步骤 3：“0 图像源”参数设置与调节。按照任务 2.3 讲解的方式进行参数设置和调节。

采集到的手机底座图像如图 6-3 所示。

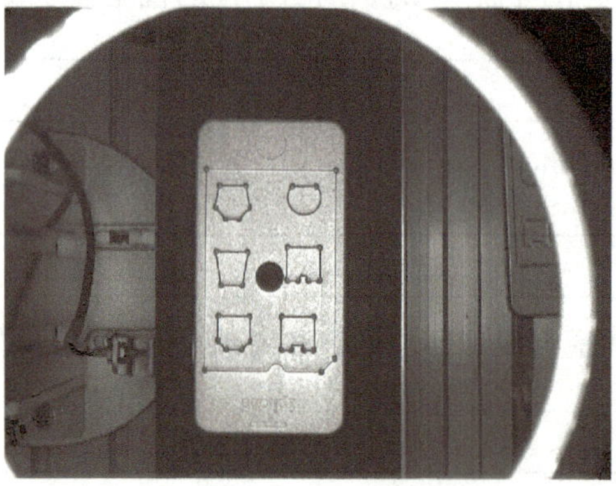

图 6-3　采集到的手机底座图像

2. 手机底座识别与定位

步骤 1：将手机底座放置在检测区域，并让手机底座与传送带平行。

步骤 2：方案流程中增加“快速匹配”工具。将“定位”子工具箱中的“快速匹配”工具拖拽到流程编辑区，并与“0 图像源 1”相连接，如图 6-4 所示。

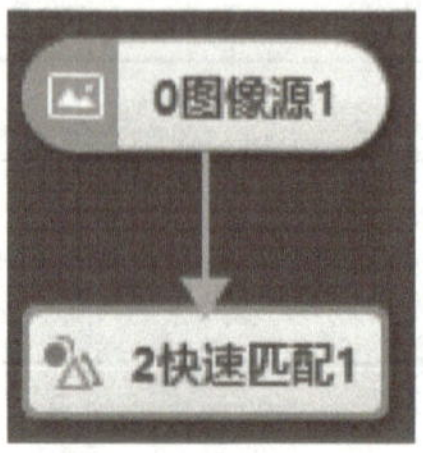

图 6-4　方案流程增加“快速匹配”工具

"2 快速匹配"基本参数设置。双击"2 快速匹配 1"打开参数设置界面，在基本参数界面，"ROI 区域"栏"ROI 创建"选择"绘制"，形状选择"□"，然后在图像显示区域绘制矩形的 ROI 区域，ROI 区域需要覆盖住传送带上的视觉检测区域，如图 6-5 所示。

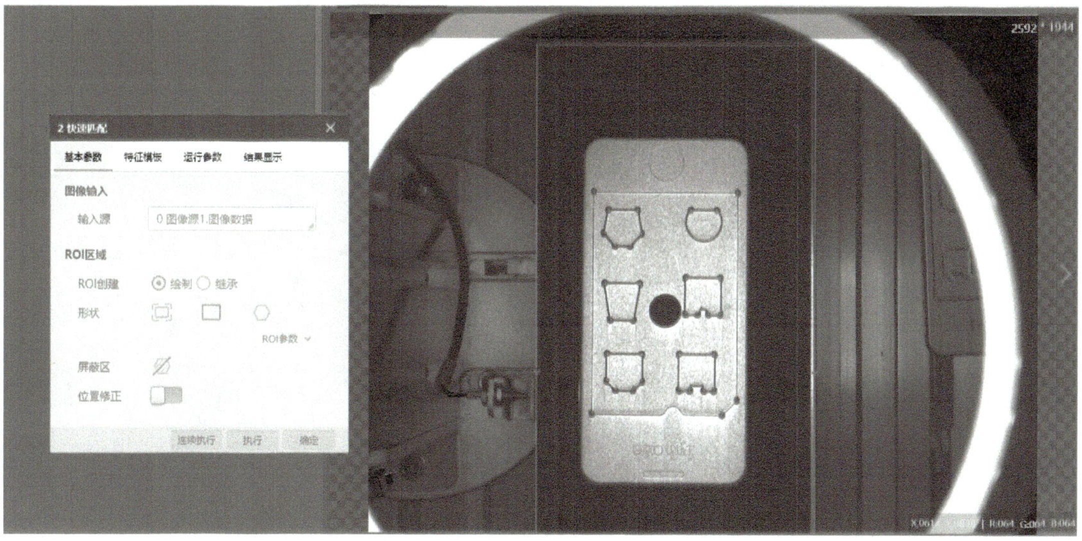

图 6-5　"2 快速匹配"基本参数设置

创建快速匹配特征模板。在特征模板界面，单击"创建"按钮，进入模板配置界面，创建手机底座特征模板如图 6-6 所示，单击"创建矩形掩模"按钮，拖动生成矩形掩模覆盖手机底座中间的所有安装孔位。将匹配中心设置为手机底座中心的圆心位置。在右下角配置参数，根据实际情况设置适当的特征尺度和对比度阈值，单击"生成模型"按钮生成特征模型，单击"确定"按钮保存特征模板，再单击"确定"按钮使用模板，手机底座特征模板如图 6-7 所示。

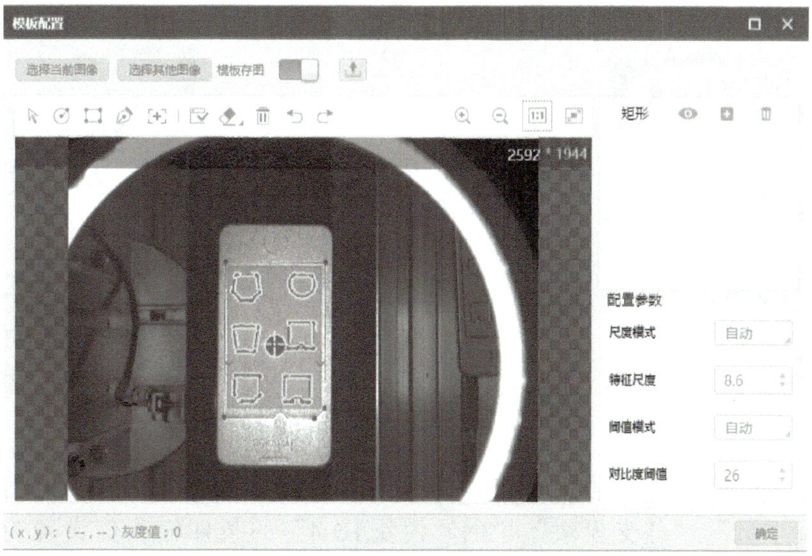

图 6-6　创建手机底座特征模板

备注：用鼠标选中模板名称，直接按 <Delete> 键删除原来的模板名称，重新输入新的模板名称便可修改模板的名称。

"2 快速匹配"运行参数设置。"最小匹配分数"设置为"0.90"，其他参数保持默认值，如图 6-8 所示。

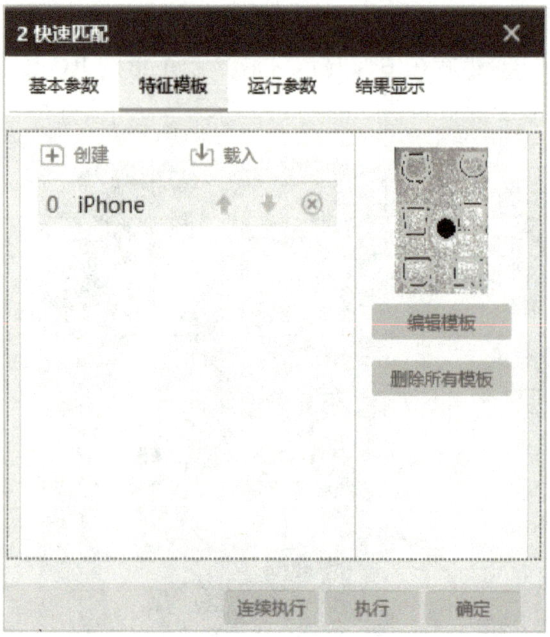

图 6-7　手机底座特征模板

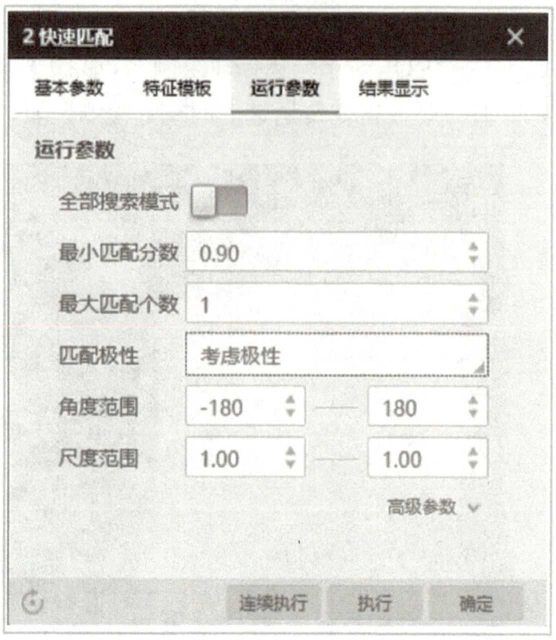

图 6-8　“2 快速匹配”运行参数设置

步骤 3：方案流程中增加“分支模块”工具。将“逻辑工具”子工具箱中的“分支模块”工具拖拽到流程编辑区，并与“2 快速匹配 1”相连接，如图 6-9 所示。

步骤 4：方案流程中增加“标定转换”工具。将“运算”子工具箱中的“标定转换”工具拖拽到流程编辑区，并与“3 分支模块 1”相连接，如图 6-10 所示。

图 6-9　方案流程增加“分支模块”工具

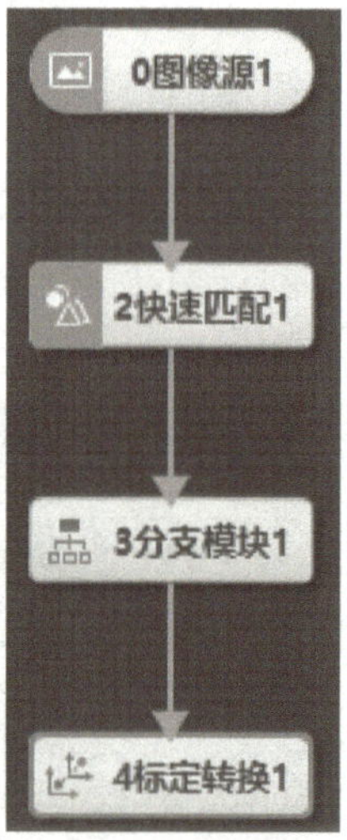

图 6-10　方案流程增加“标定转换”工具

“3 分支模块”参数设置。双击“3 分支模块 1”打开参数设置界面，“条件输入”选择“2 快速匹配 1. 匹配个数”，“分支模块”栏的“模块 ID:4”的条件输入值设置为“1”，如图 6-11 所示。

“4 标定转换”基本参数设置。双击“4 标定转换 1”打开参数设置界面，在基本参数界面坐标点选择“2 快速匹配 1. 匹配点”，单击“”加载手眼标定生成的标定文件，运行参数保持默认值，如图 6-12 所示。

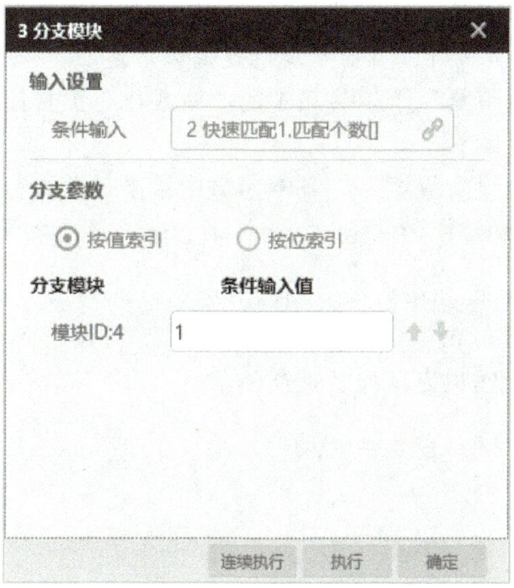

图 6-11　“3 分支模块”参数设置

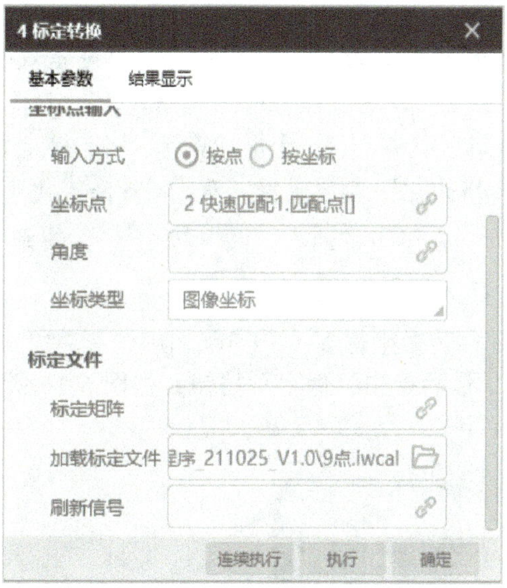

图 6-12　“4 标定转换”基本参数设置

步骤 5：方案流程中增加“变量计算”工具。将“运算”子工具箱中的“变量计算”工具拖拽到流程编辑区，并与“4 标定转换 1”相连接，如图 6-13 所示。

“5 变量计算”基本参数设置。双击“5 变量计算 1”打开参数设置界面，在基本参数界面，在名称栏将变量名称修改为“jiaodu”，表达式栏单击“▦”进入表达式修改界面；单击“🔗”选择“<2 快速匹配 1. 角度 >”，再取反，即在“<2 快速匹配 1. 角度 >”前加“–”号，加上偏移角度，最后单击“确定”按钮，便完成“jiaodu”变量计算的修改，如图 6-14 所示。变量计算结果显示参数保持默认值。

图 6-13　方案流程增加“变量计算”工具

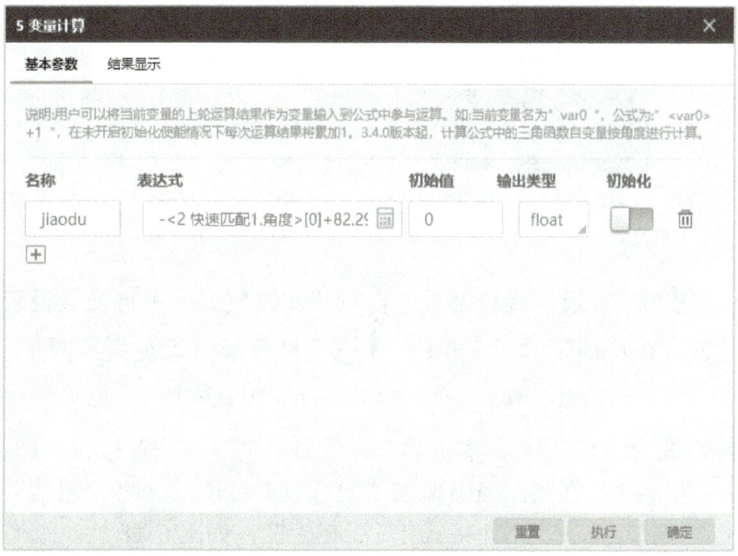

图 6-14　“5 变量计算”基本参数设置

备注：

① 视觉系统坐标系与机器人默认坐标系方向相反，故需要对快速特征匹配中的旋转角度进行取反。

② 由于双吸盘治具的水平方向和机器人法兰盘 0° 安装的方向不是平行的，故需要增加一个偏移角度。手机壳 0° 摆放，机器人转动 *R* 轴至双吸盘和手机壳平行，当前角度就是偏移角度。

步骤 6：方案流程中增加“格式化”工具。将“逻辑工具”子工具箱中的“格式化”工具拖拽到流程编辑区，并与“5 变量计算 1”相连接，如图 6-15 所示。

“6 格式化”参数设置。双击“6 格式化 1”打开参数设置界面，在基本参数中单击“插入行”按钮 + 添加，单击“插入订阅”按钮，找到“<4 标定转换 1. 转换坐标 X(%1.3f)>[0]”的订阅内容，单击“插入文本”按钮，输入英文字符“，”作为分隔符。接着按照相同的操作方式插入“<4 标定转换 1. 转换坐标 Y（%1.3f）>[0]”“，”“<5 变量计算 1. 角度（%1.3f）>[0]”“，”“OK”“，”和“888”，最后单击“保存”按钮，如图 6-16 所示，格式化结果显示保持默认值。

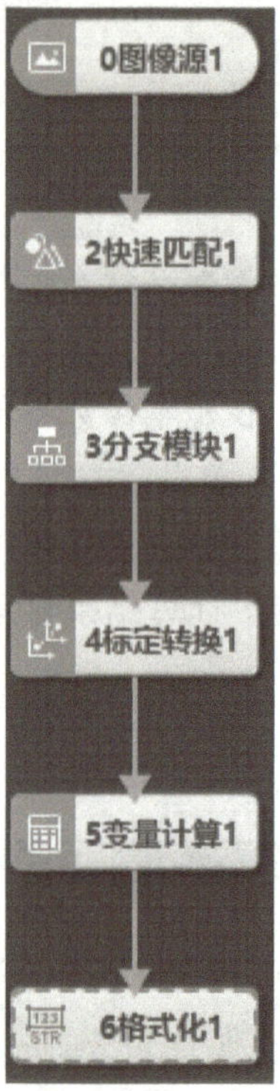

图 6-15　方案流程增加“格式化”工具

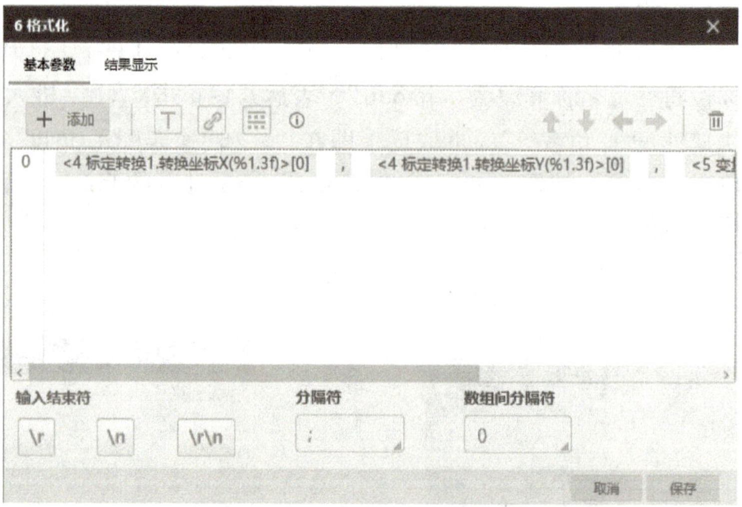

图 6-16　“6 格式化”参数设置

步骤 7：通信管理设置。在对“发送数据”进行参数设置之前，必须先对“通信管理”进行相关设置。在快捷工具条，单击“ ”打开通信管理设置界面。如图 6-17 所示，在“设备列表”选择“+”添加设备，协议类型选择“TCP 服务端”，再根据实际情况修改设备名称（默认名称为“TCP 服务端”）、本机 IP 和本机端口，然后单击“创建”按钮，即完成通信设备的创建。

步骤 8：方案流程中增加“发送数据”工具。将“通信”子工具箱中的“发送数据”工具拖拽到流程编辑区，并与“6 格式化 1”相连接，如图 6-18 所示。

“7 发送数据”基本参数设置如图 6-19 所示。双击“7 发送数据 1”打开参数设置界面，在基本参数界面，“输出配置”栏“输出至”选择“通信设备”，“通信设备”选择“1 TCP 服务端”，“发送数据 1”选择“6 格式化 1. 格式化结果”。结果显示参数保持默认值便可。

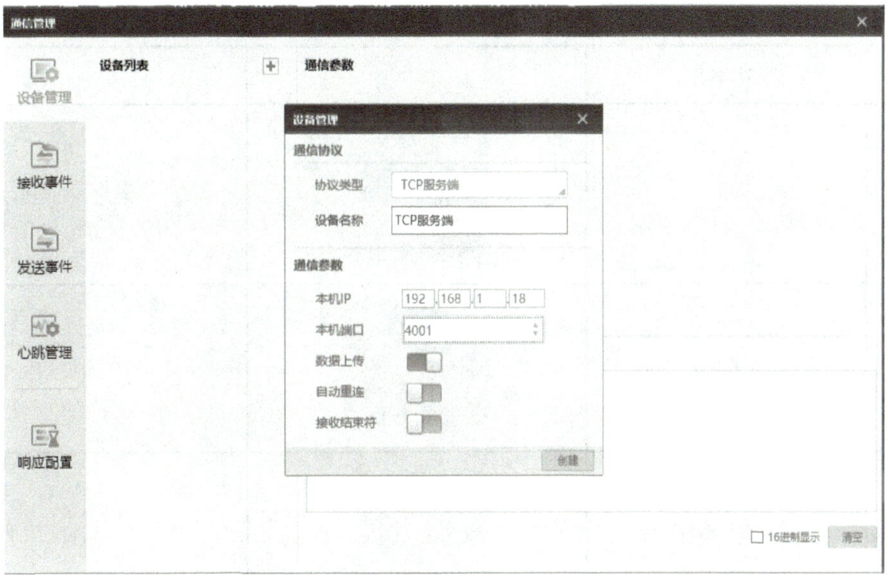

图 6-17　创建通信设备

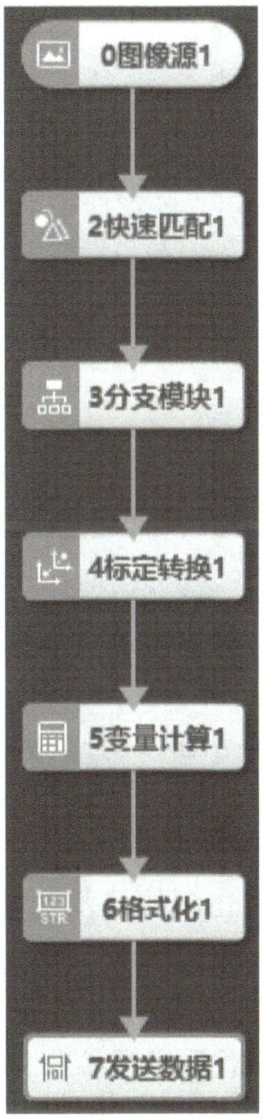

图 6-18　方案流程增加“发送数据”工具

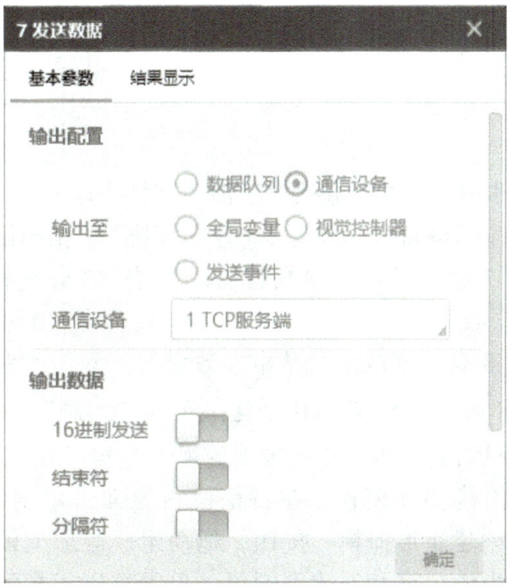

图 6-19　“7 发送数据”基本参数设置

3. 芯片识别与定位

步骤 1：依次将 WiFi、电子罗盘、重力传感器、光敏传感器、六边形和 GPS（全球定位系统）定位 6 个芯片放到检测区域。芯片说明表见表 6-8。

表 6-8　芯片说明表

序号	芯片名称	图片	说明
1	WiFi		蓝色，四边形－半圆
2	电子罗盘		紫色，六边形
3	重力传感器		红色，大半圆
4	光敏传感器		绿色，梯形
5	六边形	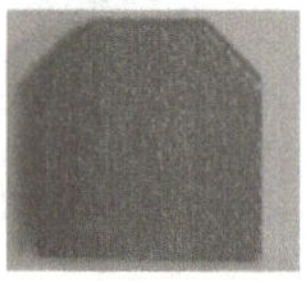	黄色，六边形
6	GPS 定位	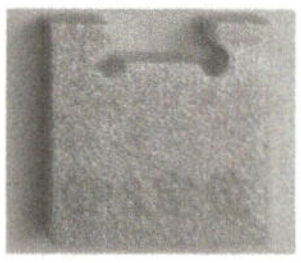	银色，不规则形状

步骤 2：方案流程中增加“高精度匹配”工具。将“定位”子工具箱中的“高精度匹配”工具拖拽到流程编辑区，并与“3 分支模块 1”相连接，如图 6-20 所示。

“3 分支模块”参数设置。双击“3 分支模块 1”打开参数设置界面，“分支模块”栏的“模块 ID:4”设置为“1”，“模块 ID:8”设置为“0”，如图 6-21 所示。

“8 高精度匹配”基本参数设置。双击“8 高精度匹配 1”打开参数设置界面，在基本参数界面，“ROI 区域”栏“ROI 创建”选择“绘制”，形状选择“□”，然后在图像显示区域绘制 ROI 区域，区域只需要覆盖住传送带上的视觉检测区域，其他参数保持默认值，如图 6-22 所示。

创建特征模板。在特征模板界面，单击“创建”按钮，创建特征模板。在模板配置界面，单击“创建矩形掩模”按钮，拖动生成矩形掩模覆盖特征区域。在右下角配置参数，根据实际情况设置适当的尺度和对比度阈值，单击“生成模型”按钮生成特征模型，单击“确定”按钮保存特征模板，创建（手机芯片）模板如图 6-23 所示。如此反复，分别创建 6 种芯片的特征模板，并根据芯片功能对模板名称进行重命名，手机芯片特征模板如图 6-24 所示，再单击“确定”按钮使用模板。“8 高精度匹配”运行参数设置，“最小匹配分数”设置为“0.90”，其他参数保持默认，如图 6-25 所示。

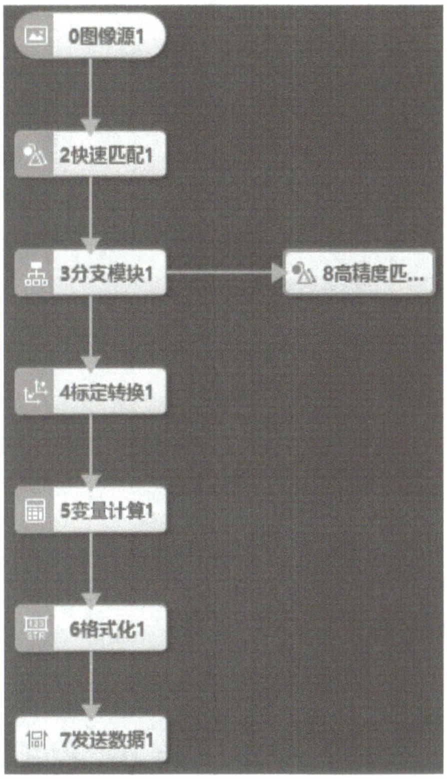

图 6-20　方案流程增加“高精度匹配”工具

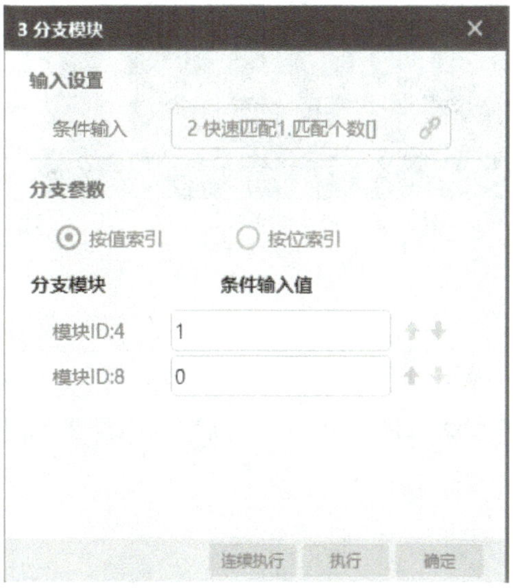

图 6-21　“3 分支模块”参数设置

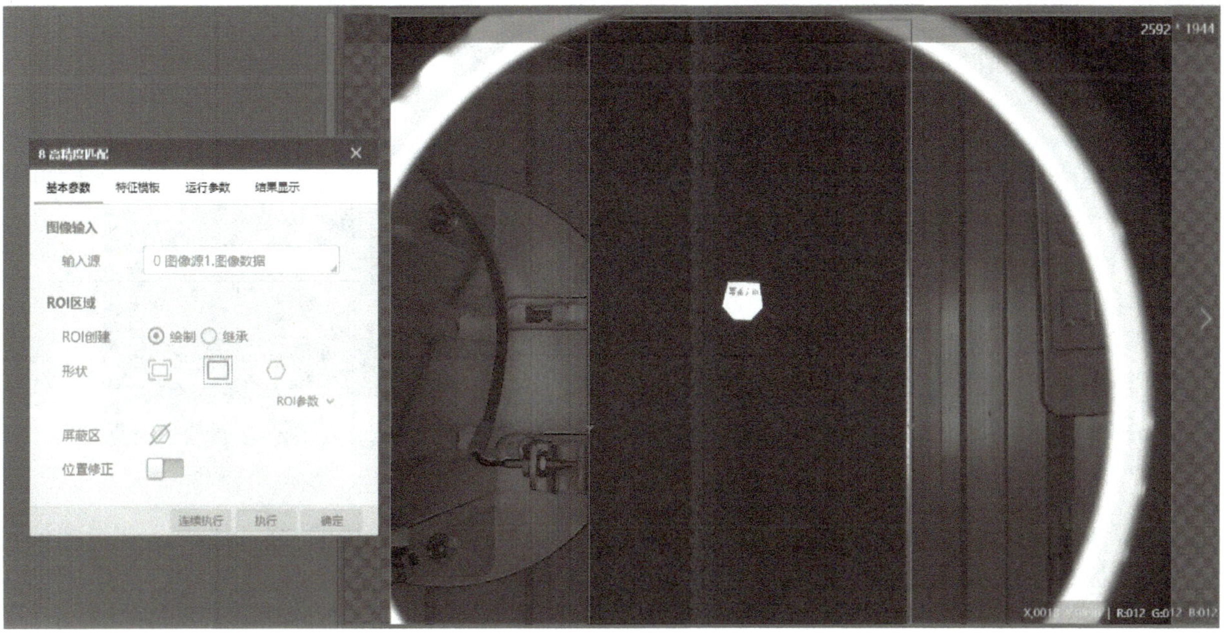

图 6-22　“8 高精度匹配”基本参数设置

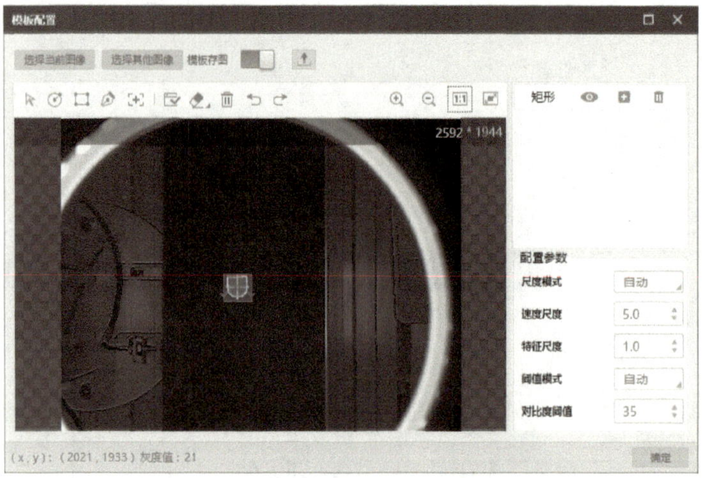

图 6-23　创建（手机芯片）模板

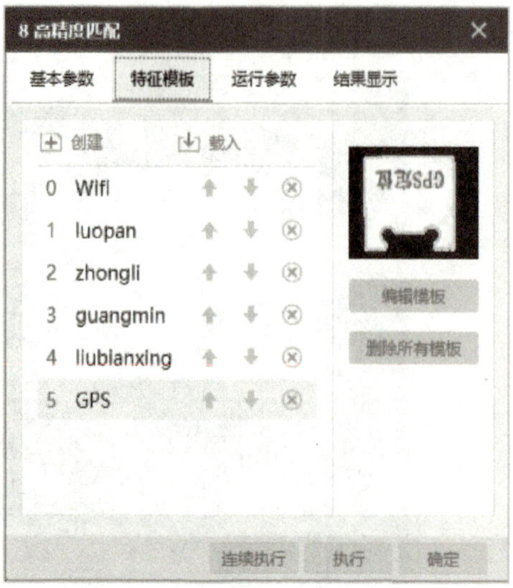

图 6-24　手机芯片特征模板

备注：模板顺序必须按照图 6–24 中的模板顺序进行排序，顺序是与机器人程序相对应的。

步骤 3：方案流程中增加“分支模块”工具。将“逻辑工具”子工具箱中的“分支模块”工具拖拽到流程编辑区，并与“8 高精度匹配 1”相连接，如图 6-26 所示。

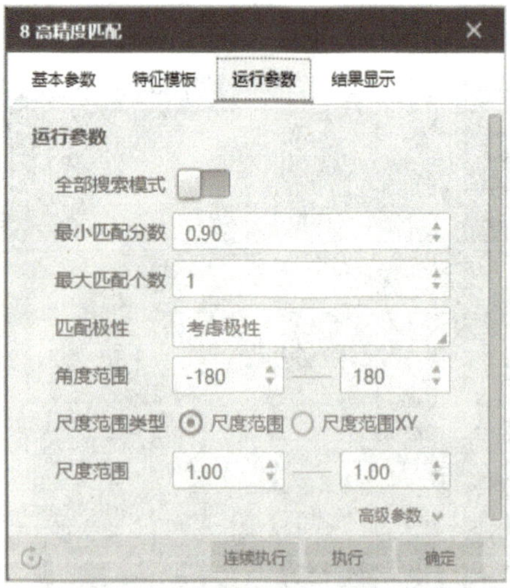

图 6-25　“8 高精度匹配”运行参数设置

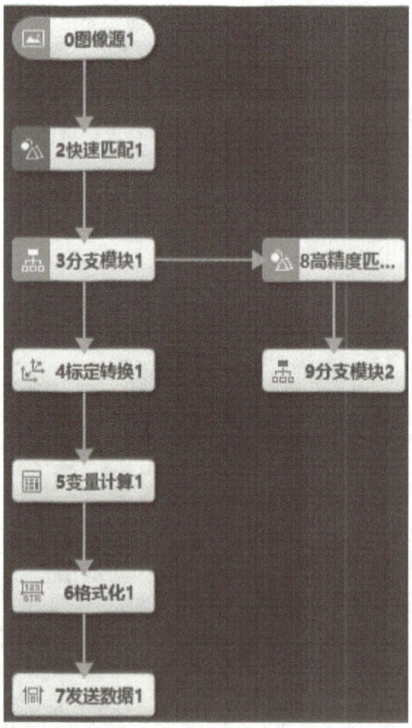

图 6-26　方案流程增加“分支模块”工具

步骤 4：方案流程中增加“标定转换”工具。将“运算”子工具箱中的“标定转换”工具拖拽到流程编辑区，并与“9 分支模块 2”相连接，如图 6-27 所示。

“9 分支模块”参数设置。双击“9 分支模块 2”打开参数设置界面，“条件输入”选择“8 高精度匹配 1. 匹配个数 []”，分支模块栏的“模块 ID:10”设置为“1”，如图 6-28 所示。

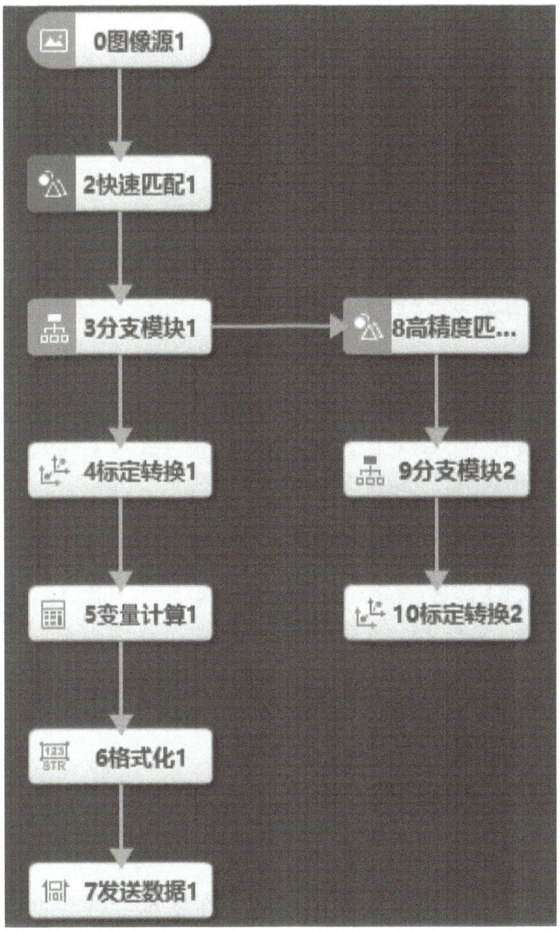

图 6-27　方案流程增加“标定转换”工具

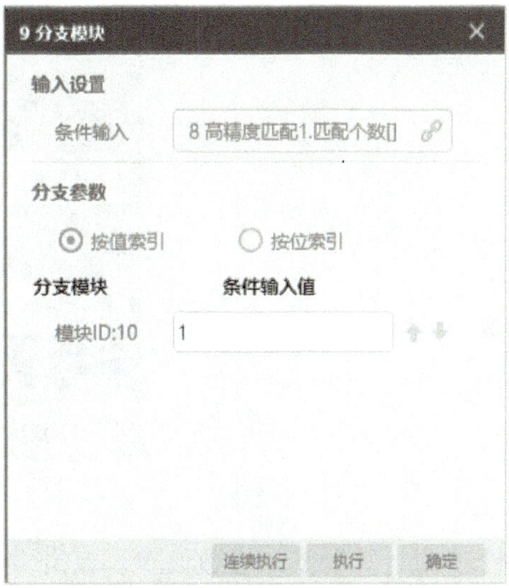

图 6-28　“9 分支模块”参数设置

“10 标定转换”基本参数设置。双击“10 标定转换 2”打开参数设置界面，在基本参数界面，“坐标点”选择“8 高精度匹配 1. 匹配点 []”，单击“ ”加载 9 点标定生成的标定文件，如图 6-29 所示。运行参数保持默认值。

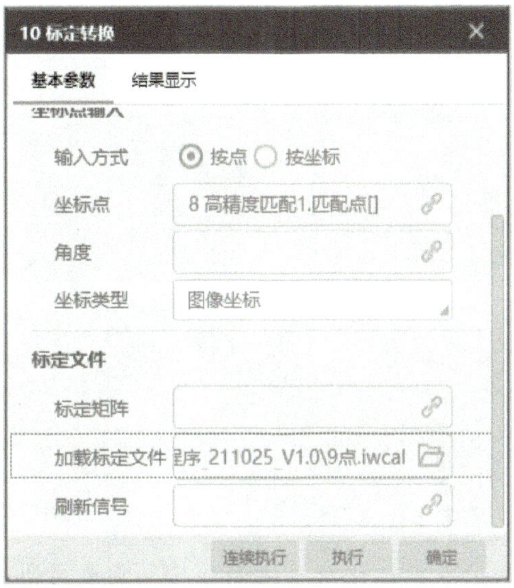

图 6-29　“10 标定转换”基本参数设置

步骤 5：方案流程中增加“变量计算”工具。将“逻辑工具”子工具箱中的“变量计算”拖拽到流程编辑区，并与“10 标定转换 2”相连接，如图 6-30 所示。

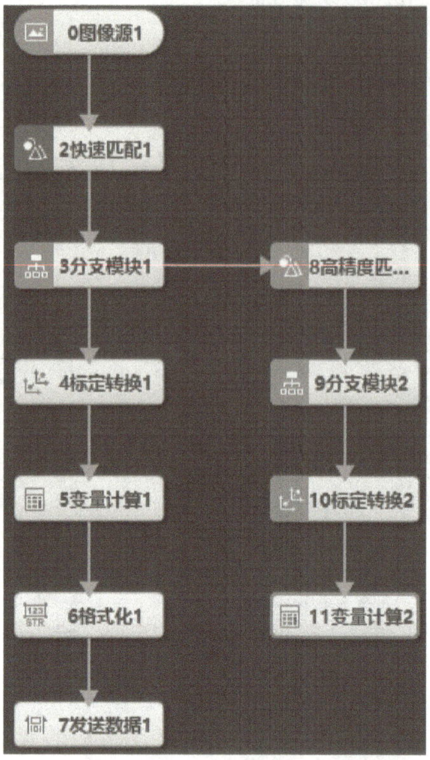

图 6-30　方案流程增加“变量计算”工具

“11 变量计算”基本参数设置。双击“11 变量计算 2”打开参数设置界面，在基本参数界面，名称栏输入“jiao2”，表达式设置为“–<8 高精度匹配 1. 角度 >[0]”，如图 6-31 所示。结果显示参数保持默认值。

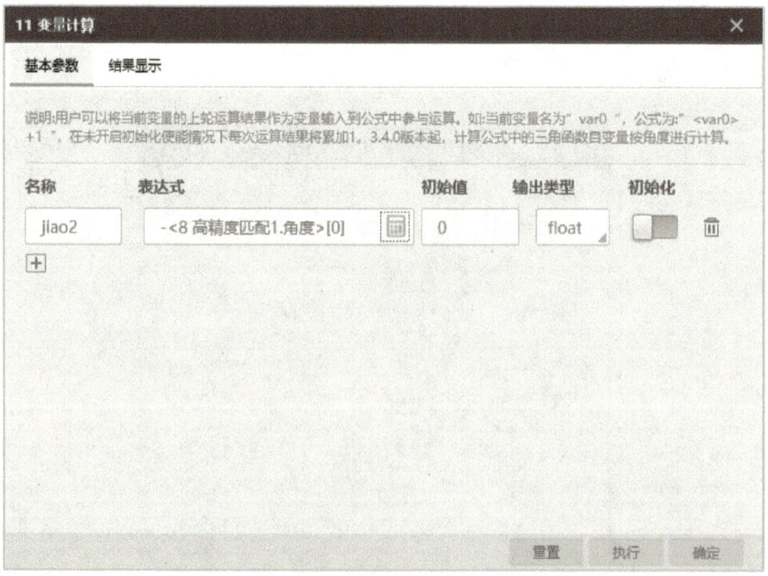

图 6-31　“11 变量计算”基本参数设置

备注：视觉系统坐标系与机器人默认坐标系方向相反，需要对快速特征匹配中的角度进行取反。

步骤 6：方案流程中增加“格式化”工具。将“逻辑工具”子工具箱中的“格式化”工具拖拽到流程编辑区，并与“11 变量计算 2”相连接，如图 6-32 所示。

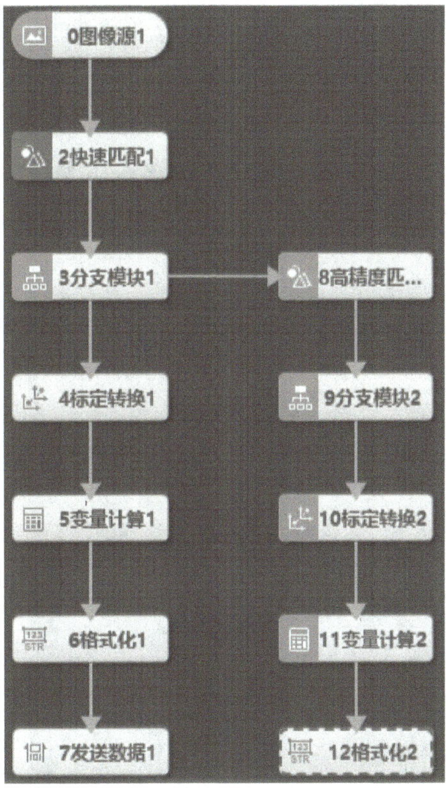

图 6-32　方案流程增加“格式化”工具

“12 格式化”基本参数设置。双击“12 格式化 2”打开参数设置界面。在基本参数界面，选取“10 标定转换 2. 坐标 X”“10 标定转换 2. 转换坐标 Y”“11 变量计算 2.jiao2”和“8 高精度匹配 1. 匹配模板编号”，再输入“888”，数据与字符之间用英文“,”隔开，如图 6-33 所示。格式化结果显示参数保持默认值。

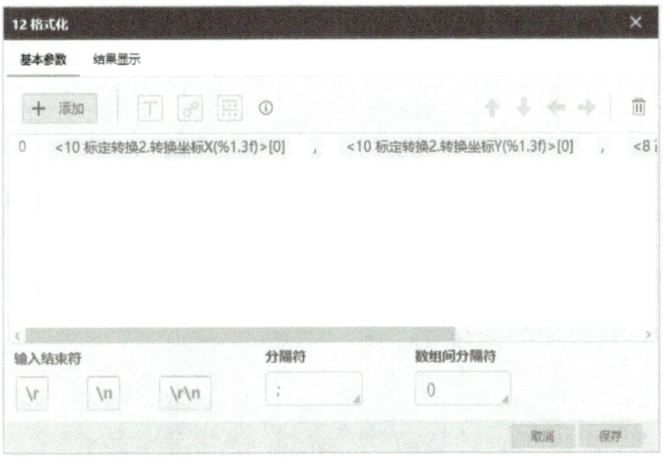

图 6-33　“12 格式化”基本参数设置

步骤 7：方案流程中增加“发送数据”工具。将“通信”子工具箱中的“发送数据”工具拖拽到流程编辑区，并与“12 格式化 2”相连接，如图 6-34 所示。

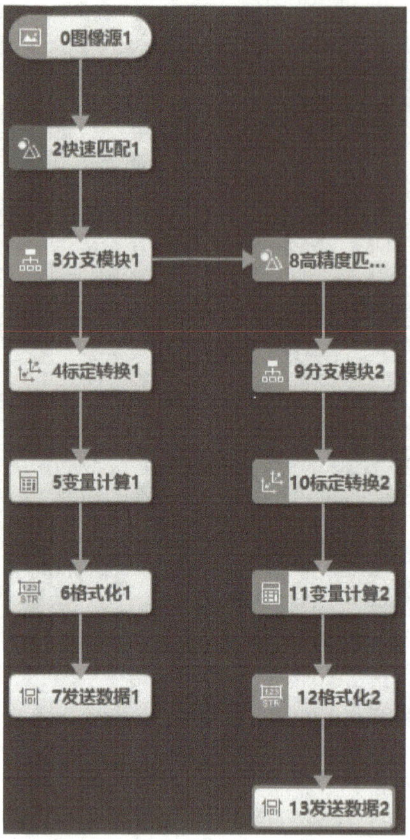

图 6-34 方案流程增加“发送数据”工具

“13 发送数据”基本参数设置如图 6-35 所示。双击“13 发送数据 2”打开参数设置界面，在基本参数界面“输出配置”栏“输出至”选择“通信设备”，“通信设备”选择“1 TCP 服务端”，“发送数据 1”选择“12 格式化 2. 格式化结果”，结果显示参数保持默认值便可。结果显示参数保持默认值便可。

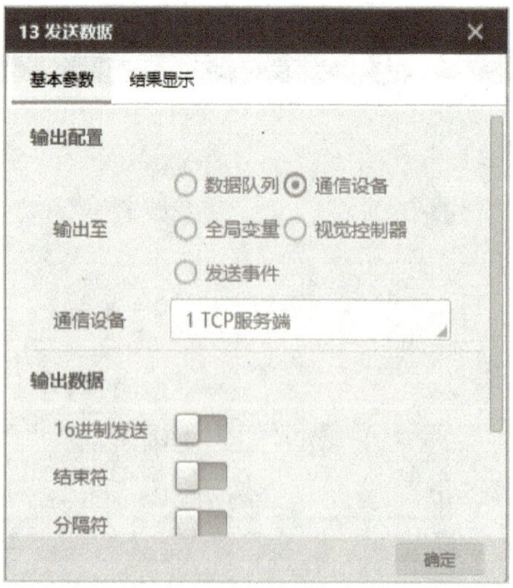

图 6-35 “13 发送数据”基本参数设置

4. 未检测出手机底座或芯片的处理

步骤 1：检测区域不放检测对象或者是将芯片叠加在一起。

步骤 2：方案流程中增加“格式化”工具。将“逻辑工具”子工具箱中的“格式化”工具拖拽到流程编辑区，并与“9 分支模块 2”相连接，如图 6-36 所示。

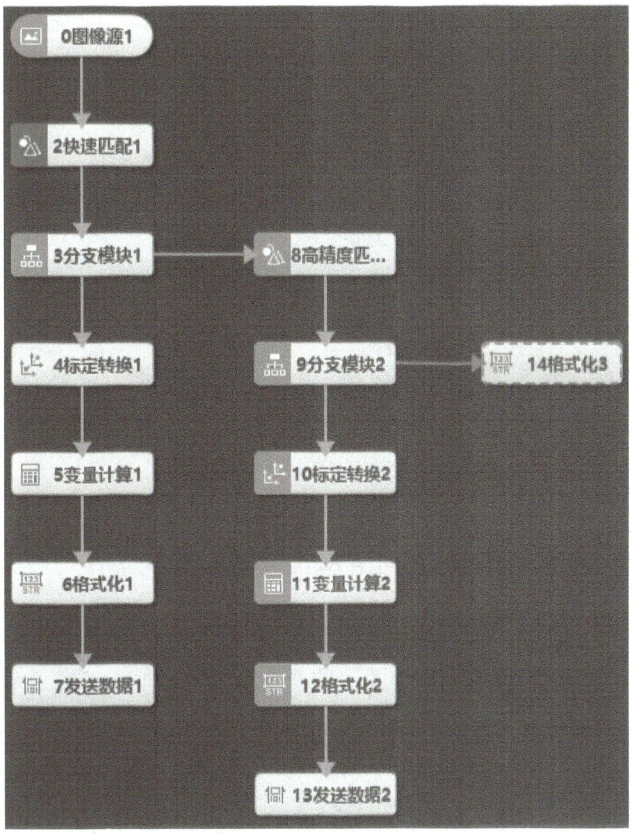

图 6-36　方案流程增加“格式化”工具

“9 分支模块”参数设置。双击“9 分支模块 2”打开参数设置界面，“条件输入”设置为“8 高精度匹配 1. 匹配个数 []”；“分支模块”栏的“模块 ID:10”设置为“1”，“模块 ID:14”设置为“0”，如图 6-37 所示。

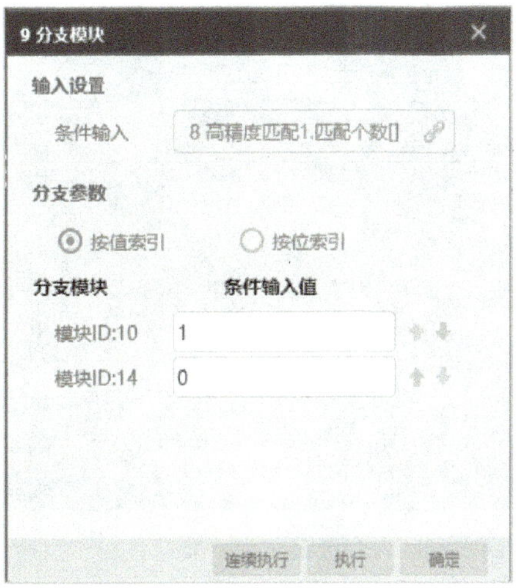

图 6-37　“9 分支模块”参数设置

“14 格式化”基本参数设置。双击“14 格式化 3”打开参数设置界面，在基本参数界面，输入“8，8，8，NG，888”，如图 6-38 所示，结果显示参数保持默认值。

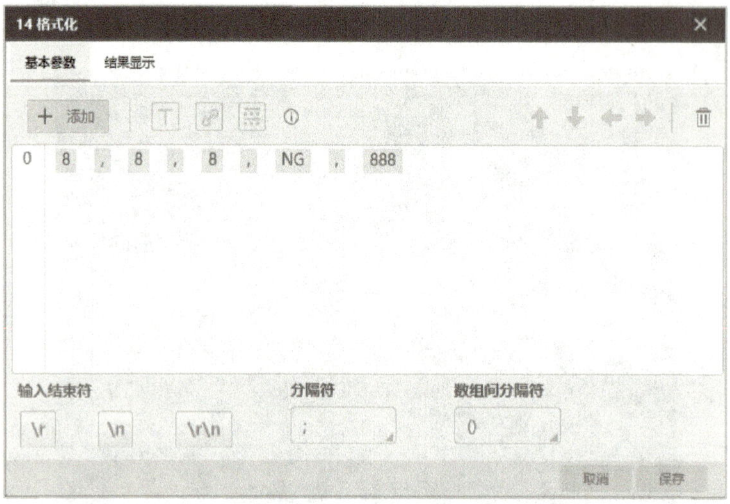

图 6-38 “14 格式化”基本参数设置

步骤 3：方案流程中增加“发送数据”工具。将“通信”子工具箱中的“发送数据”工具拖拽到流程编辑区，并与“14 格式化 3”相连接，如图 6-39 所示。

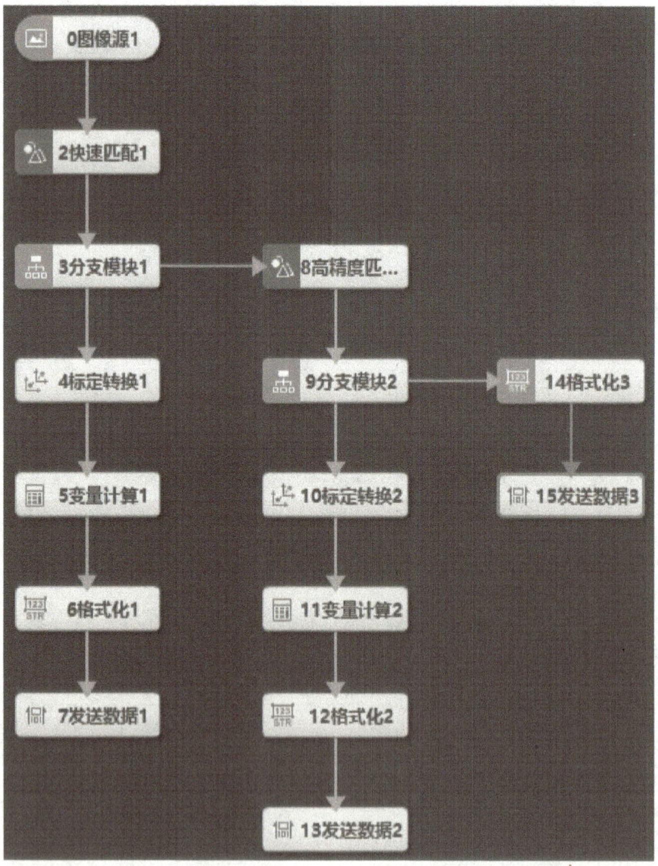

图 6-39 方案流程增加“发送数据”工具

“15 发送数据”基本参数设置如图 6-40 所示。双击“15 发送数据 3”打开参数设置界面。在基本参数界面，“输出配置”栏“输出至”选择“通信设备”，“通信设备”选择“1 TCP 服务端”，“发送数据 1”选择“14 格式化 3. 格式化结果”。结果显示参数保持默认值便可。

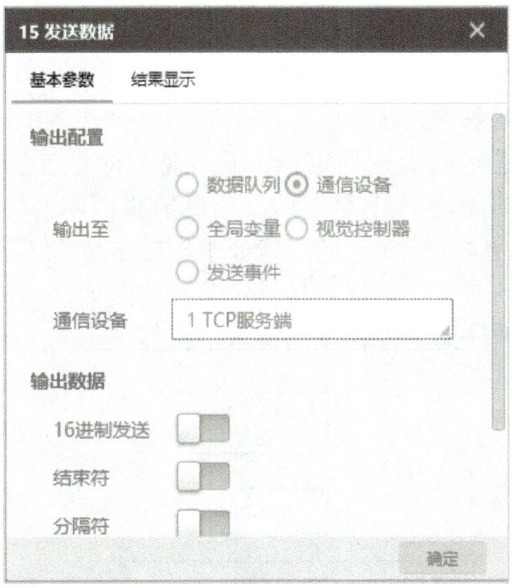

图 6-40 “15 发送数据”基本参数设置

评价反馈

各组代表介绍任务实施过程，并完成评价表（见表 6-9）。

表 6-9 评价表

类别	考核内容	分值	评价分数		
			自评	互评	教师
理论	了解机器视觉单元的工作内容	5			
	了解手机定位引导装配系统机器视觉程序设计思路	10			
	了解高精度匹配的算法原理	15			
技能	熟练使用快速匹配等定位工具	20			
	能够编写视觉程序，实现手机底座的识别与定位	20			
	能够编写视觉程序，实现手机芯片的识别与定位	20			
素养	遵守操作规程，养成严谨科学的工作态度	2			
	根据工作岗位职责，完成小组成员的合理分工	2			
	团队合作中，各成员学会准确表达自己的观点	2			
	严格执行 6S 现场管理	2			
	养成总结训练过程和结果的习惯，为下次训练积累经验	2			
总分		100			

相关知识

1. 视觉单元的工作内容

1）识别手机底座中安装孔位的形状与位置，并将相关信息发送给机器人。

2）识别手机芯片的形状与位置，并将相关信息发送给机器人。

2. 视觉程序设计思路

手机定位引导装配系统视觉程序设计思路

进行手机定位引导装配系统的视觉程序设计，首先是要进行手眼标定，获取图像坐标系与世界坐标系的关系矩阵，即生成标定文件。

其次是对手机底座与手机芯片的识别与定位，其视觉程序设计思路如图 6-41 所示：视觉单元收到拍照触发信号之后，相机拍照；首先是对手机底座进行识别与定位，然后将手机底座的图像经坐标转换成世界坐标，并将相关信息发送给机器人；其次是对手机芯片进行识别与定位，然后将手机芯片的图像经坐标转换成世界坐标，并将相关信息发送给机器人；如果未检测到任何工件，发送信号给机器人。

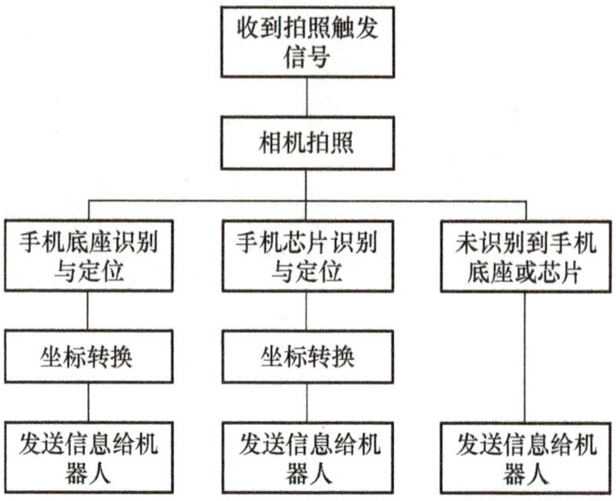

图 6-41　手机定位引导装配系统视觉程序设计思路

3. DobotVisionStudio 定位工具介绍

图像定位技术是机器视觉系统中不可或缺的关键技术。DobotVisionStudio 中常用的定位工具有快速匹配、高精度匹配、圆查找、直线查找和 BLOB 分析等。

（1）快速匹配与高精度匹配　快速匹配与高精度匹配都是使用图像的边缘特征作为模板，按照预设的参数确定搜索空间，在图像中搜索与模板相似的目标，可用于定位、计数和判断有无等。双击特征匹配工具可进行参数配置，里面有基本参数、特征模板、运行参数和结果显示等几个参数设置模块。

高精度匹配的算法原理与快速匹配的算法原理一样，都是根据已知模板在一幅图中寻找相应模板的处理方法。简而言之，模板就是一幅已知的小图像，匹配就是在一幅大图像中搜寻相应模板，算法原理如图 6-42 所示。

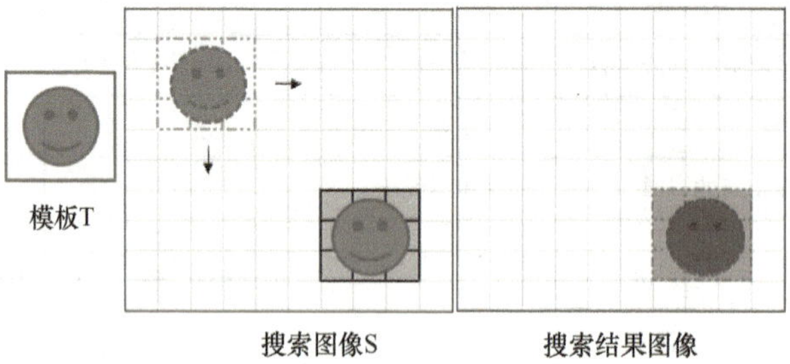

图 6-42　算法原理

高精度匹配精度高，相比快速匹配耗时更久，但是设置的特征更精细，匹配精度高，对比分析如图 6-43 所示。

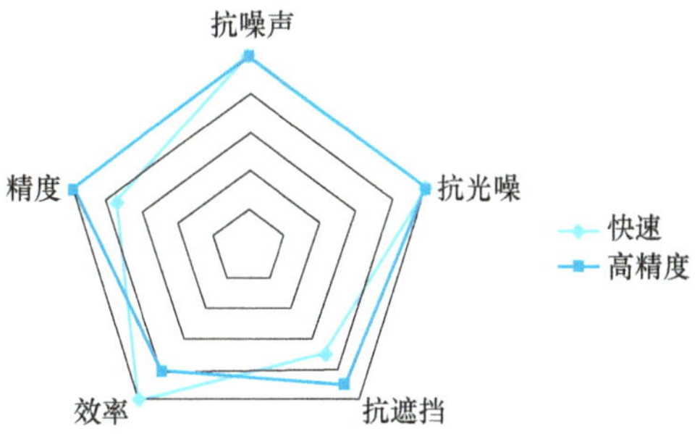

图 6-43　快速匹配与高精度匹配对比分析

（2）圆查找　圆查找就是在灰度图像上指定的区域内寻找合适的边缘点，并将这些点拟合为圆。首先指定 256 个亮度等级的灰度图像中要处理的 ROI 区域；然后在该区域内，对每一条搜索线，按照设定的查找模式、适当的阈值选取边缘点；最后将这些点拟合为圆。常用于圆孔定位、测量等案例中。

（3）直线查找　直线查找主要用于图像中具有某些特征的直线，利用已知特征点形成特征点集，然后拟合成直线。直线查找也是进行尺寸测量的基础。

（4）BLOB 分析

BLOB 分析是在像素具有有限灰度级的图像区域中检测、定位或分析目标物体的过程。BLOB 分析工具可以提供图像中目标物体的某些特征，如存在性、数量、位置、形状、方向以及 BLOB 间的拓扑关系等信息。BLOB 分析常用在纺织品的瑕疵检测、玻璃的瑕疵检测、机械零部件表面缺陷检测、可乐瓶缺陷检测和药品胶囊缺陷检测等场合。

任务 6.3　手机定位引导装配系统机器人程序设计

学习情境

手机定位引导装配系统视觉程序编写完成之后，接下来便是编写机器人程序。

学习目标

知识目标

1）了解手机定位引导装配系统中机器人单元的功能。

2）理解常见的机器人程序编写思路。

能力目标

1）示教与调试能力：能够通过示教准确地找到点位，完成机器人点位的调试。

2）程序设计能力：会编写手机定位引导装配系统的机器人程序。

素养目标

1）根据工作岗位职责，完成小组成员的合理分工。

2）团队合作中，各成员学会表达自己的观点。

3）养成安全规范操作的行为习惯。

工作任务

编写手机定位引导装配系统机器人程序，机器人能够根据视觉单元发送过来的信号，完成手机底座和芯片的定位吸取，完成手机的装配工作。

任务分工

根据任务要求，对小组成员进行合理分工，并填写表 6-10。

表 6-10　任务分工表

班级		组号		指导老师	
组长		学号			
组员与分工	姓名	学号	任务内容		

获取信息

引导问题 1：简述手机定位引导装配系统机器人单元的工作内容。

引导问题 2：简述手机定位引导装配系统机器人程序编写思路。

引导问题 3：在机器人程序设计中，手机芯片安装是否需要使用循环语句？可以使用哪些类型的循环语句？

工作计划

1）制定工作方案，见表 6-11。

表 6-11　工作方案

步骤	工作内容	负责人
1		
2		

2）列出核心物料清单，见表 6-12。

表 6-12　核心物料清单

序号	名称	型号	单位	数量
1				
2				

工作实施

1. 示教与调试

手机定位引导系统机器人程序设计（1）

手机定位引导系统机器人程序设计（2）

手机定位引导系统机器人程序设计（3）

手机定位引导系统机器人程序设计（4）

（1）根据编程设计思路，确定机器人程序所需点位　编写手机定位引导装配系统的机器人程序需要示教与调试的点位（共有 13 个目标点），点位说明表见表 6-13。调试方法是：通过手持示教将机器人调节至目标位置，然后在点数据栏添加相应点位的数据。

表 6-13　手机定位引导装配系统点位说明表

序号	名称	点位编号	说明
1	anquandian1	P1	左侧安全点 1
2	danxipan	P2	取单吸盘治具点位
3	shuangxipan	P3	取双吸盘治具点位
4	dizuofangzhi	P4	工件安装区手机底座放置点
5	anquandian2	P5	右侧安全点 2
6	wifi	P6	工件安装区 WiFi 芯片安装点
7	luopan	P7	工件安装区电子罗盘芯片安装点
8	zhongli	P8	工件安装区重力传感器芯片安装点
9	guangmin	P9	工件安装区光敏传感器芯片安装点
10	liubianxing	P10	工件安装区六边形芯片安装点
11	GPS	P11	工件安装区 GPS 芯片安装点
12	pingmuxiqu	P12	工件放置区取屏幕点位
13	pingmufangzhi	P13	工件安装区屏幕放置点

（2）示教和调试点位

步骤 1：示教安全点 1（P1）。将机器人移动至左侧安全点位置，如图 6-44 所示，该位置位于传送带与治具放置台之间的上方位置，该位置不会与视觉单元以及其他单元发生干涉和碰撞。在“点数据”中单击“＋添加”，把 P1 点的数据添加到点数据列表中，再双击 P1 点右边的空白处，输入“anquandian1”的点位注释，最后单击“保存”，保存该点位信息，如图 6-45 所示。

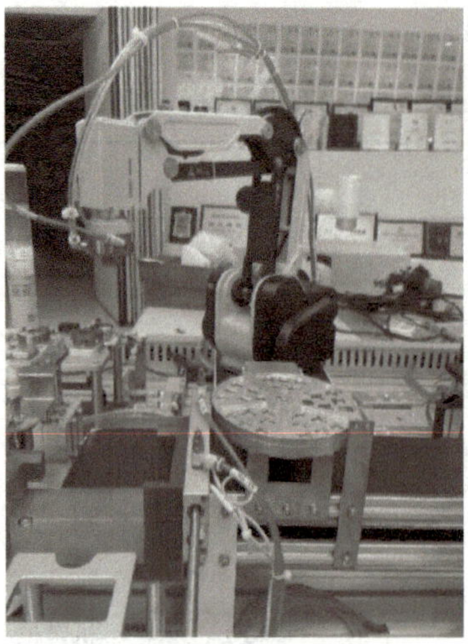

图 6-44　示教安全点 1（P1）

点数据*　变量　src0

保存　定位　覆盖　+添加　×删除　撤消　重做

	No.	Alias	X	Y	Z	Rx	Ry	Rz	R	D	N	Cfg	Tool	User
1	P1	anquandian1	232.6548	-126.4779	130.0273	-66.4848	0.0000	0.0000	-1	-1	-1	0	No.0	No.0

图 6-45　添加 P1 点数据

步骤 2：示教单吸盘治具点 P2。手动安装单吸盘治具，把机器人移动到单吸盘治具的放置位置，把单吸盘的位置摆放平整，如图 6-46 所示。在“点数据”中单击“+添加”，把 P2 点的数据添加到点数据列表中，再双击 P2 点右边的空白处，输入“ danxipan”的点位注释，最后单击“保存”，保存该点位信息，如图 6-47 所示。

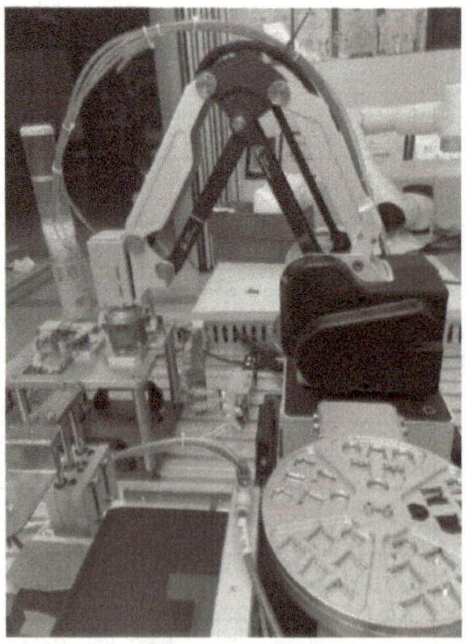

图 6-46　示教单吸盘治具点 P2

点数据*　变量　src0

保存　定位　覆盖　+添加　×删除　撤消　重做

	No.	Alias	X	Y	Z	Rx	Ry	Rz	R	D	N	Cfg	Tool	User
1	P1	anquandian1	232.6548	-126.4779	130.0273	-66.4848	0.0000	0.0000	-1	-1	-1	0	No.0	No.0
2	P2	danxipan	-26.4511	-288.6009	-44.5843	-276.2117	0.0000	0.0000	-1	-1	-1	0	No.0	No.0

图 6-47　添加 P2 点数据

步骤 3：示教双吸盘治具点 P3。手动安装双吸盘治具，把机器人移动到双吸盘治具的放置位置，把双吸盘的位置摆放平整，如图 6-48 所示。在“点数据”中单击“＋添加”，把 P3 点的数据添加到点数据列表中，再双击 P3 点右边的空白处，输入“shuangxipan”的点位注释，最后单击“保存”，保存该点位信息，如图 6-49 所示。

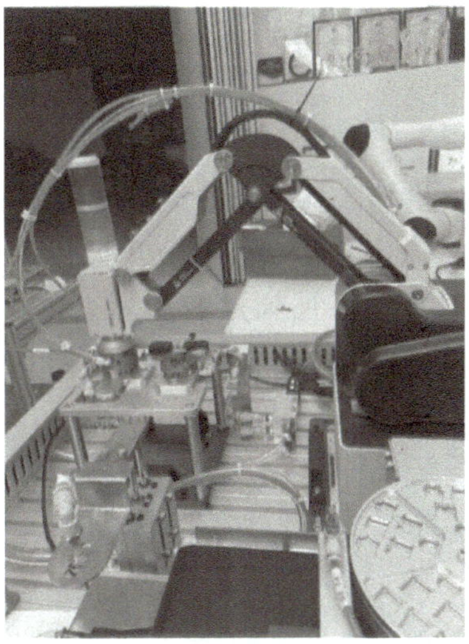

图 6-48　示教双吸盘治具点 P3

点数据*　变量　src0

保存　定位　覆盖　＋添加　×删除　撤消　重做

	No.	Alias	X	Y	Z	Rx	Ry	Rz	R	D	N	Cfg	Tool	User
1	P1	anquandian1	232.6548	-126.4779	130.0273	-66.4848	0.0000	0.0000	-1	-1	-1	0	No.0	No.0
2	P2	danxipan	-26.4511	-288.6009	-44.5843	-276.2117	0.0000	0.0000	-1	-1	-1	0	No.0	No.0
3	P3	shuangxipan	-29.2517	-366.7814	-45.2506	-184.9993	0.0000	0.0000	-1	-1	-1	0	No.0	No.0

图 6-49　添加 P3 点数据

步骤 4：示教手机底座放置点 P4。将机器人移动至手机底座放置点位，如图 6-50 所示。在“点数据”中单击“＋添加”，把 P4 点的数据添加到点数据列表中，再双击 P4 点右边的空白处，输入“dizuofangzhi”的点位注释，最后单击“保存”，保存该点位信息，如图 6-51 所示。

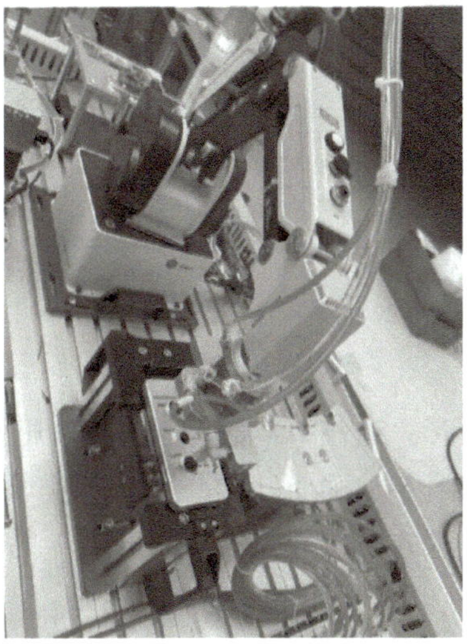

图 6-50　示教手机底座放置点 P4

点数据* 变量 src0

保存 定位 覆盖 添加 删除 撤消 重做

	No.	Alias	X	Y	Z	Rx	Ry	Rz	R	D	N	Cfg	Tool	User
1	P1	anquandian1	232.6548	-126.4779	130.0273	-66.4848	0.0000	0.0000	-1	-1	-1	0	No.0	No.0
2	P2	danxipan	-26.4511	-288.6009	-44.5843	-276.2117	0.0000	0.0000	-1	-1	-1	0	No.0	No.0
3	P3	shuangxipan	-29.2517	-366.7814	-45.2506	-184.9993	0.0000	0.0000	-1	-1	-1	0	No.0	No.0
4	P4	dizuofangzhi	98.8496	366.8259	39.4241	83.6149	0.0000	0.0000	-1	-1	-1	0	No.0	No.0

图 6-51　添加 P4 点数据

步骤 5：示教安全点 2（P5）。将机器人移动至右侧安全点位置，如图 6-52 所示，该位置位于传送带与工件安装台之间的上方位置，该位置不会与视觉单元以及其他单元发生干涉和碰撞。在“点数据”中单击“＋添加”，把 P5 点的数据添加到点数据列表中，再双击 P5 点右边的空白处，输入“anquandian2”的点位注释，最后单击“保存”，保存该点位信息，如图 6-53 所示。

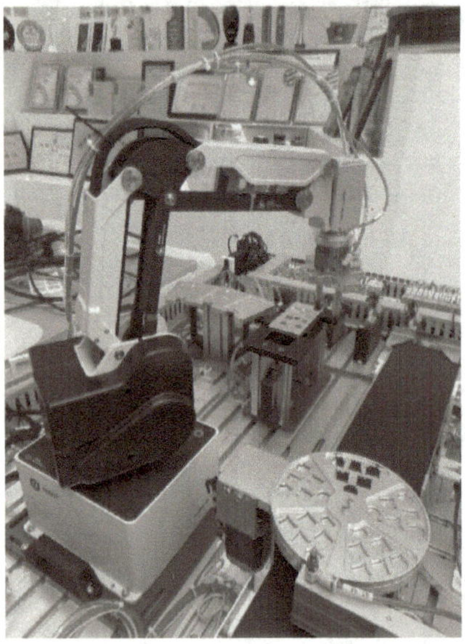

图 6-52　示教安全点 2（P5）

点数据* 变量 src0

保存 定位 覆盖 添加 删除 撤消 重做

	No.	Alias	X	Y	Z	Rx	Ry	Rz	R	D	N	Cfg	Tool	User
1	P1	anquandian1	232.6548	-126.4779	130.0273	-66.4848	0.0000	0.0000	-1	-1	-1	0	No.0	No.0
2	P2	danxipan	-26.4511	-288.6009	-44.5843	-276.2117	0.0000	0.0000	-1	-1	-1	0	No.0	No.0
3	P3	shuangxipan	-29.2517	-366.7814	-45.2506	-184.9993	0.0000	0.0000	-1	-1	-1	0	No.0	No.0
4	P4	dizuofangzhi	98.8496	366.8259	39.4241	83.6149	0.0000	0.0000	-1	-1	-1	0	No.0	No.0
5	P5	anqunadian2	222.2694	312.6289	79.2996	-52.3938	0.0000	0.0000	-1	-1	-1	0	No.0	No.0

图 6-53　添加 P5 点数据

步骤 6：示教 WiFi 芯片安装点 P6。通过 IO 监控打开吸取开关，机器人吸住 WiFi 芯片，再将机器人移动至 WiFi 芯片安装位置，如图 6-54 所示。在“点数据”中单击“＋添加”，把 P6 点的数据添加到点数据列表中，再双击 P6 点右边的空白处，输入“ wifi”的点位注释，最后单击“保存”，保存该点位信息，如图 6-55 所示。

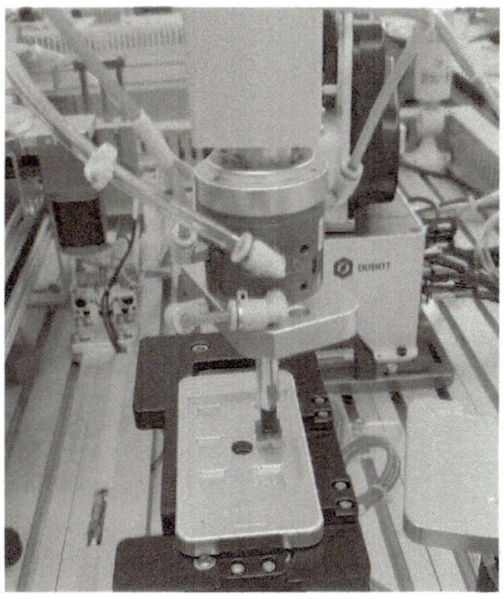

图 6-54　示教 WiFi 芯片安装点 P6

点数据*　变量　src0

保存　定位　覆盖　+添加　×删除　撤消　重做

	No.	Alias	X	Y	Z	Rx	Ry	Rz	R	D	N	Cfg	Tool	User
1	P1	anquandian1	232.6548	-126.4779	130.0273	-66.4848	0.0000	0.0000	-1	-1	-1	0	No.0	No.0
2	P2	danxipan	-26.4511	-288.6009	-44.5843	-276.2117	0.0000	0.0000	-1	-1	-1	0	No.0	No.0
3	P3	shuangxipan	-29.2517	-366.7814	-45.2506	-184.9993	0.0000	0.0000	-1	-1	-1	0	No.0	No.0
4	P4	dizuofangzhi	98.8496	366.8259	39.4241	83.6149	0.0000	0.0000	-1	-1	-1	0	No.0	No.0
5	P5	anquandian2	222.2694	312.6289	79.2996	-52.3938	0.0000	0.0000	-1	-1	-1	0	No.0	No.0
6	P6	wifi	75.1701	373.3773	32.7063	1.0194	0.0000	0.0000	-1	-1	-1	0	No.0	No.0

图 6-55　添加 P6 点数据

步骤 7：示教电子罗盘芯片安装点 P7。通过 IO 监控打开吸取开关，机器人吸住电子罗盘芯片，再将机器人移动至电子罗盘芯片安装位置，如图 6-56 所示。在“点数据”中单击“+添加”，把 P7 点的数据添加到点数据列表中，再双击 P7 点右边的空白处，输入“luopan”的点位注释，最后单击“保存”，保存该点位信息，如图 6-57 所示。

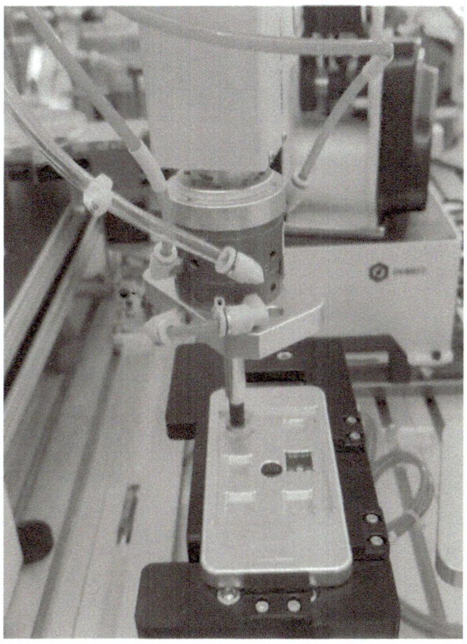

图 6-56　示教电子罗盘芯片安装点 P7

点数据* 变量 src0

保存 定位 覆盖 +添加 ×删除 撤消 重做

	No.	Alias	X	Y	Z	Rx	Ry	Rz	R	D	N	Cfg	Tool	User
1	P1	anquandian1	232.6548	-126.4779	130.0273	-66.4848	0.0000	0.0000	-1	-1	-1	0	No.0	No.0
2	P2	danxipan	-26.4511	-288.6009	-44.5843	-276.2117	0.0000	0.0000	-1	-1	-1	0	No.0	No.0
3	P3	shuangxipan	-29.2517	-366.7814	-45.2506	-184.9993	0.0000	0.0000	-1	-1	-1	0	No.0	No.0
4	P4	dizuofangzhi	98.8496	366.8259	39.4241	83.6149	0.0000	0.0000	-1	-1	-1	0	No.0	No.0
5	P5	anquandian2	222.2694	312.6289	79.2996	-52.3938	0.0000	0.0000	-1	-1	-1	0	No.0	No.0
6	P6	wifi	75.1701	373.3773	32.7063	1.0194	0.0000	0.0000	-1	-1	-1	0	No.0	No.0
7	P7	luopan	103.0386	349.6853	32.5419	1.0921	0.0000	0.0000	-1	-1	-1	0	No.0	No.0

图 6-57　添加 P7 点数据

步骤 8：示教重力传感器芯片安装点 P8。通过 IO 监控打开吸取开关，机器人吸住重力传感器芯片，再将机器人移动至重力传感器芯片安装位置，如图 6-58 所示。在“点数据”中单击“＋添加”，把 P8 点的数据添加到点数据列表中，再双击 P8 点右边的空白处，输入“zhongli”的点位注释，最后单击“保存”，保存该点位信息，如图 6-59 所示。

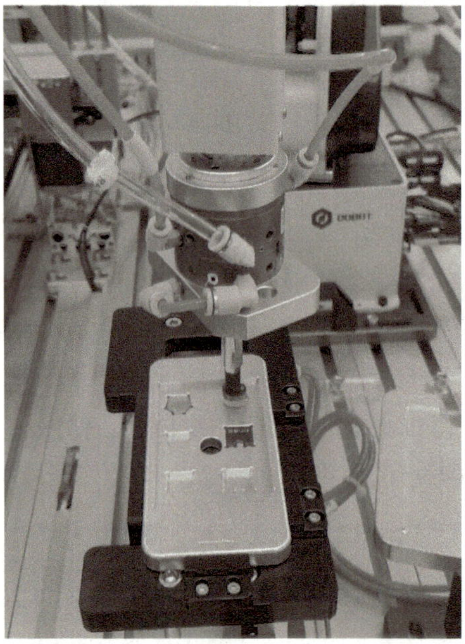

图 6-58　示教重力传感器芯片安装点 P8

点数据* 变量 src0

保存 定位 覆盖 +添加 ×删除 撤消 重做

	No.	Alias	X	Y	Z	Rx	Ry	Rz	R	D	N	Cfg	Tool	User
1	P1	anquandian1	232.6548	-126.4779	130.0273	-66.4848	0.0000	0.0000	-1	-1	-1	0	No.0	No.0
2	P2	danxipan	-26.4511	-288.6009	-44.5843	-276.2117	0.0000	0.0000	-1	-1	-1	0	No.0	No.0
3	P3	shuangxipan	-29.2517	-366.7814	-45.2506	-184.9993	0.0000	0.0000	-1	-1	-1	0	No.0	No.0
4	P4	dizuofangzhi	98.8496	366.8259	39.4241	83.6149	0.0000	0.0000	-1	-1	-1	0	No.0	No.0
5	P5	anquandian2	222.2694	312.6289	79.2996	-52.3938	0.0000	0.0000	-1	-1	-1	0	No.0	No.0
6	P6	wifi	75.1701	373.3773	32.7063	1.0194	0.0000	0.0000	-1	-1	-1	0	No.0	No.0
7	P7	luopan	103.0386	349.6853	32.5419	1.0921	0.0000	0.0000	-1	-1	-1	0	No.0	No.0
8	P8	zhongli	76.5242	351.0646	33.5513	-2.9901	0.0000	0.0000	-1	-1	-1	0	No.0	No.0

图 6-59　添加 P8 点数据

步骤 9：示教光敏传感器芯片安装点 P9。通过 IO 监控打开吸取开关，机器人吸住光敏传感器芯片，再将机器人调整至光敏传感器芯片安装位置，如图 6-60 所示。在“点数据”中单击“＋添加”，把 P9 点的数据添加到点数据列表中，再双击 P9 点右边的空白处，输入“guangmin”的点位注释，最后单击“保存”，保存该点位信息，如图 6-61 所示。

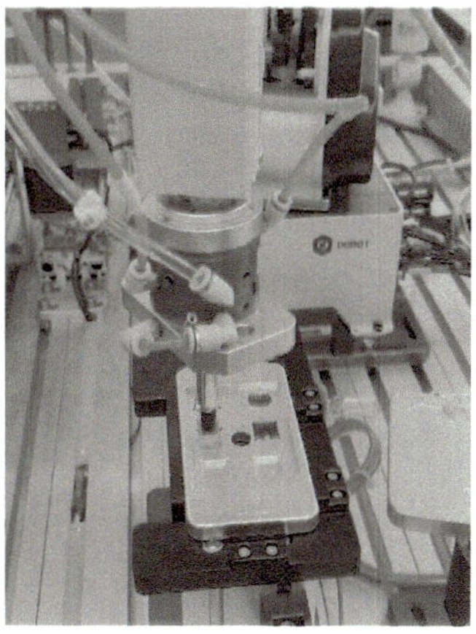

图 6-60　示教光敏传感器芯片安装点 P9

点数据*　变量　src0

保存　定位　覆盖　＋添加　×删除　撤消　重做

	No.	Alias	X	Y	Z	Rx	Ry	Rz	R	D	N	Cfg	Tool	User
1	P1	anquandian1	232.6548	-126.4779	130.0273	-66.4848	0.0000	0.0000	-1	-1	-1	0	No.0	No.0
2	P2	danxipan	-26.4511	-288.6009	-44.5843	-276.2117	0.0000	0.0000	-1	-1	-1	0	No.0	No.0
3	P3	shuangxipan	-29.2517	-366.7814	-45.2506	-184.9993	0.0000	0.0000	-1	-1	-1	0	No.0	No.0
4	P4	dizuofangzhi	98.8496	366.8259	39.4241	83.6149	0.0000	0.0000	-1	-1	-1	0	No.0	No.0
5	P5	anquandian2	222.2694	312.6289	79.2996	-52.3938	0.0000	0.0000	-1	-1	-1	0	No.0	No.0
6	P6	wifi	75.1701	373.3773	32.7063	1.0194	0.0000	0.0000	-1	-1	-1	0	No.0	No.0
7	P7	luopan	103.0386	349.6853	32.5419	1.0921	0.0000	0.0000	-1	-1	-1	0	No.0	No.0
8	P8	zhongli	76.5242	351.0646	33.5513	-2.9901	0.0000	0.0000	-1	-1	-1	0	No.0	No.0
9	P9	guangmin	104.7007	377.2842	31.5383	-1.7667	0.0000	0.0000	-1	-1	-1	0	No.0	No.0

图 6-61　添加 P9 点数据

步骤 10：示教六边形芯片安装点 P10。通过 IO 监控打开吸取开关，机器人吸住六边形芯片，再将机器人移动至六边形芯片安装位置，如图 6-62 所示。在“点数据”中单击“＋添加”，把 P10 点的数据添加到点数据列表中，再双击 P10 点右边的空白处，输入“liubianxing”的点位注释，最后单击“保存”，保存该点位信息，如图 6-63 所示。

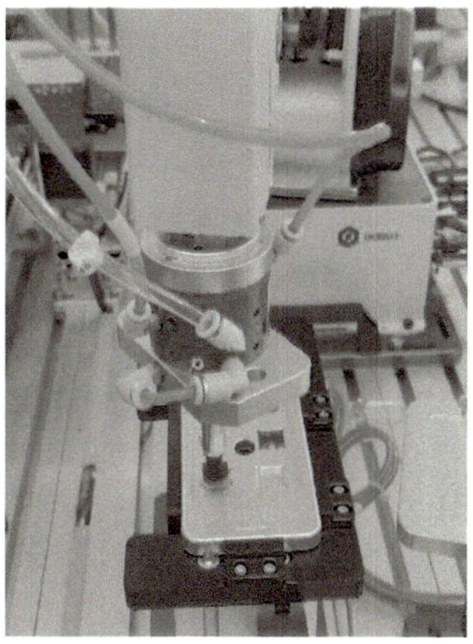

图 6-62　示教六边形芯片安装点 P10

点数据* ⊠ 变量 ⊠ src0 ⊠

保存 定位 覆盖 ＋添加 ×删除 撤消 重做

	No.	Alias	X	Y	Z	Rx	Ry	Rz	R	D	N	Cfg	Tool	User
1	P1	anquandian1	232.6548	-126.4779	130.0273	-66.4848	0.0000	0.0000	-1	-1	-1	0	No.0	No.0
2	P2	danxipan	-26.4511	-288.6009	-44.5843	-276.2117	0.0000	0.0000	-1	-1	-1	0	No.0	No.0
3	P3	shuangxipan	-29.2517	-366.7814	-45.2506	-184.9993	0.0000	0.0000	-1	-1	-1	0	No.0	No.0
4	P4	dizuofangzhi	98.8496	366.8259	39.4241	83.6149	0.0000	0.0000	-1	-1	-1	0	No.0	No.0
5	P5	anquandian2	222.2694	312.6289	79.2996	-52.3938	0.0000	0.0000	-1	-1	-1	0	No.0	No.0
6	P6	wifi	75.1701	373.3773	32.7063	1.0194	0.0000	0.0000	-1	-1	-1	0	No.0	No.0
7	P7	luopan	103.0386	349.6853	32.5419	1.0921	0.0000	0.0000	-1	-1	-1	0	No.0	No.0
8	P8	zhongli	76.5242	351.0646	33.5513	-2.9901	0.0000	0.0000	-1	-1	-1	0	No.0	No.0
9	P9	guangmin	104.7007	377.2842	31.5383	-1.7667	0.0000	0.0000	-1	-1	-1	0	No.0	No.0
10	P10	liubianxing	104.6623	401.2379	31.7467	-1.6055	0.0000	0.0000	-1	-1	-1	0	No.0	No.0

图 6-63　添加 P10 点数据

步骤 11：示教 GPS 芯片安装点 P11。通过 IO 监控打开吸取开关，机器人吸住 GPS 芯片，再将机器人移动至 GPS 芯片安装位置，如图 6-64 所示。在“点数据”中单击“＋添加”，把 P11 点的数据添加到点数据列表中，再双击 P11 点右边的空白处，输入“GPS”的点位注释，最后单击“保存”，保存该点位信息，如图 6-65 所示。

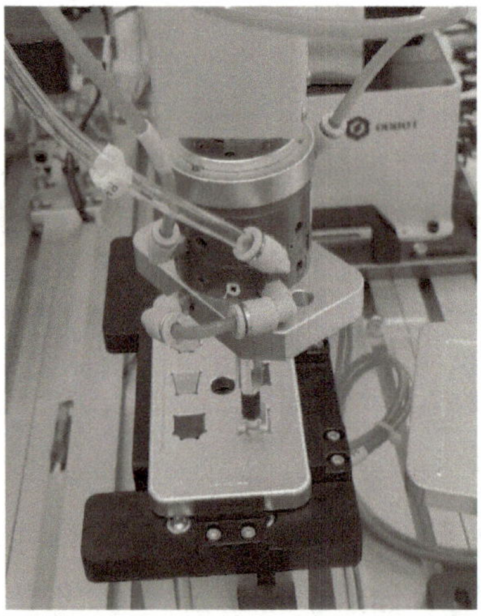

图 6-64　示教 GPS 芯片安装点 P11

点数据* ⊠ 变量 ⊠ src0 ⊠

保存 定位 覆盖 ＋添加 ×删除 撤消 重做

	No.	Alias	X	Y	Z	Rx	Ry	Rz	R	D	N	Cfg	Tool	User
1	P1	anquandian1	232.6548	-126.4779	130.0273	-66.4848	0.0000	0.0000	-1	-1	-1	0	No.0	No.0
2	P2	danxipan	-26.4511	-288.6009	-44.5843	-276.2117	0.0000	0.0000	-1	-1	-1	0	No.0	No.0
3	P3	shuangxipan	-29.2517	-366.7814	-45.2506	-184.9993	0.0000	0.0000	-1	-1	-1	0	No.0	No.0
4	P4	dizuofangzhi	98.8496	366.8259	39.4241	83.6149	0.0000	0.0000	-1	-1	-1	0	No.0	No.0
5	P5	anquandian2	222.2694	312.6289	79.2996	-52.3938	0.0000	0.0000	-1	-1	-1	0	No.0	No.0
6	P6	wifi	75.1701	373.3773	32.7063	1.0194	0.0000	0.0000	-1	-1	-1	0	No.0	No.0
7	P7	luopan	103.0386	349.6853	32.5419	1.0921	0.0000	0.0000	-1	-1	-1	0	No.0	No.0
8	P8	zhongli	76.5242	351.0646	33.5513	-2.9901	0.0000	0.0000	-1	-1	-1	0	No.0	No.0
9	P9	guangmin	104.7007	377.2842	31.5383	-1.7667	0.0000	0.0000	-1	-1	-1	0	No.0	No.0
10	P10	liubianxing	104.6623	401.2379	31.7467	-1.6055	0.0000	0.0000	-1	-1	-1	0	No.0	No.0
11	P11	GPS	77.6268	399.2359	31.5232	-1.9530	0.0000	0.0000	-1	-1	-1	0	No.0	No.0

图 6-65　添加 P11 点数据

步骤 12：示教屏幕吸取点 P12。将机器人移动至屏幕放置区，吸盘对准屏幕中心位置并轻触屏幕表面，如图 6-66 所示。在“点数据”中单击“＋添加”，把 P12 点的数据添加到点数据列表中，再双击 P12 点右边的空白处，输入“pingmuxiqu”的点位注释，最后单击“保存”，保存该点位信息，如图 6-67 所示。

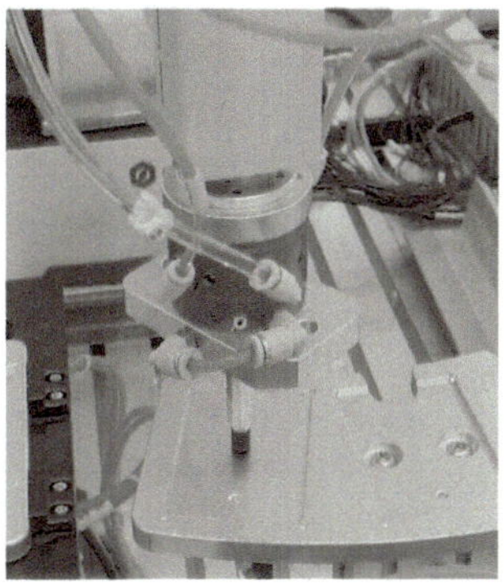

图 6-66　示教屏幕吸取点 P12

点数据*　变量　src0

保存　定位　覆盖　＋添加　×删除　撤消　重做

	No.	Alias	X	Y	Z	Rx	Ry	Rz	R	D	N	Cfg	Tool	User
1	P1	anquandian1	232.6548	-126.4779	130.0273	-66.4848	0.0000	0.0000	-1	-1	-1	0	No.0	No.0
2	P2	danxipan	-26.4511	-288.6009	-44.5843	-276.2117	0.0000	0.0000	-1	-1	-1	0	No.0	No.0
3	P3	shuangxipan	-29.2517	-366.7814	-45.2506	-184.9993	0.0000	0.0000	-1	-1	-1	0	No.0	No.0
4	P4	dizuofangzhi	98.8496	366.8259	39.4241	83.6149	0.0000	0.0000	-1	-1	-1	0	No.0	No.0
5	P5	anquandian2	222.2694	312.6289	79.2996	-52.3938	0.0000	0.0000	-1	-1	-1	0	No.0	No.0
6	P6	wifi	75.1701	373.3773	32.7063	1.0194	0.0000	0.0000	-1	-1	-1	0	No.0	No.0
7	P7	luopan	103.0386	349.6853	32.5419	1.0921	0.0000	0.0000	-1	-1	-1	0	No.0	No.0
8	P8	zhongli	76.5242	351.0646	33.5513	-2.9901	0.0000	0.0000	-1	-1	-1	0	No.0	No.0
9	P9	guangmin	104.7007	377.2842	31.5383	-1.7667	0.0000	0.0000	-1	-1	-1	0	No.0	No.0
10	P10	liubianxing	104.6623	401.2379	31.7467	-1.6055	0.0000	0.0000	-1	-1	-1	0	No.0	No.0
11	P11	GPS	77.6268	399.2359	31.5232	-1.9530	0.0000	0.0000	-1	-1	-1	0	No.0	No.0
12	P12	pingmuxiqu	-21.6970	397.1452	19.5195	111.5924	0.0000	0.0000	-1	-1	-1	0	No.0	No.0

图 6-67　添加 P12 点数据

步骤 13：示教屏幕安装点 P13。通过 IO 监控打开吸取开关，机器人吸住屏幕，再将机器人移动至工件安装区的屏幕安装位置，如图 6-68 所示。在“点数据”中单击“＋添加”，把 P13 点的数据添加到点数据列表中，再双击 P13 点右边的空白处，输入“pingmufangzhi”的点位注释，最后单击“保存”，保存该点位信息，如图 6-69 所示。

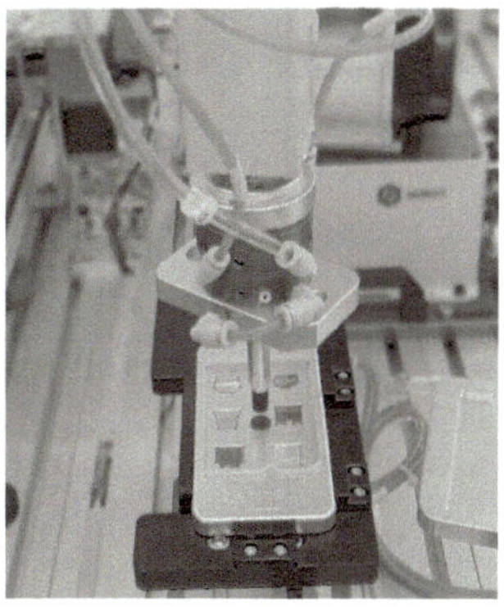

图 6-68　示教屏幕安装点 P13

点数据* 变量 src0

保存 定位 覆盖 ＋添加 ×删除 撤消 重做

	No.	Alias	X	Y	Z	Rx	Ry	Rz	R	D	N	Cfg	Tool	User
1	P1	anquandian1	232.6548	-126.4779	130.0273	-66.4848	0.0000	0.0000	-1	-1	-1	0	No.0	No.0
2	P2	danxipan	-26.4511	-288.6009	-44.5843	-276.2117	0.0000	0.0000	-1	-1	-1	0	No.0	No.0
3	P3	shuangxipan	-29.2517	-366.7814	-45.2506	-184.9993	0.0000	0.0000	-1	-1	-1	0	No.0	No.0
4	P4	dizuofangzhi	98.8496	366.8259	39.4241	83.6149	0.0000	0.0000	-1	-1	-1	0	No.0	No.0
5	P5	anquandian2	222.2694	312.6289	79.2996	-52.3938	0.0000	0.0000	-1	-1	-1	0	No.0	No.0
6	P6	wifi	75.1701	373.3773	32.7063	1.0194	0.0000	0.0000	-1	-1	-1	0	No.0	No.0
7	P7	luopan	103.0386	349.6853	32.5419	1.0921	0.0000	0.0000	-1	-1	-1	0	No.0	No.0
8	P8	zhongli	76.5242	351.0646	33.5513	-2.9901	0.0000	0.0000	-1	-1	-1	0	No.0	No.0
9	P9	guangmin	104.7007	377.2842	31.5383	-1.7667	0.0000	0.0000	-1	-1	-1	0	No.0	No.0
10	P10	liubianxing	104.6623	401.2379	31.7467	-1.6055	0.0000	0.0000	-1	-1	-1	0	No.0	No.0
11	P11	GPS	77.6268	399.2359	31.5232	-1.9530	0.0000	0.0000	-1	-1	-1	0	No.0	No.0
12	P12	pingmuxiqu	-21.6970	397.1452	19.5195	111.5924	0.0000	0.0000	-1	-1	-1	0	No.0	No.0
13	P13	pingmufangzhi	91.4711	375.9179	37.4012	126.2265	0.0000	0.0000	-1	-1	-1	0	No.0	No.0

图 6-69　添加 P13 点数据

2. 手机定位引导装配系统的机器人程序设计

机器人程序分为变量程序和 src0 程序两部分，手机定位引导装配系统的机器人程序设计如下。

（1）变量程序设计

```
---------------------------- 字符串分割函数 ------------------------------
function split(str,reps)
    local resultStrList = {}
    string.gsub(str,'[^'..reps..']+',function (w)
        table.insert(resultStrList,w)
    end)
    return resultStrList
end
----------------------------DO 保持信号函数 ------------------------------
function DOL(index)
    DO(index,1)
    Wait(100)
    DO(index,0)
End
--------------------------- 等待 DI 信号函数 ------------------------------
function WaitDI(index,stat)
    while DI(index) ~= stat do
        Sleep(100)
    end
end
----------------------------DO 信号复位函数 ------------------------------
function DOInit()
    for i=1,16 do                    -- 复位输出口
    DO(i,OFF)
    end
end
```

```
---------------------------- 移动末端函数 --------------------------------
function GOTO(safePoint,point,offset,port,stat)
     Go(safePoint,"SYNC=1")                    -- 运行至附近安全点
     Go(RelPoint(point, {0,0,offset,0}),"SYNC=1")
                                               -- 运行至目标点上方
     Move(point,"SYNC=1")                      -- 直线移动到目标点
     DO(port,stat)                             -- 设置吸盘状态
     Move(RelPoint(point, {0,0,offset,0}),"SYNC=1")
                                               -- 运行至目标点上方
     Go(safePoint,"SYNC=1")                    -- 返回附近安全点
End
-------------------------- 视觉连接与控制函数 ----------------------------
function GetVisionData(signal)
     local ip="192.168.1.18"                   -- 视觉软件的 IP 地址
     local port=4001                           -- 视觉软件的服务端口
     local err=0                               -- 状态返回值
     local socket                              -- 套接字对象
     local msg = ""                            -- 接收字符串
     local coordination = {}                   -- 抓取位坐标信息
     local Recbuf                              -- 接收缓存变量
     local pos_x = 0                           -- 工件 X 坐标
     local pos_y = 0                           -- 工件 Y 坐标
     local pos_r = 0                           -- 工件 R 坐标
     local result = 0                          -- 视觉处理结果
     local GetProductPos = {}                  -- 工件坐标
     local statcode = 0
     err, socket = TCPCreate(false, ip, port)
     if err == 0 then
          err = TCPStart(socket, 0)
          if err == 0 then
               TCPWrite(socket, signal)
                                               -- 发送视觉控制信号
               err, Recbuf = TCPRead(socket, 0,"string")
                                               -- 接收视觉返回信息
               msg = Recbuf.buf
               print("\r".." 视觉报文: "..msg.."\r")
               coordination = split(msg,",")
               print(" 报文长度: "..string.len(msg).."\r")
               coordination = split(msg,",")  -- 分隔字符串
               pos_x=tonumber(coordination[1]) -- 提取 X 坐标
               pos_y=tonumber(coordination[2]) -- 提取 Y 坐标
               pos_r=tonumber(coordination[3]) -- 提取 R 坐标
               result = coordination[4]
```

```
                                        -- 提取视觉处理结果
            statcode = tonumber(coordination[5])
                                        -- 提取视觉报文校验码
            if statcode ~= 888 or result == "404" then
                                        -- 报文异常处理
                err = 1
                do return err,result,GetProductPos end
                                        -- 返回视觉处理结果异常的
                                          信息
            else
                GetProductPos = {coordinate = {pos_x,pos_
                y,25,pos_r},tool=0,user=0}
                                        -- 定义取料点位 (tool=1)
                TCPDestroy(socket)      -- 关闭 TCP
            end
                do return err,result,GetProductPos end

        end
    else
        print("TCP 连接异常，请检查 ")
        return
    end
end
```

（2）src0 程序设计

```
local phone_result
local chip_result = nil
local turntime = 0
local number = 0
------------------------手机底座搬运到安装工位--------------------------
function phone()
    local err = 0
    local result = 0
    local ProductPos = {}
---------------------- 请求视觉执行识别、定位与抓取------------------------
    ::flag1::                           -- 设置第一个程序标志点
    err,result,ProductPos = GetVisionData("11")
                                        -- 请求视觉对目标进行识别，信号 "11"
    if err == 1 then
        print(" 视觉识别异常 ")          -- 当识别异常时打印提示信息
        Sleep(1000)                     -- 暂停 1000ms
        goto flag1                      -- 视觉返回异常信息，跳回程序标志点
    else
```

```
            phone_result = result          --把字符缺陷检测的识别结果赋值给全局变
                                             量 phone_result
            if (phone_result == "OK")then
                                           --判断视觉识别的结果是否为 OK
                Go(RP(ProductPos, {0,0,100,0}),"SYNC=1")
                                           --运动至视觉检测目标上方
                Move(RP(ProductPos, {0,0,-4,0}),"SYNC=1")
                                           --运动至视觉检测目标位置，Z 轴稍做正向
                                             偏移
                DO(2,1)                    --吸盘吸气
                Sleep(500)                 --暂停 500ms
                Move(RP(ProductPos, {0,0,50,0}),"SYNC=1")
                GOTO(P5,P4,25,2,0)         --运动到装配工位放置手机底座的点位
                GOTO(P1,P3,120,1,1)        --将双吸盘治具放回治具放置台
                DOL(4)                     --定位气缸动作，夹紧手机底座
                Sleep(100)                 --暂停 100ms
            else                           --判断视觉识别的结果是否为 NG
                GOTO(P1,P2,120,1,0)        --取单吸盘治具
                DOL(6)                     --芯片料盘运动，下料 1 次
                Sleep(8000)
                chip()
            end
        end
end
-------------------------------芯片安装--------------------------------
function chip()
        local err = 0
        local result = 0
        local ProductPos = {}
------------------------请求视觉执行定位与抓取--------------------------
            while true do
                ::flag2::                  --设置第二个程序标志点
                err,result,ProductPos = GetVisionData("12")
                                           --请求视觉对目标进行识别，信号 "12"
                if err == 1 then
                    print(" 视觉识别异常 ")
                                           --当识别异常时打印提示信息
                    Sleep(1000)            --暂停 1000ms
                    goto flag2             --视觉返回异常信息，跳回程序标志点
                else
                    chip_result = result
                    if (chip_result == "NG") and (number < 6)then
                                           --视觉检测无料且未安装完 6 个芯片
                        DOL(9)             --回料
```

```
else
    Go(RP(ProductPos, {0,0,100,0}),
   "SYNC=1")        --运动至视觉检测目标上方
   Move(RP(ProductPos, {0,0,-3,0}),"SYNC=1")
                    --运动至视觉检测目标位置，Z 轴稍做正向
                      偏移
    DO(2,1)         --吸盘吸气
    Sleep(500)      --暂停 500ms
    Move(RP(ProductPos, {0,0,50,0}),"SYNC=1")
    if (chip_result == "0")then
                    --判断是否是 WiFi 芯片
        GOTO(P5,P6,25,2,0)
                    --把 WiFi 芯片搬运到安装工位手机底座
                      的对应孔位
        Sleep(100)
        chip_result = nil
                    --每完成一次芯片安装，重置芯片识别
                      结果
        number = number + 1
                    --每安装一个芯片，总的芯片安装次数加 1
    elseif (chip_result == "1")then
                    --判断是否是电子罗盘芯片
        GOTO(P5,P7,25,2,0)
                    --把电子罗盘芯片搬运到安装工位手机底
                      座的对应孔位
        Sleep(100)
                    --暂停 100ms
        chip_result = nil
        number = number + 1
    elseif (chip_result == "2")then
                    --判断是否是重力传感器芯片
        GOTO(P5,P8,25,2,0)
                    --把重力传感器芯片搬运到安装工位手机
                      底座的对应孔位
        Sleep(100)
        chip_result = nil
        number = number + 1
    elseif (chip_result == "3")then
                    --判断是否是光敏传感器芯片
        GOTO(P5,P9,25,2,0)
                    --把光敏传感器芯片搬运到安装工位手机
                      底座的对应孔位
        Sleep(100)          --暂停 100ms
```

```
                    chip_result = nil
                    number = number + 1
                elseif (chip_result == "4")then
                                        -- 判断是否是六边形芯片
                    GOTO(P5,P10,25,2,0)
                                        -- 把六边形芯片搬运到安装工位手机底座
                                           的对应孔位
                    Sleep(100)
                    chip_result = nil
                    number = number + 1
                elseif (chip_result == "5")then
                                        -- 判断是否是 GPS 芯片
                    GOTO(P5,P11,25,2,0)
                                        -- 把 GPS 芯片搬运到安装工位手机底座的
                                           对应孔位
                    Sleep(100)
                    chip_result = nil
                    number = number + 1
                end
                if (number >= 6)then
                    break
                end
            end
        end
    end
end
function main()
    DOInit()                            -- 复位所有输出口信号
    DO(1,1)                             -- 机器人末端松开
    GOTO(P1,P3,120,1,0)                 -- 机器人吸取双吸盘治具
    DOL(3)                              -- 推料气缸动作
    WaitDI(4,1)                         -- 等待 PLC 返回手机模型到位信号
    Sleep(3000)                         -- 暂停 3000ms
    for i = 0,1,1 do
        phone()
    end
    GOTO(P5,P12,25,2,1)                 -- 吸取屏幕
    GOTO(P5,P13,25,2,0)                 -- 安装屏幕
    GOTO(P1,P2,120,1,1)                 -- 将单吸盘治具放回治具放置台
end
------------------------------ 主程序 --------------------------------
main()
```

评价反馈

各组代表介绍任务实施过程，并完成评价表（见表 6-14）。

表 6-14 评价表

类别	考核内容	分值	评价分数		
			自评	互评	教师
理论	了解手机定位引导装配系统中机器人单元的功能	15			
	了解手机定位引导装配系统的机器人程序设计思路	15			
技能	能够完成机器人程序设计所需点位的示教与调试	20			
	能够完成机器人变量程序的编写	20			
	能够完成机器人 src0 程序的编写	20			
素养	遵守操作规程，养成严谨科学的工作态度	2			
	根据工作岗位职责，完成小组成员的合理分工	2			
	团队合作中，各成员学会准确表达自己的观点	2			
	严格执行 6S 现场管理	2			
	养成总结训练过程和结果的习惯，为下次训练积累经验	2			
总分		100			

相关知识

1. 机器人单元的工作内容

1）机器人将手机底座吸取后放置到工件安装台。
2）机器人对芯片进行角度纠偏后安装到手机底座内对应的位置。
3）机器人将手机屏幕安装到手机上。

2. 机器人程序设计思路

手机定位引导装配系统机器人程序设计思路

机器人程序设计思路如图 6-70 所示。机器人收到起动信号后，末端安装上双吸盘治具，运动到安全等待位置；收到视觉单元发送给机器人的手机底座信息之后，将视觉检测区的手机底座吸取到定位装配区。机器人将治具更换为单吸盘治具，运动到安全等待位置；收到视觉单元发送给机器人的手机芯片信息之后，将手机芯片安装到手机底座对应的位置；若视觉检测无料且未装配完 6 个芯片，通知 PLC 回料；芯片全部安装完成之后，机器人将屏幕安装到手机上；将单吸盘治具放置到快换治具区。

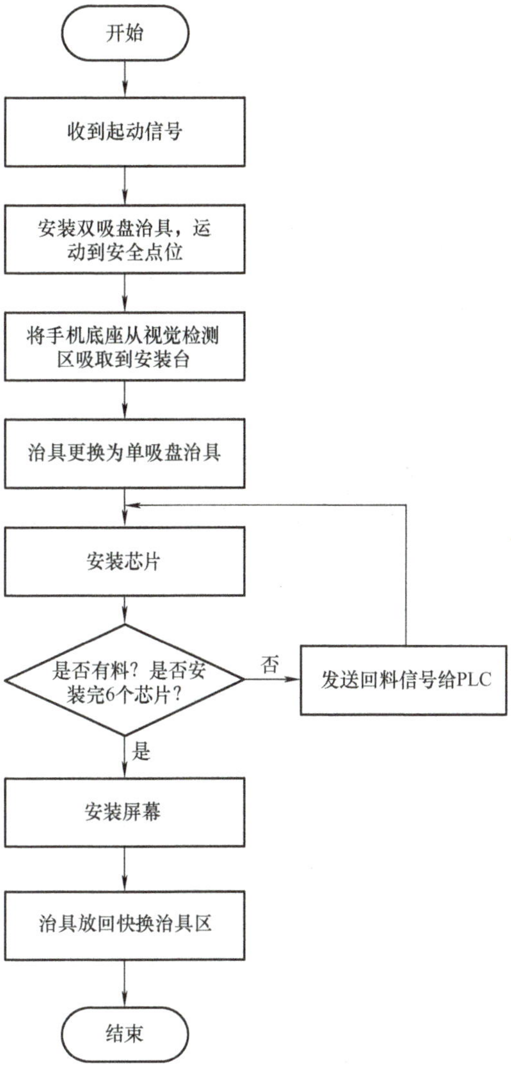

图 6-70 机器人程序设计思路

任务 6.4 手机定位引导装配系统联调

学习情境

手机定位引导装配系统的视觉程序和机器人程序编写完成之后，本任务进行 PLC 程序和 HMI 程序的设计以及系统联调。

学习目标

知识目标

1）了解手机定位引导装配系统 PLC 程序设计思路。

2）了解手机定位引导装配系统 HMI 程序设计思路。

3）了解手机定位引导装配系统联调的步骤。

能力目标

1）程序设计能力：会编写手机定位引导装配系统的 PLC 程序和 HMI 程序。

2）调试能力：能够建立机器人单元与视觉单元的通信，能够完成系统的联调工作。

素养目标

1）根据工作岗位职责，完成小组成员的合理分工。

2）团队合作中，各成员学会表达自己的观点。

3）养成安全规范操作的行为习惯。

工作任务

编写手机定位引导装配系统视觉程序和机器人程序之后，还需要编写 PLC 程序和 HMI 程序。所有的程序编写完成之后，下载到对应的设备，对设备进行系统联调，使设备各项功能均正常。

任务分工

根据任务要求，对小组成员进行合理分工，并填写表 6-15。

表 6-15　任务分工表

班级		组号		指导老师	
组长		学号			
组员与分工	姓名	学号	任务内容		

获取信息

引导问题 1：简述手机定位引导装配系统 PLC 程序设计思路。

____

____

引导问题 2：HMI 人机界面设计一般需要设计哪些界面？这些界面有什么特点？

____

____

引导问题 3：简述手机定位引导装配系统的调试步骤。

____

____

工作计划

1）制定工作方案，见表6-16。

表6-16　工作方案

步骤	工作内容	负责人
1		
2		
3		

2）列出核心物料清单，见表6-17。

表6-17　核心物料清单

序号	名称	型号	单位	数量
1				
2				

工作实施

1. 手机定位引导装配系统PLC程序设计

手机定位引导装配系统PLC程序主要包括系统初始化、设备起停控制、三色灯控制、手机底座上料控制、手机芯片上料控制、定位平台控制和回流回料控制等内容。

（1）OB程序设计　Main[OB1]程序设计如图6-71所示。

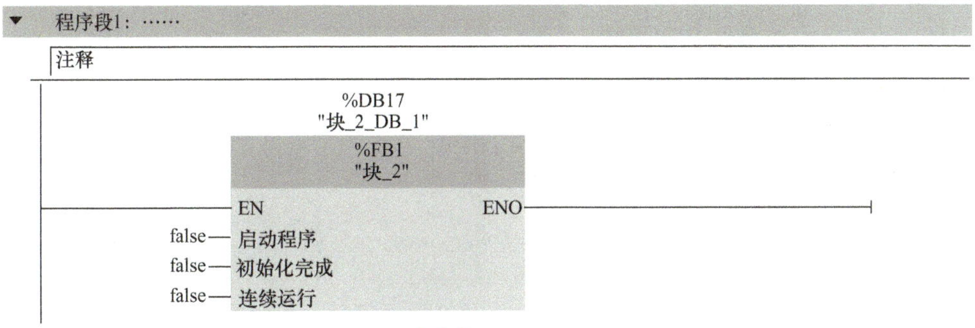

a) 程序段1

图6-71　Main[OB1]程序设计

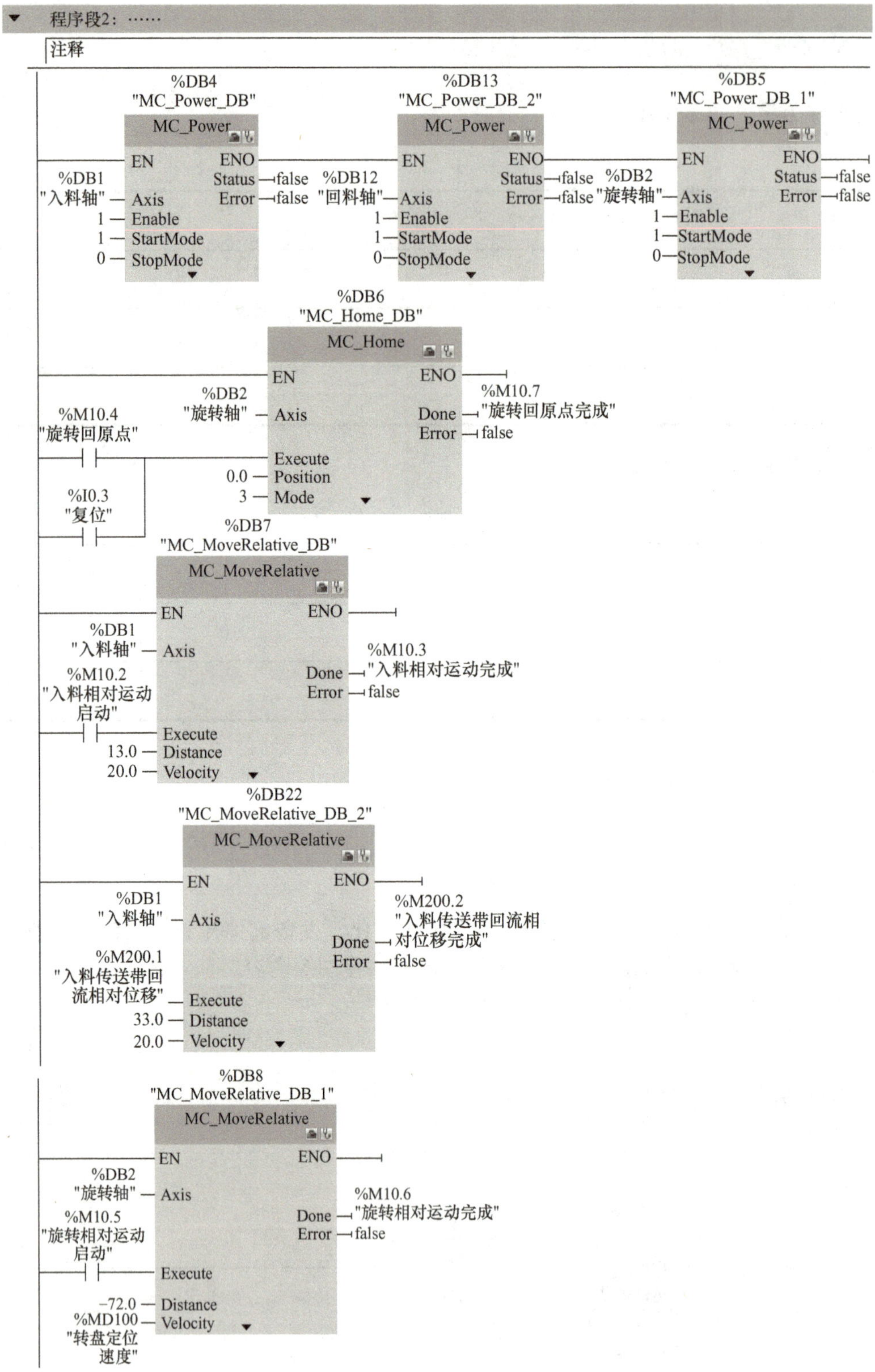

b) 程序段2

图 6-71　Main[OB1] 程序设计（续）

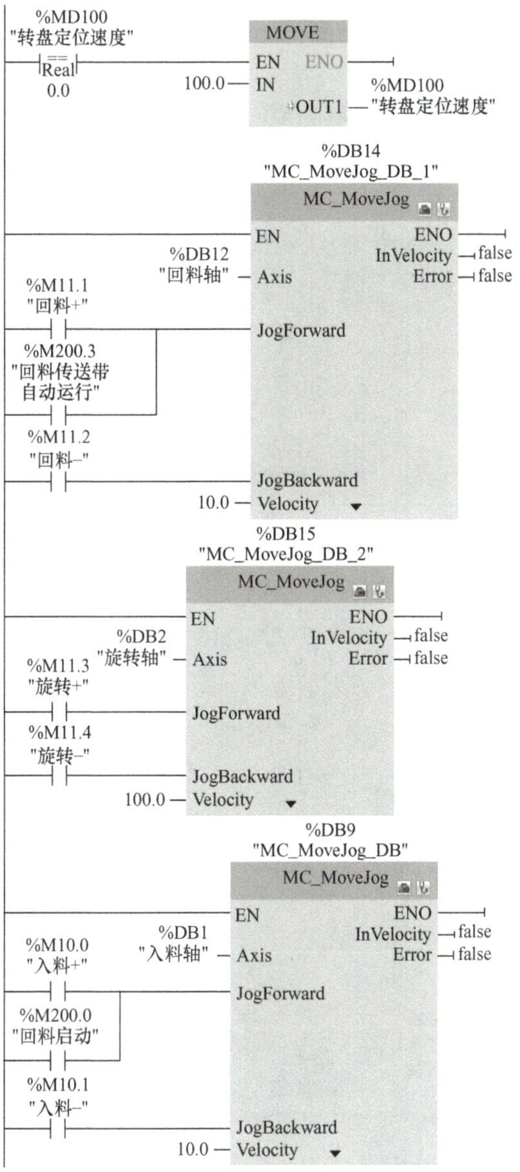

b) 程序段2续

图 6-71　Main[OB1] 程序设计（续）

（2）FB 程序设计　“块 _2[FB1]”函数块程序的内容包括设备起停控制、三色灯控制、手机底座上料控制、手机芯片上料控制、定位平台控制和回流回料控制 6 部分的内容，如图 6-72 所示。

（3）DB 程序设计　数据块程序设计如图 6-73 所示。

2. 手机定位引导装配系统 HMI 程序设计

欢迎界面（即主界面）设计如图 6-74 所示，从该界面可以进入监控界面、手动界面和记录界面。

触摸屏下载

监控界面设计如图 6-75 所示，主要是物料、治具、定位和机器人输入输出口等的监控。从监控界面也可以返回欢迎界面。

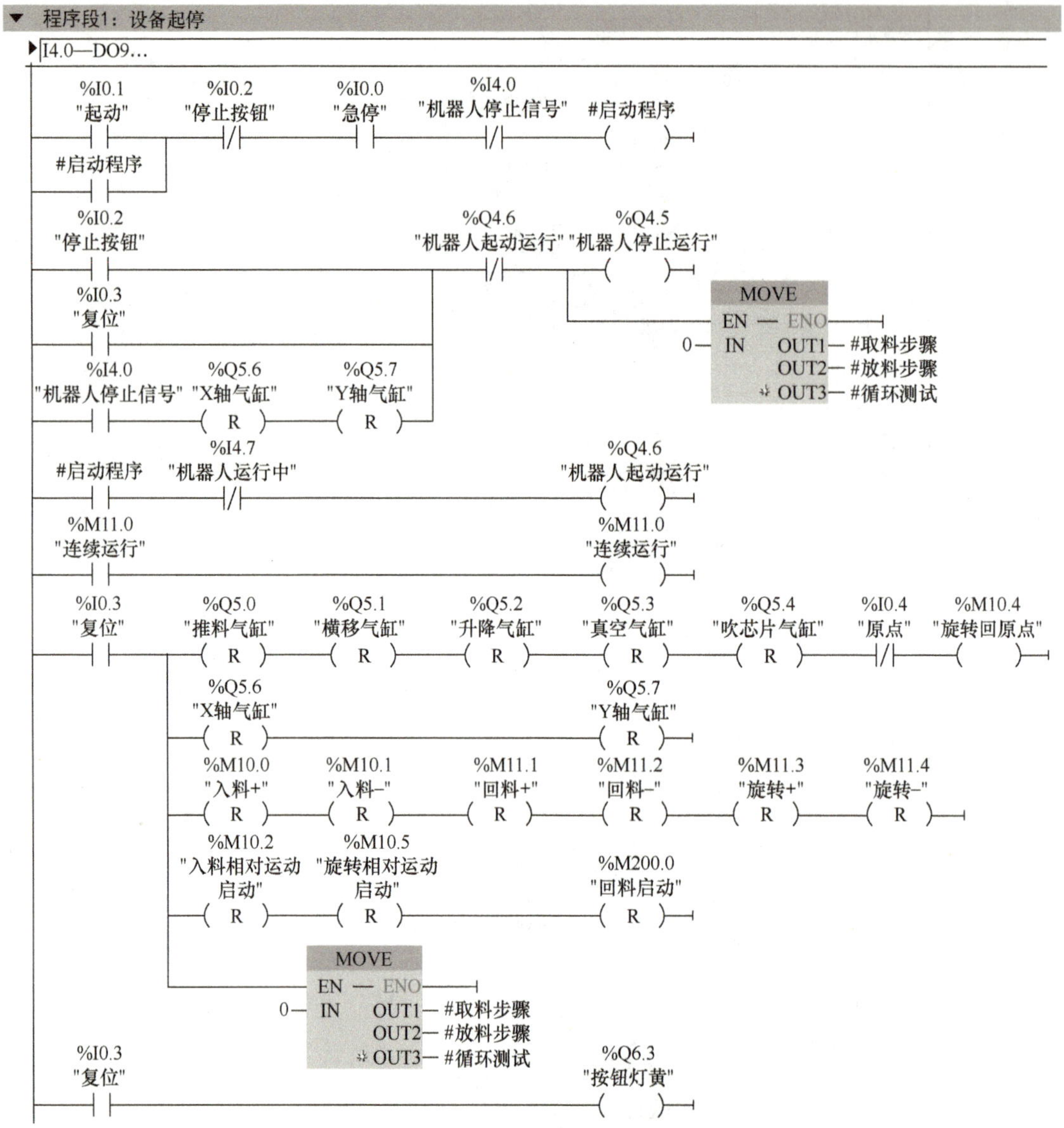

a) 设备起停

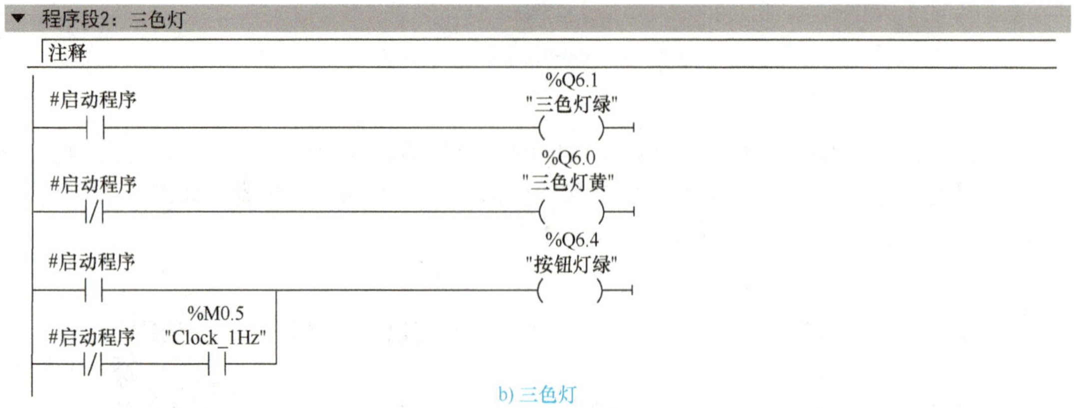

b) 三色灯

图 6-72 “块 _2[FB1]”函数块程序

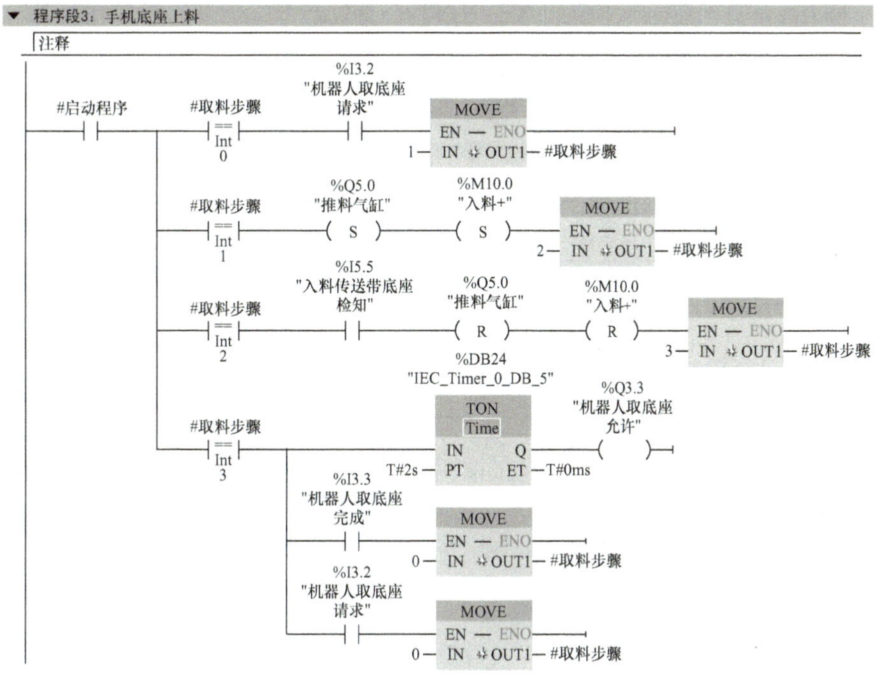

c) 手机底座上料

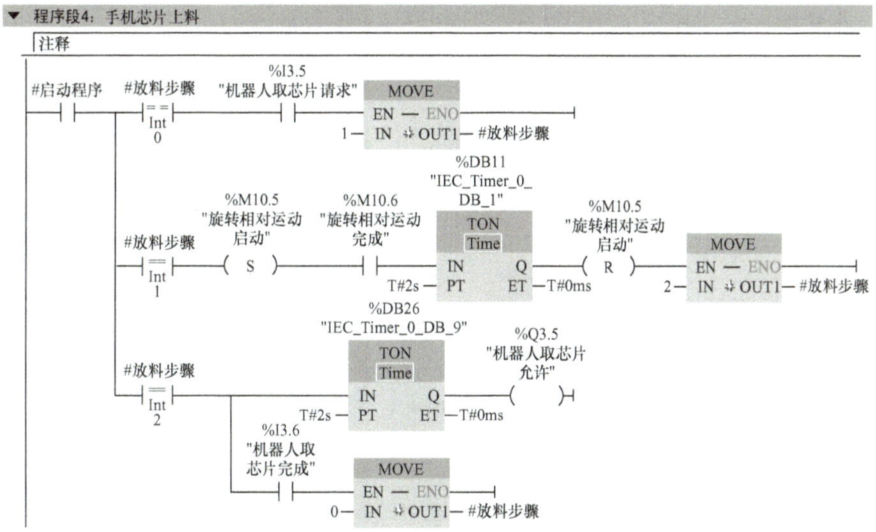

d) 手机芯片上料

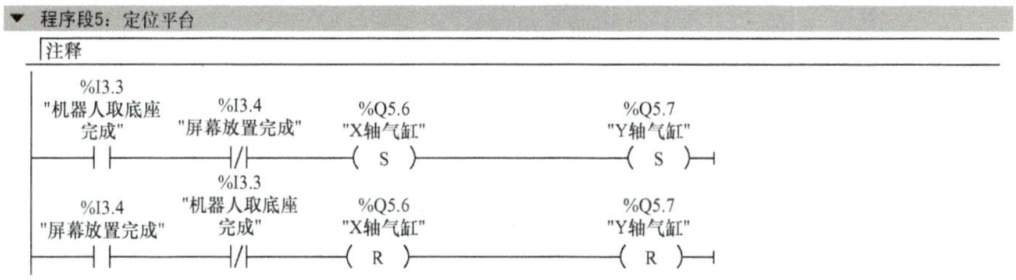

e) 定位平台

图 6-72 “块 _2[FB1]” 函数块程序（续）

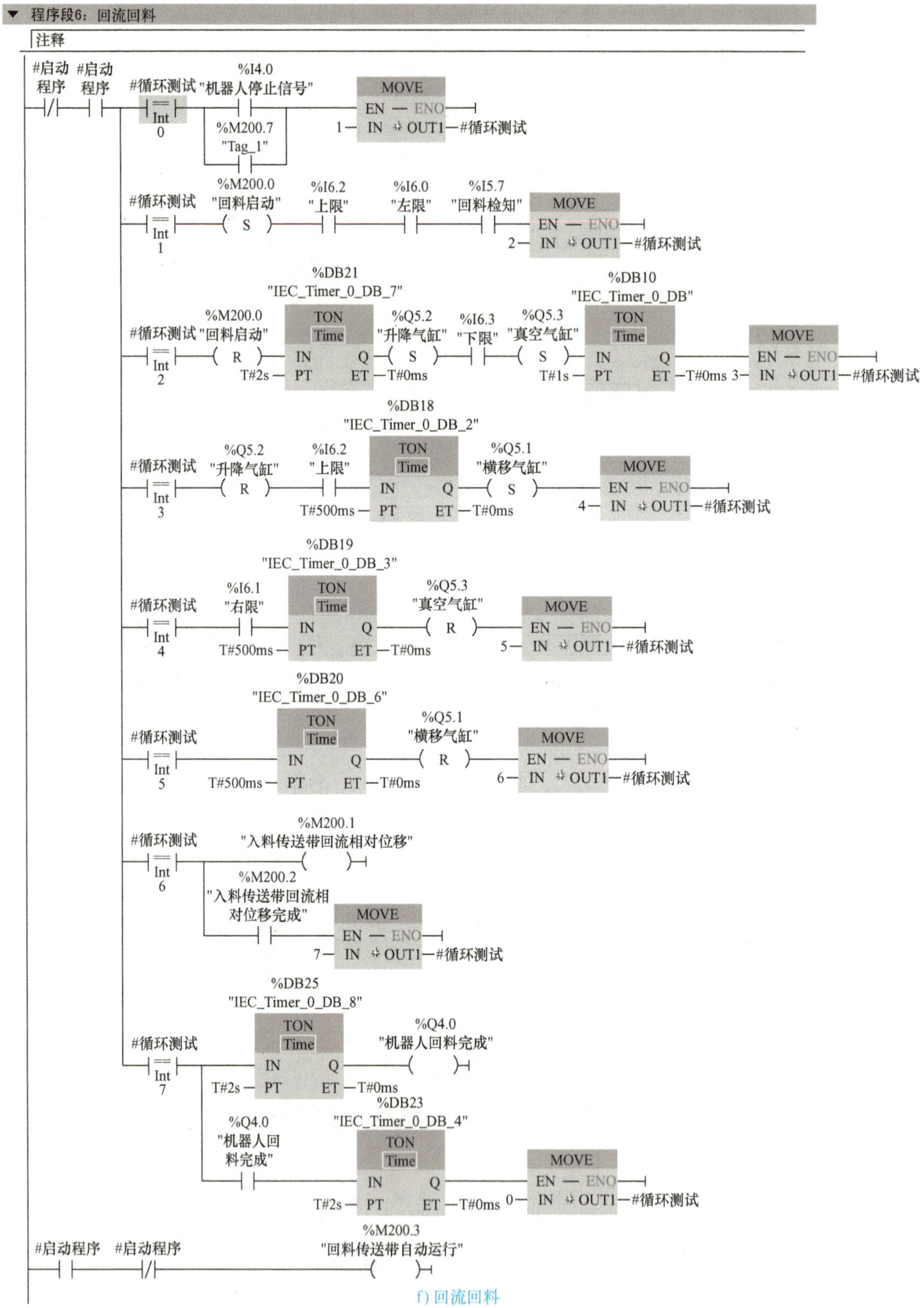

f) 回流回料

图 6-72 “块_2[FB1]”函数块程序（续）

	名称	数据类型	起始值	保持	可从 HMI/...	从 H...	在 HMI ...	设定值
1	Input			☐	☐	☐	☐	☐
2	Output			☐	☐	☐	☐	☐
3	▼ InOut			☐	☐	☐	☐	☐
4	启动程序	Bool	false	☐	☑	☑	☑	☐
5	初始化完成	Bool	false	☐	☑	☑	☑	☐
6	连续运行	Bool	false	☐	☑	☑	☑	☐
7	▼ Static			☐	☐	☐	☐	☐
8	取料步骤	Int	0	☐	☑	☑	☑	☐
9	放料步骤	Int	0	☐	☑	☑	☑	☐
10	循环测试	Int	0	☐	☑	☑	☑	☐

图 6-73　数据块程序设计

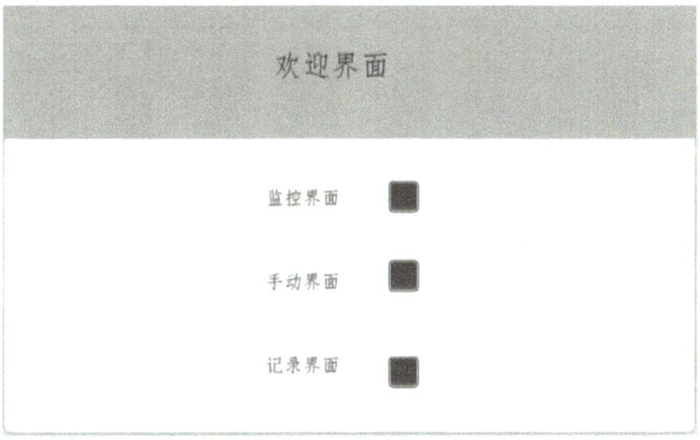

图 6-74　欢迎界面设计

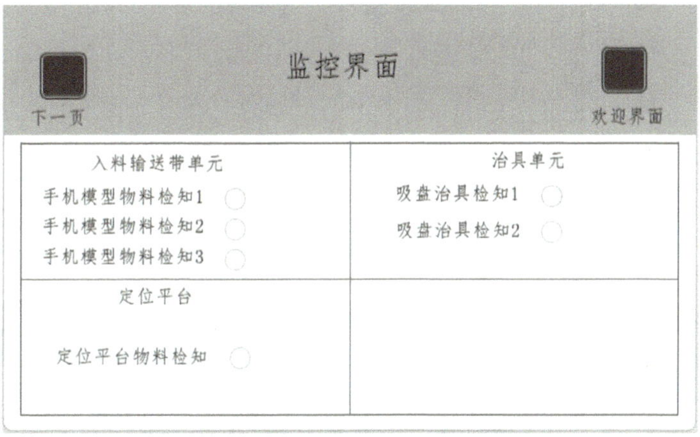

a) 监控界面1

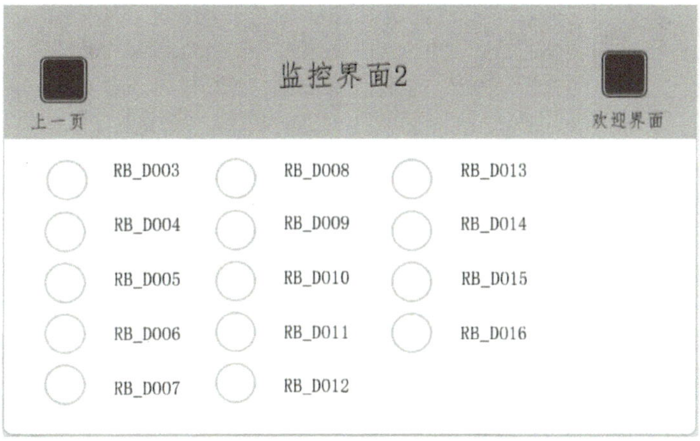

b) 监控界面2

图 6-75　监控界面设计

手动界面（即控制界面）设计如图 6-76 所示，主要是入料输送、定位平台、回料和转盘等的控制界面。从手动界面也可以返回欢迎界面。

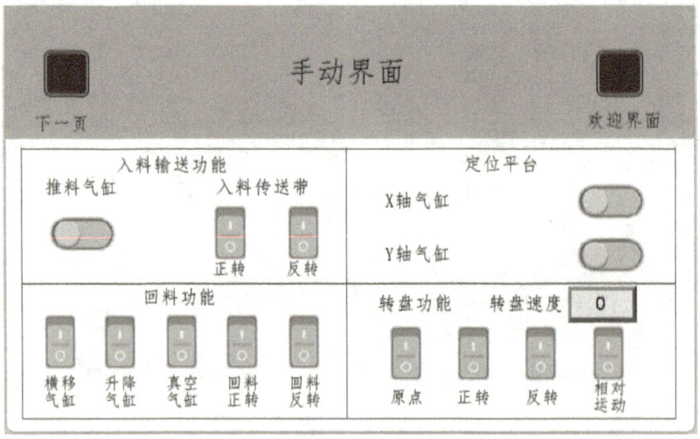

a) 手动界面1

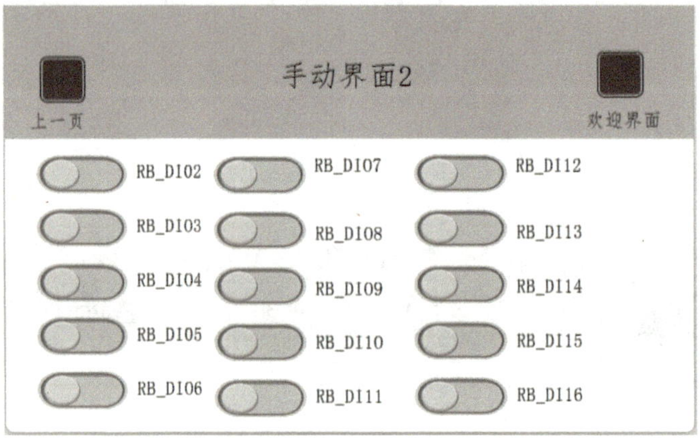

b) 手动界面2

图 6-76　手动界面设计

记录界面设计如图 6-77 所示，主要是监控整个程序的运行时间、视觉检测过程中的 OK/NG 次数等。从记录界面也可以返回欢迎界面。

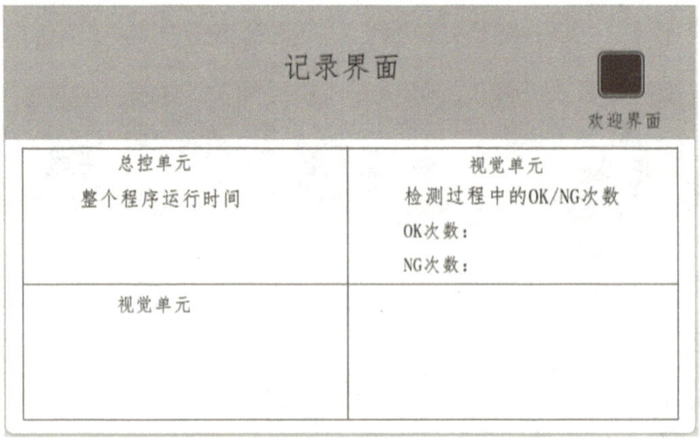

图 6-77　记录界面设计

3. 手机定位引导装配系统的系统联调

手机定位引导装配系统联调

（1）程序下载　将手机定位引导装配系统的 PLC 程序下载到 PLC

中；将视觉程序复制到设备自带的计算机上，并用 DobotVisionStudio 打开程序；将机器人程序复制到设备自带的计算机上，并用 DobotSCStudio 软件将其导入；触摸屏程序下载到触摸屏中。

（2）建立机器人单元与视觉单元的通信　按照任务 3.4 中讲解的方法，确保计算机 IP 地址与视觉程序中视觉的 IP 地址一致，在 DobotVisionStudio 4.1.0 软件中，设置全局触发。

（3）系统运行

步骤 1：确认已经将电控柜所有模块的电源开关打开；确认空压机已经打开，气压表的压力值正常。

步骤 2：先将触摸屏旁边的复位按钮（黄色）按下，再将开始按钮（绿色）按下，几秒后，三色报警灯变成绿色。

步骤 3：机器人使能。在 DobotSCStudio 中，单击使能按钮“ ”，在弹出的末端负载设置界面中，负载重量设置为“0.50kg”，其他参数保持默认值，然后单击“确认”按钮，使能按钮由红色变成绿色。

步骤 4：系统运行。在 DobotSCStudio 中，单击“运行”按钮，运行机器人程序，如图 6-78 所示。

图 6-78　运行机器人程序

系统起动，观察系统运行状况，机器人利用不同的治具将手机底座、手机芯片和手机屏幕在定位装配区完成装配任务。

评价反馈

各组代表介绍任务实施过程，并完成评价表（见表 6-18）。

表 6-18　评价表

类别	考核内容	分值	评价分数		
			自评	互评	教师
理论	了解手机定位引导装配系统 PLC 程序设计思路	5			
	了解 HMI 程序设计思路	10			
	了解手机定位引导装配系统的调试步骤	15			

（续）

类别	考核内容	分值	评价分数		
			自评	互评	教师
技能	能够完成手机定位引导装配系统 PLC 程序设计	20			
	能够完成手机定位引导装配系统 HMI 程序设计	15			
	能够完成手机定位引导装配系统的程序下载	5			
	能够建立机器人单元与视觉单元的通信	5			
	能够完成系统联调工作	15			
素养	遵守操作规程，养成严谨科学的工作态度	2			
	根据工作岗位职责，完成小组成员的合理分工	2			
	团队合作中，各成员学会准确表达自己的观点	2			
	严格执行 6S 现场管理	2			
	养成总结训练过程和结果的习惯，为下次训练积累经验	2			
总分		100			

相关知识

1. PLC 程序设计思路

手机定位引导装配系统 PLC 程序设计采用模块化的编程方式。先根据系统工作方式和功能划分为设备起停控制、三色灯控制、手机底座上料控制、手机芯片上料控制、定位平台控制和回流回料控制 6 个模块；再分模块进行编程。

2. 触摸屏程序设计思路

触摸屏（Touch Panel）又称为“触控屏”“触控面板”，是一种可接收触头等输入设备信号的感应式液晶显示装置，当接触屏幕上的图形按钮时，屏幕上的触觉反馈系统可根据预先编程的程式驱动各种连接装置，可用以取代机械式的按钮面板，并借由液晶显示画面制造出生动的影音效果。触摸屏作为一种最新的计算机输入设备，是目前较简单、方便和自然的一种 HMI 方式。

在手机定位引导装配系统中，HMI 以触摸屏的形式出现。触摸屏和 PLC 相连接，触摸屏用于采集并控制 PLC 变量，实际触摸屏的执行基本都是通过 PLC 来控制的。

HMI 程序设计一般包括主界面、手动界面、监控界面和记录界面等界面的设计。

（1）主界面　一般将欢迎或被控系统的主系统作为主界面，从该界面可以进入各个分界面，各个分界面也能返回主界面。

（2）手动界面　手动界面主要用来控制被控设备的起停以及显示 PLC 内部的参数，也可在其上设置 PLC 参数。

（3）监控界面　能够显示被控值、PLC 模拟量的主要工作参数等的实时状态。

（4）记录界面　记录界面主要是记录可能出现的设备损坏、过载和系统急停等故障或使用信息。

3. 调试流程

下载 PLC 程序→下载触摸屏程序→打开软件及对应工程文件→建立机器人单元与视觉单元的通信→系统起动→程序运行→观察系统运行情况。

项目总结

本项目讲解了手机定位引导装配系统应用的相关知识，包括认识手机定位引导装配系统、视觉程序设计、机器人程序设计、PLC 程序设计、HMI 程序设计以及系统联调。通过对本项目的学习，可以掌握机器视觉在定位引导装配系统中的应用。

拓展阅读

双目视觉技术

根据相机的数量将机器视觉分为单目、双目和多目视觉。单目视觉通过单一的二维图像无法得到物体的景深信息，多用于缺陷检测、目标识别等。双目视觉类似于人的眼睛，可准确感知立体世界。

双目视觉是利用两台相机在不同角度拍摄三维场景中的同一目标物体，根据图像之间像素的匹配关系，利用三角测量原理计算出物体的三维信息。图 6-79 为一种双目视觉模型。P 为现实中的一点；p 和 p' 分别为点 P 在左、右成像平面中的成像点；f 表示焦距；O_r 与 O_t 之间的距离即为两台相机的基线，用 B 表示。x 轴上相应的坐标分别为 x_r 和 $-x_t$，则视差可以表示为 $d = x_r - x_t$。通过相似三角形的知识可以求得点 P 与相机之间的距离 z 为

$$z = \frac{fB}{x_r - x_t}$$

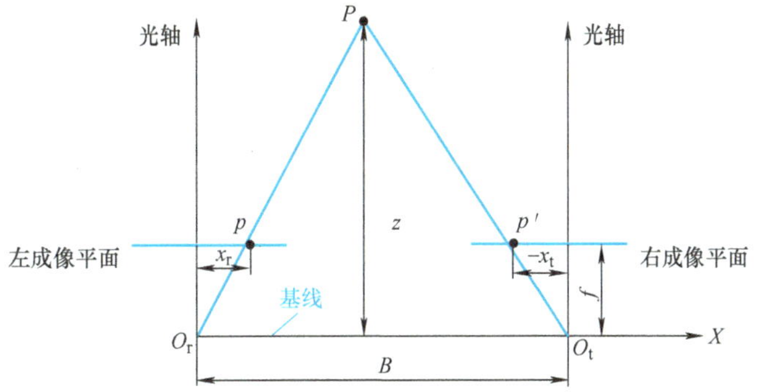

图 6-79　双目视觉模型

要得到物体的三维信息，需要先对双目相机进行标定，得到相机内外参数等结果，进而得到物体的实际景深信息，计算出物体与相机之间的实际距离、物体三维大小和两点间的实际距离。

双目视觉目前主要应用于机器人导航、微操作系统的参数检测、三维测量和虚拟现实等。

参 考 文 献

[1] 赛迪顾问 . 中国工业机器视觉产业发展白皮书 [J]. 机器人产业，2020（6）：76-95.

[2] 工控帮教研组 . 机器视觉原理与案例详解 [M]. 北京：电子工业出版社，2020.

[3] 朱光明，冯明涛，王波 . 智能视觉技术及应用 [M]. 西安：西安电子科技大学出版社，2021.

[4] 蒋正炎，许妍妩，莫剑中 . 工业机器人视觉技术及行业应用 [M]. 北京：高等教育出版社，2018.

[5] 肖坚 . 基于学习的 OCR 字符识别 [J]. 计算机时代，2018（7）：48-51.